高等职业教育食品质量与安全专业教材

# 食品质量安全管理

U0241984

主　编

展跃平　张　伟

中国轻工业出版社

**图书在版编目（CIP）数据**

食品质量安全管理/展跃平，张伟主编 .—北京：中国轻工业出版
社，2024.9

ISBN 978-7-5184-2520-4

Ⅰ.①食… Ⅱ.①展… ②张… Ⅲ.①食品安全—质量管理
Ⅳ.①TS201.6

中国版本图书馆 CIP 数据核字（2019）第 126234 号

责任编辑：张 靓　　责任终审：滕炎福　　封面设计：锋尚设计
版式设计：砚祥志远　　责任校对：吴大朋　　责任监印：张 可

出版发行：中国轻工业出版社（北京鲁谷东街 5 号，邮编：100040）

印　　刷：北京君升印刷有限公司

经　　销：各地新华书店

版　　次：2024 年 9 月第 1 版第 6 次印刷

开　　本：720×1000　1/16　印张：15.25

字　　数：300 千字

书　　号：ISBN 978-7-5184-2520-4　定价：36.00 元

邮购电话：010-85119873

发行电话：010-85119832　010-85119912

网　　址：http://www.chlip.com.cn

Email：club@ chlip.com.cn

# 前言

"国以民为本，民以食为天，食以安为先"。党的"十九大"提出："实施食品安全战略，让人民吃得放心"。近几年，我国食品质量安全状况有了很大的改善。然而，食品安全因素依然存在，一旦管理松懈，农药兽药残留超标、食品添加剂非法使用、食品掺伪造假等问题就会发生。食品质量是企业的生命线，食品安全是企业的生死线。食品行业必须强化食品质量与安全管理，切实保障人民群众"舌尖上的安全"。

食品安全和质量的有效管控亟需大量高素质的技术技能人才。高等职业教育承担着为经济社会发展和提高国家竞争力培养高素质劳动者和技术技能人才的重要任务。作为高职食品类专业核心课程的"食品质量与安全管理"必须以"健康中国"战略为指导，以企业需求为导向，以学生职业技能和职业素养全面提升为目标组织教学内容。

基于这一考量，我们组织部分学校具有本门课程多年教学经验的教师及行业、企业专家共同编写了本教材。该教材以食品质量与安全控制岗位所需的知识、技能和素质为依托，按照学生从简单到复杂的认知规律，遵循渐进式的职业能力发展要求，构建了基于工作过程系统化的课程内容，全面解析了食品质量与安全管理的基本理论和基本技能。本教材在编排体例上进行了创新，通过案例引导激发学生学习兴趣；通过管理实操提升学生的求知欲望；通过相关链接满足差异化学习需求；通过问题自测检验学习效果；在内容的选取上，突出职业性和实用性，以真实的企业任务为载体，通过"完成企业工作任务一站式"教学模式，实现教学过程和生产实际无缝对接，人才培养和社会需求有效耦合。

本教材的编写遵循最新的国家标准和行业规范，根据食品质量安全管理工作岗位要求，分成七个项目，每个项目由若干个任务组成，主要包括食品质量与安全控制相关概念辨析、食品质量管理技术应用、食品安全危害识别与控制、食品生产质量控制、OPRP 方案和 HACCP 计划的制定、食品质量安全管理体系的建立与实施、食品生产许可证的申请等内容。其中，展跃平（江苏农牧科技职业学院）编写项目一、项目七，张伟（江苏农牧科技职业学院）编写项目二、项目五，薛长辉（中国检验认证集团江苏分公司）编写项目三，李志方（江苏农牧科技职业学院）编写项目四，邹健（南京雨润食品有限公司）编写项目六。深圳职业技术学院的金刚和江苏双鱼食品有限公司的褚洁明审阅了全部书稿并提出宝贵意见。

本教材可供高职院校食品类专业学生使用，也可作为食品企业技术人员的培训教材及参考用书。在教材的编写过程中引用了相关资料并得到各方的帮助，在此一并表示感谢。

教材中的不足之处，恳请全国各地的同行和读者给予批评和指正。

编者

# 目 录 CONTENTS

# 项目一

# 食品质量与安全控制相关概念辨析

1. 能说出食品质量和食品安全的概念；
2. 能说出食品质量控制和食品安全控制的内容；
3. 能说出食品质量保证岗位的主要工作内容；
4. 能说出食品质量控制岗位的主要工作内容。

■■■ 案例导入

## 保证食品质量，赢得顾客青睐

经商，商品是第一位的，而经营好食品项目对一个新商厦的启动意义重大，因为老百姓购买食品频率高，做得好顾客容易感知到，形成好的口碑。××店干部员工从开业以来，一直在为保证食品质量不懈努力着。

（1）生鲜一定要"鲜"

新店开业，食品先行，食品项目中，生鲜项目先行，生鲜项目是重点。我们常说：生鲜生鲜，经营就应该突出一个"鲜"字。为此我们制定了这样的原则：第一，凡是当地商品一律当天进货，保证商品的新鲜和鲜活；第二，不让商品滞留到第二天销售。

在执行的过程中，由于员工、主任比较新，执行中出现了偏差。开业后由于客流不大，生鲜项目遇到了很大的困难，因为生鲜项目商品陈列多，不好保存，销售太少造成的损失就很大，而减少商品陈列又会进一步影响到销售。柜组员工由于怕损失不敢上货，我也出现了迷惘状态。而那时子公司总经理拿着我们的质检标准每个柜组走，每一个商品都认真审核，审核商品质量和质检标准是否一致，并强调：对比郊县，市区生鲜项目的标准就要高，越是这种情况越要保证我们的商品品类丰富、商品质量上乘，体现信誉楼的优势。正是上级坚定，我才坚定，并暗下决心一定要把品质做好。

（2）让大干炒葵花子"香"的优势突出

我们的大干炒瓜子有一次出现了口感不好的问题，刚开始我们以为就是正常的现象，因为当时是5、6月份，瓜子放上两三天就会出现走油、变绵的现象，但后来却发现不是那么回事儿，于是我们又结合事业部跑到厂家反映，与供应商深入沟通，亲自盯制作过程，从源头上保证瓜子的品质。

而后有两次因为柜组员工质检不到位，出现过问题。从那儿以后，我和主任，包括业务部负责质检的科员持续地尝了一个多月，并确定：保质期是一周的商品每天抄底儿，卖不完的货打包，销售最多不超过三天，否则降价处理，从而一个单品一个单品把品质稳定下来。

以上是我们保证食品品质的两个案例。对于新商厦的启动我们首先抓的是食品品质，因为这类商品购买频率高，如果我们的商品品质高，保证鲜度，会形成好的口碑。我们有理由相信，不管在什么样的市场环境下，不管面临什么样的困难，过程做好了，结果就是自然而然的。看着××店一天比一天喜人的客流，我们更坚信我们的工作是有价值的。

▨ **知识要求**

## 任务一

# 识别食品质量与食品安全

## 一、食品质量

质量不仅指产品本身，还涵盖与产品有关的服务。因此，在 ISO 9000：2015 中质量的定义为："一组固有特性满足要求的程度"，其中产品"满足要求的程度"，意思是满足顾客要求和法律法规要求的程度。

食品质量是为消费者所接受的食品品质特征。这包括诸如外观（大小、形状、颜色、光泽和稠度）、质构和风味在内的外在因素，也包括分组标准（如蛋类）和内在因素（化学、物理、微生物性的）。由于食品消费者对制造过程中的任何形式污染都很敏感，因此，质量是重要的食品制造要求。除了配料质量以外，还有卫生要求。要强调确保食品加工环境清洁，以便能生产出对消费者而言安全的食品。

食品质量涉及产品配料和包装材料供应商的溯源性，以便处理可能发生的产品被要求召回的事件。食品质量也与确保提供正确配料和营养信息的标签问题有关。

在 ISO 标准中，质量特性的定义是：产品、过程或体系与要求有关的固有特性。产品质量特性是指直接与食品产品相关的特性；过程质量特性是指与产品生产和加工过程有关的特性；体系质量特性是指与产品质量、安全等管理体系有关的质量特性。具体如表 1-1 所示。

表 1-1　　　　　　　　　　　　食品质量特性

| 体系质量特性 | 过程质量特性 | 产品质量特性 | | | |
| --- | --- | --- | --- | --- | --- |
| | | 内在指标 | | 外在指标 | |
| | | 食品安全 | 营养 | 感官 | 性能 |
| ISO 9000 | 人工福利 | 致病菌 | 蛋白质 | 滋味 | 方便性 |
| GAP | 动物福利 | 药物残留 | 脂肪 | 质地 | 货架期 |
| GMP | 生物技术 | 生长素 | 糖类 | 香味 | |
| HACCP | 有机生产与加工 | 添加剂 | 维生素 | 黏度 | |
| ISO 22000 | 可追溯性 | 毒素 | 矿物质 | 色泽 | |
| | 环境保护 | 物理性污染 | 膳食纤维 | 大小 | |
| | 可持续发展 | | | 包装 | |

众多因素会影响消费者对食品和食品质量的感受。对于食品而言，许多因素是食品固有的，即与其物理化学特性有关，包括配料、加工和贮藏变量。这些变量本质上控制产品的感官特性，对于使用者来说，产品感官特性又是决定接受性和对产品质量感受的最主要变量。事实上，消费者对其他方面的食品质量（例如安全性、稳定性，甚至食品的营养价值）的看法，通常是通过感官特性及其随时间而发生的变化而形成的。

因此，要理解食品质量由哪些内容构成，关键是要理解以下三者之间的关系：①食品物理化学特性；②将这些特性转化为人类对食品属性感受的感官和生理机制；③那些感受到的属性对于接受性和/或产品消费的影响。

二、　食品安全概述

根据 1996 年世界卫生组织（WHO）的定义，食品安全（food safety）是指"对食品按其原定用途进行制作和/或进行食用时不会使消费者健康受到损害的一种担保"。食品安全要求食品对人体健康造成急性或慢性损害的所有危险都不存在。起初是一个较为绝对的概念，后来人们逐渐认识到，绝对安全是很难做到的，食品安全更应该是一个相对的、广义的概念。一方面，任何一种食品，即使其成分对人体是有益的，或者其毒性极微，如果食用数量过多或食用条件不合适，仍然可能对身体健康引起毒害或损害。譬如，食盐过量会中毒，饮酒过度会伤身。另一方面，一些食品的安全性又是因人而异的。比如，鱼、虾、蟹类水产品对多数人是安全的，可确实有人吃了这些水产品就会过敏，会损害身体健康。因此，评价一种食品或者其成分是否安全，不能单纯地看它内在固有的"有毒、有害物质"，更重要的是看它是否造成实际危害。从目前的研究情况来看，在食品安全概念的理解上，国际社会已经基本形成共识，即食品的种植、养殖、加工、包装、贮藏、运输、销售、消费等活动符合国家强制标准和要求，不存在可能损害或威胁人体健康的有毒、有害物质致消费者病亡或者危及消费者及其后代的隐患。

食品安全属于食品质量的范围之一，对食品工业来说，理想的食品质量控制模式是指"从农田到餐桌"的全过程控制，以及从产地环境质量标准、生产技术标准、产品标准、产品包装标准和贮藏、运输标准构成的全方位的质量控制。全过程质量控制贯穿于食品原料安全、食品生产安全、食品流通安全等众多环节。任何一个环节出错，都会影响到食品的最终安全。因此，为确保食品的每一个环节都是安全的，就要保证食品生产的每一个环节都在质量控制的范围之内。

食品企业负责食品质量与安全的部门一般称为品管部，具体的岗位有品质保证和品质控制。

## 任务二

# 识别食品质量保证与食品质量控制

## 一、 食品质量保证

食品质量保证是对一个食品组织的质量安全管理系统的运作情况进行监控，确保质量安全管理相关工作运行的有效性，以预防为主持续改善，从而达到品质不断提升之目的。其包括：设计品质保证（DQA）；质量工程师（QE）；客户端品质工程师（JQE）；供应商品质工程师（SQE）等工作岗位。从事的工作主要有：食品质量安全管理体系的建立、导入、整合与维护；产品质量异常的分析与改进；客户抱怨处理；供应商审核辅导等。

**（一）食品质量安全管理体系的建立、导入、整合与维护**

食品企业建立的管理体系包括 ISO 22000 食品安全管理体系、HACCP 危害分析和关键控制点、ISO 9001 质量管理体系、ISO 14000 环境管理体系、5S 管理体系等。支撑这些管理体系的是管理手册、程序文件、操作规程、记录等文件资料，这些资料需要专业的人去撰写，并传达给公司所有人，让公司所有人按照规定的要求去做事，并根据实际情况对建立的文件进行修订。由于企业可能同时建立多个管理体系，在具体执行时可以把一些共同的规定进行整合，减少冗余的文件带来的成本浪费。

### （二）产品质量异常的分析与改进

产品质量改进是质量管理活动中的重要组成部分。它是在产品质量控制的基础上，不断优化和完善产品质量，使产品质量达到一个新的水平和阶段，为企业和客户创造更多的利益。

食品企业常常会出现产品异常或者是包装异常等产品质量问题，这就需要品保人员从专业的视角进行原因分析，提出改进措施，并分析评判改进措施的有效性。产品质量异常分析与改进的流程如图1-1所示。

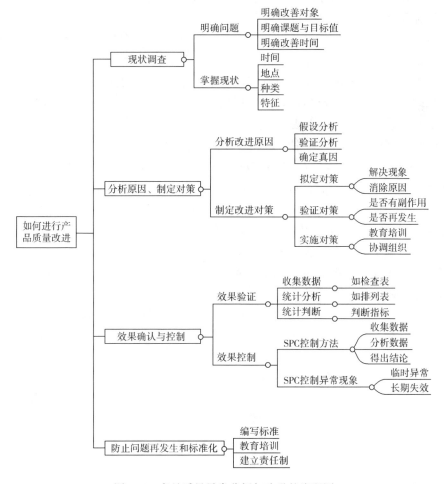

图1-1　产品质量异常分析与改进的流程图

### （三）客户抱怨处理

客户是企业最重要的资产之一，决定着企业的经济基础。客户抱怨意味着产品或服务未满足他们的期望或需求，同时也表示客户仍旧抱有期待，希望其能够改善产品质量或提高服务水平。所以，当客户向你抱怨时，不要把它看成是问题，而应把它当作是良机，所谓抱怨是金。客户抽出宝贵的时间，带着他们的抱怨与我们接触的同时，也是免费向我们提供应当如何改进产品或服务的信息。所以要慎重对待客户抱怨，想方设法消除客户的抱怨。

**（四）供应商审核辅导**

供应商审核也称为二方审核，是对现有供应商进行表现考评。对供应商进行审核辅导是推进供应商战略管理的重要内容，它是在完成供应市场调研分析，对潜在的供应商已做初步筛选的基础上对可能发展的供应商进行的。有效的审核辅导可以加强对供应商的控制，促进供应商持续稳定地满足公司所用物料品质的要求，以确保公司产品品质的稳定与提升。

供应商审核的主要方法可以分为主观判断法和客观判断法。所谓主观判断法是指依据个人的印象和经验对供应商进行的判断，这种评判缺乏科学标准，评判的依据十分笼统、模糊；客观判断法是指依据事先制定的标准或准则对供应商进行量化的考核和审定，包括调查法、现场打分评比法、供应商绩效考评、供应商综合审核、总体成本法等方法。

供应商审核应该制定详细的审核内容，通常包括下列各项。

（1）供应商的经营状况　主要包括供应商经营的历史、负责人的资历、注册资本金额、员工人数、完工记录及绩效、主要的客户和财务状况。

（2）供应商的生产能力　主要包括供应商的生产设备是否先进，生产能力是否已充分利用，厂房的空间距离，以及生产作业的人力是否充足。

（3）技术能力　主要包括供应商的技术是自行开发还是从外引进，有无与国际知名技术开发机构的合作，现有产品或试制品的技术评估，产品的开发周期，技术人员的数量及受教育程度等。

（4）管理制度　主要包括生产流程是否顺畅合理，产出效率如何，物料控制是否电脑化，生产计划是否经常改变，采购作业是否对成本计算提供良好的基础。

（5）质量管理　主要包括质量管理方针、政策，质量管理制度的执行及落实情况，有无质量管理制度手册，有无质量保证的作业方案，有无年度质量检验的目标，是否通过相关管理体系的认证。

## 二、 食品质量控制

食品质量控制（QC，Quality Control）又称品质控制，是指为了满足质量要求，通过采取一系列作业技术和活动对各个过程实施控制，以预防不合格品发生的手段和措施。产品质量是由过程决定的，它包括工作质量、设计质量和产品质量。在生产中，可能会遇到这样的问题：同样的设备、原料和生产工艺，但生产的产品质量有差别。这便涉及了质量控制的内容。质量控制包含了技术和管理两个元素，典型的技术元素包括使用的统计方法和仪器使用方法；典型的管理因素是指对质量控制的责任，与供应商及销售商的关系，对个人的教育与指导，使之能够实施质量控制。

食品品质检验是食品质量控制的主要活动。食品品质检验主要有以下三项职能：①把关职能：即根据技术标准和规范要求，通过从原材料开始到半成品直至成品的严格检验，层层把关，以免将不合格品投入生产或转到下道工序或出厂，从而保证质量，起到把关的作用。只有通过检验，实行严格把关，做到不合格的原材料不投产，不合格的半成品不转序，不合格的成品不出厂，才能保证产品的质量。②预防职能：在质量检验的过程中，收集和积累反映质量状况的数据和资料，从中发现规律性、倾向性的问题和异常现象，为质量控制提供依据，以便及时采取措施，防止同类问题再发生。③报告职能：即通过对品质检验获取的原始数据的记录、分析，评价产品的实际品质水平，以报告的形式反馈给管理决策部门和有关管理部门，以便做出正确的判断和采取有效的决策措施。品质检验的把关、预防和报告职能是不可分割的统一体，只有充分发挥品质检验的三项职能，才能有效地保证产品质量。

食品企业通常按照生产流程把品质检验分为进货检验（IQC）、过程检验（IPQC）和最终检验（FQC）。

**（一）进货检验（IQC，Incoming Quality Control）**

进货检验是加工之前对企业购进的原材料、辅料和半成品进行的检验。进货检验应在原材料、辅料和半成品进厂时及时进行，主要是检验质量保证单和供货单位签发的合格证；核对数量、规格、批号；查验封存期、使用期是否超过；必要时进行理化和微生物检验，出具检验报告；对不合格品也作出明显标志，进行隔离，并通知采购部门处理。

进货检验包括首件（批）进货检验和成批进货检验两种。

1. 首件（批）进货检验

首件（批）进货检验的目的是了解供货单位提供产品的质量水平，以便建立明确具体的验收标准，在以后成批验收货品时，就以此件（批）的质量水平为标准。供货单位提供的首件（批）产品必须有代表性。对首件（批）产品的检验，应按有关质量标准，逐项进行认真检验。

如果验收标准还要求进行化学成分的分析或可靠性、安全性等方面的试验，则应进行相应的检验或试验。

通常在①首次交货；②配方有较大的改变；③生产方法有较大的变化；④该货品已停产较长时间又恢复生产时需要进行首件（批）进货检验。

2. 成批进货检验

成批进货检验是供货单位正常交货时对成批货物进行检验，其目的是防止不合格货品入库进厂；防止由于使用不合格货品，而降低产品质量，影响产品信誉；防止由于使用不合格货品，而破坏正常的生产秩序。

通常采用成批进货分类检验法进行检验。成批进货分类检验法是将外购货品的质量按其质量特性和对产品质量的影响程度，进行分类，然后根据进货货品的不同类型，分别进行不同内容的检验。如，可把采购的原料按质量特性和对产品质量的影响程度，分为 A、B、C 三类。A 类是关键的，必须严格检验；B 类是重要的，抽检；C 类是一般性货品，只查验合格证明书，主要依靠供应厂的质量检验结果证明。

## （二）过程检验（IPQC, In Process Quality Control）

过程检验是指为防止不合格品流入下道工序，而对各道工序加工的产品及影响产品质量的主要工序要素进行的检验。其目的是保证不合格品不流入下道工序，并防止产生成批不合格品。还要对那些与产品质量有密切关系的生产工艺条件进行检验，可以起到预防性的作用。

过程检验可分为逐道工序检验和几道工序集中检验两种形式。逐道工序检验对保证产品质量，预防不合格品的产生，效果较好，但检验工作量较大，一般在重要工序上采用。当产品质量稳定性较差时，往往也采取加严检验的措施，实行逐道工序的检验。有些产品连续加工或不便于逐道工序检验，同时产品质量又比较稳定时，就可采用待数道工序加工完以后，集中进行检验。

## （三）最终检验（FQC, Finish Quality Control）

最终检验也称为成品检验，是对在产品入库或出厂前的最后一次检验，是最为关键的检验工序。其目的是剔除不合格品，保证出厂产品的质量，防止不合格品流到用户手中，避免对用户造成损失，也为了保护企业的信誉。

最终检验必须做到：

（1）按照食品产品标准或技术要求逐条、逐项进行产品检验。

（2）对于安全指标的检验，除必须按照产品技术标准规定的检验项目以外，还应按照国家规定的检验项目和检验方法，认真地进行检验；

（3）以感官检验法对感官指标进行检验时可建立产品外观检验用的标准样品；

（4）成品检验必须认真做好记录。

## （四）质量控制（QC, Quality Control）和质量保证（QA, Quality Assurance）的区别

1. QC 与 QA 的不同点

QC 和 QA 的主要不同点是：前者是保证产品质量符合规定，后者是建立体系并确保体系按要求运作，以提供内外部的信任。

QC 主要是事后的质量检验类活动为主，默认错误是允许的，期望发现并选出错误。QA 主要是事先的质量保证类活动，以预防为主，期望降低错误的发生几率。

QC 的控制范围主要是在工厂内部，其目的是防止不合格品投入、转序、出厂，确保产品满足质量要求及只有合格品才能交付给客户。QA 是为满足顾客要求提供信任，使顾客确信你提供的产品能满足他的要求，因此需从市场调查开始及以后的评审客户要求、产品开发、接单及物料采购、进料检验、生产过程控制及出货、售后服务等各阶段留下证据，证实工厂每一步活动都是按客户要求进行的。

2. QC 与 QA 的相同点

QC 和 QA 都要进行验证，QC 按标准检测产品就是验证产品是否符合规定要求，QA 进行内审就是验证体系运作是否符合标准要求。QA 进行出货稽核和可靠性检测，就是验证产品是否已按规定进行各项活动，是否能满足规定要求，以确保工厂交付的产品都是合格和符合相关规定的。

### 相关链接

### 食品行业都有哪些认证?

食品行业的认证或审核主要包括 ISO 9001、ISO 14001、OHSAS 18001、ISO 22000、HACCP、BRC、IFS、SQF、DUTCH HACCP、FSSC、PAS 220、AIB、FPA、Halal、Kosher、IP、Non‐GMO、GAP、Organics、JAS、EOS、NOP、MSC、ACC、FAMI‐QS、SC 等。

食品生产企业必需的行政许可有:

(1) 食品生产许可证 (SC);

(2) 出口食品生产企业备案 (产品出口销售时)。

食品生产企业自愿性认证有:

(1) ISO 9000 质量管理体系认证 (是基础，一般企业都会做);

(2) ISO 22000 食品安全管理体系认证 (一般中大型企业会做);

(3) HACCP 危害分析与关键控制点认证 (原理同 ISO 22000 相近，国外较认可);

(4) ISO 14001 环境管理体系认证 (关注社区环境影响的企业会做);

(5) ISO 18000 职业健康安全管理体系认证 (关注员工职业健康的企业会做);

(6) GMP 良好操作规范认证 (食品行业不强制，有条件的可以做，大多数食品企业不做);

(7) BRC 英国零售商协会认证 (出口客户需求);

(8) FSSC 22000 食品安全体系认证 (出口客户需求);

(9) IFS 国际食品标准认证 (出口客户需求);

(10) Kosher 犹太认证 (犹太教地区客户需求);

（11）HALAL 清真食品认证（穆斯林地区客户需求）；

（12）中国有机认证（国内销售有机产品使用）；

（13）绿色食品认证（中国特色认证，企业根据情况进行）；

（14）JAS、EOS、NOP（日本、欧盟、美国销售有机产品使用）。

另外，很多大客户如百胜会自行或委托第三方审厂，也会要求通过特定认证认可。

## 课堂测试

（1）名词解释：质量、食品质量、食品安全、食品质量控制、食品质量保证。

（2）简述食品品保岗位的主要工作内容。

（3）简述食品品控岗位的主要工作内容。

# 项目二

# 食品质量管理技术应用

知识能力目标

1. 能说出质量管理的发展历史；
2. 能准确运用 5S 理论进行生产现场管理；
3. 能准确运用 PDCA 循环理论持续改进产品质量；
4. 能说出食品质量管理七种工具的概念、性质及应用范围；
5. 能正确绘制食品质量管理七种工具的图表；
6. 能就食品企业出现的质量安全问题用食品质量管理工具进行分析。

**案例导入**

　　某乳饮料生产企业主要产品为 AD 钙奶，该企业客服中心反映西南市场该 AD 钙奶瓶中有结块现象，开瓶后，有酸化异味。经过调查，情况属实。于是质量管理部门针对这一现象，通过因果图分析确定出酸败原因是：①制瓶质量不稳定，造成后续封口不好；②灌装阶段操作工对灌装后果跟踪不全面；③杀菌后段，检测人员和质量跟踪人员均未及时发现问题。就分析出的原因，企业分别制定了整改措施，一段时间运行后，市场反应良好，没有客户再投诉类似问题。

## 任务一

## 学习食品质量管理基础

质量管理是"关于质量的管理",即通过制定质量方针和质量目标,以及通过质量策划、质量保证、质量控制和质量改进来实现这些质量目标。

### 一、 质量管理发展

质量管理的发展,大体可分为五个阶段:工匠与行会时代、产品导向时代、过程导向时代、全面质量管理与标准化时代、卓越绩效与可持续发展时代。

#### (一) 工匠与行会时代

这一阶段主要是指 1200—1799 年,该阶段,由于产品多由手工完成,手工艺参与产品实现的全过程,对产品进行全数、全过程检验,确保了产品质量,但生产产量低。

#### (二) 产品导向时代

这一阶段主要是指 1800—1899 年,该阶段,生产出现了分工,不同工人对产品的不同组成部分负责,少数工人负责检查最终产品,但还未具有计划性。该阶段通过百分之百检验的方式来控制和保证产品的质量。这种做法只是从成品中挑出废、次品,实质上是一种"事后的把关"。这种事后检验把关,无法在生产过程中起到预防、控制的作用。且百分之百的检验,增加检验费用。在大批量生产的情况下,其弊端就突显出来。

#### (三) 过程导向时代

这一阶段主要是指 1900—1945 年。在该阶段,质量管理的重点主要在于确保产品质量符合规范和标准。人们通过对过程进行分析,及时发现生产过程中的异常情况,确定产生缺陷的原因,迅速采取对策加以消除,使工序保持在稳定状态。这一阶段的主要特点是:从质量管理的指导思想上看,由以前的事后把关,转变为事前的积极预防;从质量管理的方法上看,应用了统计的思考方法和统计的检验方法;从质量管理的方式上看,从专职检验人员把关转移到专业质量工程师和技术员控制。

#### (四) 全面质量管理与标准化时代

菲根堡姆于 1961 年在其《全面质量管理》一书中首先提出了全面质量管理的概念:"全面质量管理是为了能够在最经济的水平上,并考虑到充分满足用户要求的条件下进行市场研究、设计、生产和服务,把企业内各部门质量、维持质量和提高质量的活动构成为一体的一种有效体系。"

全面质量管理具有"三全一多样"的特点，具体如下。

（1）全面的质量　质量不仅包括产品质量，还包括过程质量和体系质量；它不仅包括一般的质量特性，而且包括成本质量和服务质量。

（2）全过程的质量管理　全过程的质量管理包括了从市场调研、产品的设计开发、生产到销售、服务等全部有关过程的质量管理。换句话说，要保证产品或服务的质量，不仅要搞好生产或作业过程的质量管理，还要搞好设计过程和使用过程的质量管理。

（3）全员的质量管理　产品和（或）服务质量是企业各方面、各部门、各环节工作质量的综合反映。企业中任何一个环节，任何一个人的工作质量都会不同程度地直接或间接地影响着产品质量或服务质量。因此，产品质量人人有责，人人关心产品质量和服务质量，人人做好本职工作，全体参加质量管理，才能生产出顾客满意的产品。

（4）多方法的质量管理　质量管理中，应广泛使用各种方法。常用的质量管理方法有所谓的老七种工具，具体包括因果图、排列图、直方图、控制图、散布图、分层图、调查表；还有新七种工具，具体包括：关联图法、KJ 法、系统图法、矩阵图法、矩阵数据分析法、PDPC 法、矢线图法。

此阶段，美国戴明博士提出了 PDCA 循环理论和国际标准化组织（ISO）提出的质量管理七大原则广为人知，ISO 9000 质量管理体系就是以 PDCA 循环理论和质量管理七大原则为基础构建的。

**（五）卓越绩效与可持续发展时代**

这一阶段主要是指 1990 年之后。20 世纪 90 年代以来，一些知名公司管理层基于对质量的重视，采取了将顾客和质量置于优先地位、建立卓越绩效体系的方法实施创新和持续过程改进，获得了令人信服的成功，积累了经验，树立了典范，为全球实施卓越绩效与可持续管理提供了基础。

2018 年，英国标准协会（BSI）发布了最新修订的国际标准 ISO 9004：2018《质量管理组织质量持续成功指南》。ISO 9004 为希望提供组织整体绩效并取得持续成功的经理提供了指南。各国均设置了国家质量奖等，鼓励各行各业不懈努力、追求完美，达到卓越绩效的水平。

## 二、PDCA 循环理论

### （一）PDCA 循环的概念

PDCA 循环，是由策划（Plan）—实施（Do）—检查（Check）—处置（Act）4个要素构成的一种循环的持续改进的工作方法，如图 2-1 所示。

PDCA 循环最早由统计质量控制的奠基人 W. A. 休哈特提出，W. E. 戴明将其介绍到日本并进一步充实，所以也把它称为戴明循环。

### （二）PDCA 循环的内容

PDCA 循环是全面质量管理的基本工作方法，包括四个阶段和七个步骤。

第一阶段是策划阶段，即 P 阶段。这个阶段包括 3 个步骤。

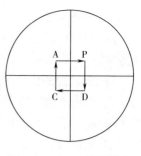

图 2-1　PDCA 循环模式

第 1 步，调查质量现状，找出存在的质量问题，比如不合格品率、成本、交货期等。利用调查表、直方图、控制图等工具，找出需要解决的质量问题。

第 2 步，利用分层法、因果图、排列图等工具，对第一步提出要解决的质量问题进行分析，确定首先需要解决的主要问题，找出问题的主要原因。

第 3 步，针对影响质量的主要原因，制定对策，拟定管理、技术等方面的措施和实施计划。计划应具体有效，包括计划的理由（Why）、预期达到的目标（What）、实施计划的地点（Where）、执行部门和人员（Who）、执行时间（When）、怎样实施（How）等，即 5W1H。

第二阶段是实施阶段，即 D 阶段。这一阶段的任务是：按照 P 阶段所制定的计划去执行。即第 4 步。

第三阶段是检查阶段，即 C 阶段。根据方针、目标和要求，对过程和产品进行监视和测量，并报告成果。即第 5 步。

第四阶段是处置阶段，即 A 阶段。在这一阶段，要把成功的经验加以肯定，形成标准；对于失败的教训也要认真地总结。对于这次循环中还没有解决的问题，要转到下一个 PDCA 循环中加以解决。它包括两个步骤。

第 6 步，即防止再发生和标准化。在这一步骤，需再次确认 5W1H，并将质量改进有效的措施进行标准化，制定工作标准，同时进行教育培训。

第 7 步，总结。对改进效果不显著的措施及改进过程中出现的问题进行总结，把没有解决的质量问题和新出现的质量问题转入下一个 PDCA 循环。

PDCA 循环的阶段、步骤与相应的质量管理工具对照见如表 2-1 所示。

表 2-1　　　　PDCA 循环的阶段、步骤与相应的质量管理工具对照表

| 阶段 | | 步骤 | | 工具 |
|---|---|---|---|---|
| 一 | 策划阶段 | 1 | 调查现状，明确要解决的问题 | 调查表、直方图、控制图等 |
| | | 2 | 分析问题原因并找出主要原因 | 分层法、因果图、排列图等 |
| | | 3 | 拟定对策 | 对策表 |
| 二 | 实施阶段 | 4 | 执行计划 | 控制图等 |
| 三 | 检查阶段 | 5 | 确认效果 | 调查表、直方图、控制图、排列图等 |
| 四 | 处置阶段 | 6 | 防止再发生和标准化 | 标准化程序 |
| | | 7 | 总结 | |

### （三） PDCA 循环的特点

#### 1. 完整的循环

PDCA 循环的四个阶段必须是完整的，一个也不能少。这是因为，PDCA 循环是一个既划分为四个阶段又密切衔接的连续过程。制定计划是为了实施，通过检查才能确认实施的效果；检查是处理的前提，而处理才是检查的目的，只有通过处理才能为制定下一个循环的计划确立依据。

#### 2. 大环套小环

PDCA 循环作为全面质量管理的基本工作方法，可以用于组织的各个环节、各个方面的质量管理工作。整个组织的质量管理体系构成一个大的 PDCA 循环，而各个部门、各级单位直至每个人又都有各自的 PDCA 循环，上一级的 PDCA 循环是下一级 PDCA 循环的依据，而下一级的 PDCA 循环则是上一级 PDCA 循环的保证，从而形成一个如图 2-2 所示的"大环套小环，一环扣一环，小环保大环，推动大循环"的综合质量管理体系。

#### 3. 逐步上升的循环

PDCA 循环不是在原地转动，而是像爬楼梯那样（如图 2-3 所示），每循环一次就前进、提高一步，由低到高，逐级攀登上去。如此循环往复，质量问题就不断得到解决，产品质量、过程质量和体系质量就不断得到改进和提高。

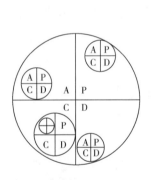

图 2-2　大环套小环

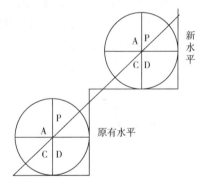

图 2-3　改进上升的循环

## 三、 质量管理原则

国际标准化组织（ISO）将质量管理应遵循的基本准则总结为七项质量管理原则。

### （一） 以顾客为关注焦点

质量管理的主要关注点是满足顾客要求并且努力超越顾客期望。组织只有赢得和保持顾客和其他相关方的信任才能获得持续成功。与顾客互动的每个方面都提供了为顾客创造更多价值的机会。理解顾客和其他相关方当前和未来的需求有助于组织的持续成功。

为此，组织可开展的活动包括：

——辨识从组织获得价值的直接和间接的顾客；

——理解顾客当前和未来的需求和期望；

——将组织的目标与顾客的需求和期望联系起来；

——在整个组织内沟通顾客的需求和期望；

——对产品和服务进行策划、设计、开发、生产、交付和支持，以满足顾客的需求和期望；

——测量和监视顾客满意并采取适当的措施；

——针对有可能影响到顾客满意的有关相关方的需求和适当的期望，确定并采取措施；

——积极管理与顾客的关系，以实现持续成功。

### （二）领导作用

领导通过影响他人来达到既定的目标，故一个组织领导者对其他成员的影响可说既深又远，对组织目标的实现也具有举足轻重的影响。各级领导建立统一的宗旨和方向，并且创造全员积极参与的环境，以实现组织的质量目标。

为此，组织可开展的活动包括：

——在整个组织内，就其使命、愿景、战略、方针和过程进行沟通；

——在组织的所有层级创建并保持共同的价值观、公平以及道德的行为模式；

——创建诚信和正直的文化；

——鼓励全组织对质量的承诺；

——确保各级领导者成为组织人员中的楷模；

——为人员提供履行职责所需的资源、培训和权限；

——激发、鼓励和认可人员的贡献。

### （三）全员积极参与

全体员工是每个组织的根本，人是生产力中最活跃的因素。组织的成功不仅取决于正确的领导，还有赖于全体人员的积极参与。为了有效地管理组织，尊重并使各级人员参与是重要的。认可、授权和能力提升会促进人员积极参与实现组织的质量目标。管理者应该重视对员工进行质量意识、职业道德、以顾客为中心的意识和敬业精神的教育，还要通过制度化的方式激发他们的积极性和责任感。最高管理者应该明确各部门、各岗位人员应有的职责和权限，使每个员工了解自身的重要性和在组织中的角色，提高他们的积极性、创造性和责任感。在全员参与过程中，团队合作是一种重要的方式，特别是跨部门的团队合作。

为此，组织可开展的活动包括：

——与员工沟通，以提升他们对个人贡献的重要性的理解；

——推动整个组织内部的协作；

——促进公开讨论，分享知识和经验；

——授权人员确定绩效制约因素并大胆地采取积极主动措施；

——认可和奖赏员工的贡献、学识和改进；

——能够对照个人目标进行绩效的自我评价；

——进行调查以评估人员的满意度，沟通结果并采取适当的措施；

### （四）过程方法

质量管理理论认为：任何活动都是通过"过程"实现的。任何使用资源将输入转化为输出的活动即认为是过程。组织为了有效地运作，必须识别并管理许多相互关联的过程。通过分析过程、控制过程和改进过程，就能够制住影响质量的所有活动和环节，确保产品和服务的高质量。因此，在开展质量管理活动时，必须着眼于过程，才可以得到期望的结果。

为此，组织可开展的活动包括：

——规定体系的目标和实现这些目标所需的过程；

——确定管理过程的职责、权限和义务；

——了解组织的能力，并在行动前确定资源约束条件；

——确定过程相互依赖的关系，并分析每个过程的变更对整个体系的影响；

——将过程及其相互关系作为体系进行管理，有效地实现组织的质量目标；

——确保获得运行和改进过程以及监视、分析和评价整个体系绩效所需的信息；

——管理能影响过程输出和质量管理体系整个结果的风险。

### （五）改进

改进对于组织保持当前的绩效水平，对其内、外部条件的变化做出反应并创造新的机会都是极其重要的。成功的组织持续关注改进。

组织所处的环境是在不断变化的，科学技术在进步、生产力在发展，人们对物质和精神的需求在不断提高，市场竞争日趋激烈，顾客的要求越来越高。因此组织应持续进行质量改进，不断提高质量水平，增强顾客满意度，保证组织的生存和发展。

为此，组织可开展的活动包括：

——促进在组织的所有层级建立改进目标；

——对各层级员工在如何应用基本工具和方法方面进行培训，以实现改进目标；

——确保员工有能力成功的筹划和完成改进项目；

——开发和展开过程，以在整个组织内实施改进项目；

——跟踪、评审和审核改进项目的计划、实施、完成和结果；

——将改进考与新的或变更的产品、服务和过程开发结合在一起予以考虑；

——认可和奖赏改进。

**（六） 循证决策**

成功的结果取决于活动实施之前的精心策划和正确决策。基于数据和信息的分析和评价的决定，更有可能产生期望的结果。

决策是一个复杂的过程，并且总是包含一些不确定性。它经常涉及多种类型和来源的输入及其解释，而这些解释可能是主观的。重要的是理解因果关系和可能的非预期后果。对事实、证据和数据的分析可导致决策更加客观和可信。

为此，组织可开展的活动包括：

——确定、测量和监视证实组织绩效的关键指标；

——使相关人员获得所需的所有数据；

——确保数据和信息足够准确、可靠和安全；

——使用适宜的方法分析和评价数据和信息；

——确保人员有能力分析和评价所需的数据；

——依据证据，权衡经验和直觉进行决策并采取措施。

**（七） 关系管理**

有关的相关方影响组织的绩效。当组织管理与所有相关方的关系以使相关方对组织的绩效影响最佳时，才更有可能实现持续成功。对供方及合作伙伴的关系网的管理是尤为重要的。

为此，组织可开展的活动包括：

——确定有关的相关方（如：供方、合作伙伴、顾客、投资者、雇员或整个社会）及其与组织的关系；

——确定并对优先考虑需要管理的相关方的关系；

——建立权衡短期利益和考虑长远因素的关系；

——收集并与有关的相关方共享信息、专业知识和资源；

——适当时，测量绩效并向相关方提供绩效反馈，以增强改进的主动性；

——与供方、合作伙伴及其他相关方确定合作开发和改进活动；

——鼓励和认可供方与合作伙伴的改进和成绩。

## 四、 食品质量管理的特征

食品质量管理是质量管理的理论、技术和方法在食品加工和贮藏工程中的应用。食品是一种对人类健康有着密切关系的特殊有形产品，它既符合一般有形产品质量特性和质量管理的特征，又具有其独有的特殊性和重要性。因此食品质量管理也有一定的特殊性。

**（一） 以食品安全为核心**

食品的质量特性同样包括功能性、可信性、安全性、适应性、经济性和时间性等主要特性，但其中安全性始终放在首要考虑的位置。一个食品产品其他质量特性再好，只要安全性不过关就丧失了作为产品和商品存在的价值。

食品安全性的重要性决定了食品质量管理中安全质量管理的重要地位。有人把食品安全管理比作仅次于核电站的安全管理，一点也不为过。因此可以说食品质量管理以食品安全管理为核心，食品法规以安全法规为核心，食品质量标准以食品安全标准为核心。

### （二）管理的空间和时间具有广泛性

食品质量管理在空间上包括田间、原料运输车辆、原料贮存车间、生产车间、成品贮存库房、运载车辆、超市或商店、冰箱、再加工、餐桌等环节的各种环境。从田间到餐桌的任何一环的疏忽都可使食品丧失食用价值。在时间上食品质量管理包括三个主要的时间段：原料生产阶段、食品加工阶段、食品消费阶段，其中原料生产阶段时间特别长。任何一个时间段的疏忽也都可使食品丧失食用价值。

对食品加工企业而言，对入库的原料、再制品和产品的质量管理和控制能力较强，而对原料生产阶段和消费阶段的管理和控制能力往往忽视，今后加工企业也应加强这方面的管理和控制。

### （三）管理的对象具有复杂性

食品原料包括植物、动物、微生物等。许多原料在采收以后必须立即进行预处理、贮存和加工，稍有延误就会变质或丧失加工和食用价值。而且原料大多为具有生命机能的生物体，必须控制在适当的温度、气压、pH 等环境条件下，才能保持其鲜活的状态和可利用的状态。食品原料还受产地、品种、季节、采收期、生产条件、环境条件的影响，这些因素都会很大程度上改变原料的化学组成、风味、质地、结构，进而改变原料的质量和利用程度，最后影响到产品的质量。因此，食品质量管理对象的复杂性增加了食品质量管理的难度，需要随原料的变化不断调整工艺参数，才能保证产品质量的一致性。

### （四）管理对食品功能性和适用性的特殊要求

食品的功能性除了内在性能、外在性能以外，还有潜在的文化性能。内在性能包括营养性能、风味嗜好性能和生理调节性能。外在性能包括食品的造型、款式、色彩、光泽等。文化性能包括民族、宗教、文化、历史、习俗等特性。因此在食品质量管理上还要尊重和遵循有关法律、道德规范、习俗习惯的规定，不得擅自作更改。例如清真食品在加工时有一些特殊的程序和规定，也应列入相应的食品质量管理的范围。

许多食品适应于一般人群，但也有部分食品仅仅针对一部分特殊人群，如婴幼儿食品、孕妇食品、老年食品、运动食品等。政府及主管部门对特殊食品制定了相应的法规和政策，建立了审核、检查、管理、监督制度和标准，因此特殊食品质量管理一般都比普通食品有更严格的要求和更高的监管水平。

### （五）在质量监测控制方面存在着一定的难度

食品的质量检测包括化学成分、风味成分、质地、卫生等方面的检测。一般来说，常量成分的检测较为容易，微量成分的检测就要困难一些，而活性成分的检测在方法上尚未成熟。感官指标和物性指标的检测往往要借用评审小组或专门仪器来完成。食品微生物的常规检验一般采用菌落总数、大肠菌群、致病菌作为指标，而菌落总数、大肠菌群检验既繁琐又耗时长，致病菌的检验准确性欠佳。对于转基因食品的检验更需要专用实验室和专门训练的操作人员。

## 任务二

## 食品生产现场管理

食品企业生产车间常常会出现生产效率低、工时浪费大、过程不良品多、现场秩序乱等现象，具体表现为：物品乱丢、现场乱；藏污纳垢、垃圾多；标示缺失、危害重；员工懒散、状态差。这些生产现场的不良现象会影响员工工作情绪，造成职业伤害，影响设备精度及使用寿命，因标示不清而造成误用，进而造成资源的浪费，降低生产效率，影响工作或产品质量。为此，需要对生产现场进行管理。

生产现场管理就是运用科学的管理原理、管理方法和管理手段，对生产现场的各种生产要素进行合理的配置与优化，以保证生产系统目标的顺利实现。现场管理的任务是合理组织各种要素，包括人（操作者、管理者）、机（机器设备、工艺装备）、料（原材料、半成品、成品）、法（工艺、检测方法、制度、标准）、环（工作环境）、资金、信息等，使之有效地实现最优化的组合，并保持良好的运行状态。

要做好现场管理，就要找到标本兼治的办法。目前，食品企业生产现场管理通常采用 5S 管理法。

### 一、 5S 的含义

5S 起源于日本，是指在生产现场对人员、机器、材料、方法等生产要素进行有效的管理，提升产品质量的一种管理方法。

5S 分别是日译罗马拼音的第一个字母，它们的含义如下。

整理（Seiri）：将必需品和非必需品区分开，在岗位上只放置必需物品。

整顿（Seiton）：使工作场所内所有的物品保持整齐有序的状态，并进行必要的标识。杜绝乱堆乱放、产品混淆、该找的东西找不到等无序现象的出现，将寻找必需品的时间减少为零。

清扫（Seiso）：将岗位保持在无垃圾、无灰尘、干净整洁的状态。将工作场所内的垃圾、灰尘等清洁干净，将设备保养得干净完好，创造一尘不染的工作环境。

清洁（Seiketsu）：指重复的做好整理、整顿、清扫，形成制度化、规范化，包含伤害发生的对策及成果的维持。

素养（Shitshke）：指对于规定的事情，大家都按要求去执行，并养成一种习惯。

5S 的含义也可以用下面几句顺口溜来描述。

整理：要与不要，一留一弃；

整顿：科学布局，取用快捷；

清扫：清除垃圾，美化环境；

清洁：洁净环境，贯彻到底；

素养：形成制度，养成习惯。

## 二、 5S 的建立

### （一）整理

整理活动的重点如下。

（1）通过教育训练让全员了解整理的概念；

（2）明确实施整理的范围；

（3）明确要与不要的标准，规划出不要物的暂放区；

（4）决定实施整理的时间，并将整理用具提前备妥；

（5）明确每个成员负责的区域，依照标准及范围实施整理；

（6）定期实施且定期检查；

（7）整理后，马上进行整顿的工作，二者连续不可分的。

整理活动的步骤如下。

第 1 步，现场检查；

第 2 步，区分必需品和非必需品；

第 3 步，清理非必需品；

第 4 步，处理非必需品；

第 5 步，每天循环整理。

### （二）整顿

整顿活动的重点如下。

（1）必要品的分类；

（2）依使用频率决定放置位置与放置量；

（3）决定放置方式；

（4）放置区定位划线；

（5）决定每个放置区物品的责任管理者。

整顿活动的步骤如下。

第 1 步，分析现状；

第 2 步，物品分类；

第 3 步，决定贮存方法（定置管理）；

第 4 步，进行标志。

定置管理包括固定位置和自由位置两种形式。固定位置，即场所固定、物品存放位置固定、物品的标准固定——"三固定"。自由位置，即相对地固定一个存放物品的区域，非绝对的存放位置。

**（三）清扫**

清扫活动的重点如下。

（1）调查污染源及污染原因；

（2）建立清扫基准，规范活动；

（3）管理者示范，树立样板；

（4）规划清扫责任区域；

（5）例行扫除，清除脏污。

清扫活动的步骤如下。

第1步，准备工作；

第2步，从工作岗位扫除一切垃圾、灰尘；

第3步，清扫点检机器设备；

第4步，整修在清扫中发现有问题的地方；

第5步，查明污垢的发生源，从根本上解决问题；

第6步，实施区域责任制；

第7步：制定相关清扫基准。

**（四）清洁**

清洁活动的重点如下。

（1）彻底实施前述3S，并将清扫阶段的问题层别分类；

（2）针对问题点实施对策，并做成问题改善对策书；

（3）由专责单位改善的问题点，现场人员一起参与学习讨论；

（4）制订各类标准书，尤其是安全、品质方面的作业标准应优先制订。

清洁活动的步骤如下。

第1步，对推进组织进行教育；

第2步，区分工作区的必需品和非必需品；

第3步，向作业者进行确认说明；

第4步，撤走各岗位的非必需品；

第5步，规定必需物品的摆放场所；

第6步，规定摆放方法；

第7步，进行标志；

第8步，将放置方法和识别方法对作业者进行说明；

第9步，清扫并在地板上划出区域线，明确各责任区和责任人。

以上步骤按PDCA循环重复进行，以达到持续改进的目的。具体为：制定一套保持制度，持续进行整理、整顿、清扫的各项活动，发现问题并对发现的问题及时反馈，对反馈的问题做及时修正，从而持续保持工作环境清洁卫生的状态。

**（五）素养**

素养活动的重点如下。

（1）不定期循环检查，确保各类作业标准彻底执行；

（2）整个5S活动成败的关键点：教育是否彻底、主管是否关心；

（3）全员对自己应做的事，应有能力自订计划表。

素养活动的步骤如下。

第1步，学习公司的规章制度；

第2步，理解规章制度；

第3步，努力遵守规章制度；

第4步，成为他人的榜样；

第5步，具备了成功的素养。

## 三、 食品企业推行5S管理的步骤

5S活动是一个企业全员性的活动，必须得到企业上上下下的支持才能成功。一般地说，要调动全员为5S行动起来，必须遵循一定的步骤。

步骤1：成立推行组织。成立5S推行委员会或5S推行办公室，分清各委员的主要职责，对组员进行编组，明确责任分工。为了体现领导的重视，增强企业员工对5s推行攻坚的信心，可由企业的一把手出任5S推行委员会主任职务。

步骤2：拟定推行方针及目标。要拟定推行5S的作战方针，推出口号标语，以增强活动凝聚力。如："推行5S，塑某食品企业一流形象"；"告别昨天，挑战自我，塑某食品企业新形象"。结合食品企业的具体情况，制定切合实际的5S预期目标，以便在实施过程中随时检查。比如，目标是实施5S后，企业可达到在有来宾到厂参观时，不用事先做任何准备。

步骤3：拟定工作计划及实施方法。考虑5S的实施进度；收集并借鉴其他成功企业的做法；制定5S的实施方法；制定要与不要的物品的区分方法；制定活动评比及奖惩办法。

步骤4：通过教育，让员工认识并理解5S。教育可在各个部门中进行，让员工了解本部门的责任，也了解自己的责任。教育的内容应该包括5S的内容及目的、5S的实施方法、5S的评比方法等。对于新进员工，由于其对厂的情况不太了解，更需要花大力气作好教育工作。教育的形式可以多样化，如讲课、放录像、观摩他厂案例或样板区域、学习推行手册等都是教育的有效手段。

步骤5：活动前的宣传造势。推行5S是一个艰巨的活动任务，需要得到全体员工的重视、参与。否则，难以有效，难以长久。采用广泛的宣传，可让员工产生一种紧迫感，产生一种厂兴我荣、厂衰我耻的责任感。宣传形势也是多种多样的，如最高主管通过晨会或内部报刊等发表宣言，用海报、内部报刊辟专栏宣传造势，办墙报、宣传栏作宣传等。

步骤6：具体实施。在全体员工充分理解5S的基础上，可开始实施了。先对员工开个方法说明会，并准备好各种清扫工具、红牌等道具。然后严格按照前述方法开始实施。整顿时注意三定原则（定位、定量、定容）、三易原则（易取、易放、易管理）。制定"5S日常检查表"，以对照检查，不符合的地方插上红牌，限期整改。

步骤7：确定活动评比办法。评比能有效地形成一种竞争环境。制定一种公平、公正的评比办法，可得到全体员工的拥护。评比办法尽量量化，各种项目给评分标准，便于操作。食品企业中各部门间有比较大的不同，在评比办法中，要充分考虑困难系数、人数系数、面积系数、教养系数等因数，以体现公平。

步骤8：查核。依评比办法及"5S日常检查表"作现场查验，对一些争论点进行答疑。对不符要求的地方给予红牌警告，限期整改。

步骤9：评比及奖惩。举办征文、比赛等各种活动，并与"评比办法"一起展开评比，公布成绩，开表彰会，实施奖惩。

步骤10：检讨与修正。不合格的部门及个人作检讨，依项目进行整改，直到合格并不断提高。

步骤11：纳入定期活动管理。5S是一个长期的活动，既不能一蹴而就，也不可能一劳永逸。要长久地维护这种5S的成果，需要不断地强化。重点是依靠标准化、制度化，凡事有人负责、凡事有章可循、凡事有据可查、凡事有人监督。在食品企业5S导入之初的前四个月内，可每月举行两次作战活动，在5S导入结束后，每月举行一次强化，最后渐渐过渡到每季度强化一次。

企业在实施5S活动时，不一定要完全按照上述5个项目实施。也有的企业依自身特性去掉其中某项而另外加入如安全、认真、准备等配合企业文化背景的项目，或按上述的5S而另加入其他项目，如安全、服务成为6S、7S等。但不管是6S、7S，其实施的精神都已包含在上述的5S活动中。因此，一般以推行上述的5S活动较为普遍。

实施5S活动可为公司带来巨大的好处，可以提供一个舒适的工作环境；提供一个安全的作业场所；塑造一个企业的优良形象，提高员工工作热情和敬业精神；稳定产品的质量水平；提高工作效率降低消耗。

## 任务三

## 质量数据统计分析

质量数据的统计分析是运用数理统计方法和图表形式，科学地整理和分析质量信息，有效地控制、预防和改进质量问题的方法。常用的方法有七种，亦称老七种质量管理工具，包括因果图、分层法、检查表、直方图、排列图、散布图和控制图。虽然这七种工具属于初级统计方法，但并未因其简易而影响它的有效性。

相反，由于通俗易懂、简便易行，在企业质量管理中应用十分广泛。

## 一、 因果图

### （一） 因果图的作用

因果图又称特性要因图、树枝图、鱼刺图。最早（1953 年）是由日本质量管理专家石川馨提出的，所以又称石川图。因果图是表示质量特性与原因关系的图。因果分析图中的"结果"或"特性"可根据具体需要选择。找到了问题，还要根据操作者（men）、设备（machine）、材料（material）、操作方法（method）、检验（measure）和环境（environment）即 5M1E 逐项进行分析，找出大原因、中原因和小原因，一直分析到可以采取具体对策为止。

### （二） 因果图的作图步骤

（1）明确要分析的质量问题和需要解决的质量特性。如产品的质量成本、产量、销量、工作质量等问题。

（2）充分发动群众，列出所有可能影响质量的因素。

（3）深入分析，明确因素间的因果关系。探讨影响质量问题的因素一般是按 5M1E 分类、设置项目，这种直接影响质量问题的项目称为大原因。大原因由一系列中原因构成，并非一经指出就能采取措施予以解决。要逐级分层找出构成中原因的小原因与更小原因，直至找到能直接采取有效措施的原因为止，此时找到的最终原因可能就是质量分析时所寻求的主要原因。将这些原因间的关系用箭头表示出来，并将主要原因用方框标出。如图 2-4 所示是某乳制品厂质量管理小组作的影响冰淇淋卫生质量的因果图。

（4）最后针对主要原因，制定改进对策。由此，制订提高冰淇淋卫生质量对策表，落实改进措施。表中应包括项目、现状、预期目标、措施、责任人、完成期限等。

### （三） 作因果图的注意事项

（1）确定的质量问题，应尽量具体，必须是一个问题，如某一质量特性达不到要求。

（2）要充分发扬民主，把各种意见都记录下来，包括相反的意见。

（3）主要原因一定要标出。主要原因的确定可采用排列图法、从专业技术的角度共同分析等方法得出。

（4）针对质量问题拟定对策表，制订改进措施，应结合排列图，检查效果。

## 二、 分层法

### （一） 分层法的作用

分层法，也叫分类法或分组法，就是把搜集到的质量数据按照与质量有关的各种因素加以分类，把性质相同、条件相同的数据归在一个组，把划分的组称作

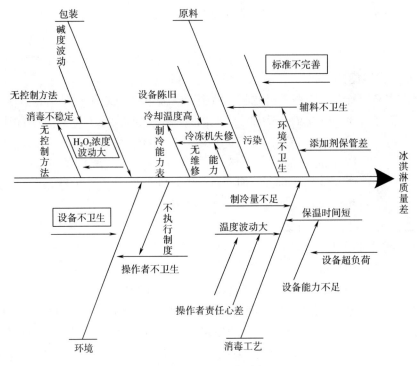

图 2-4　因果图示例

层。分层的目的是把错综复杂的影响因素分析清楚，以便数据能更加明确突出地反映客观实际。

使用分层法，可以从不同的角度去分析需要解决的质量问题，观察到不同方面的结果，从而有利于问题的解决。

现举例说明该方法的具体运用。假定有两位工人在同一台设备上，用同一批原材料、按同一操作规程加工同一种产品。如果想研究两位工人的产品质量，那么按照分层的思路和方法，就应当把这两位工人加工的产品分别存放，然后对他们制造的产品分别画出直方图来进行分析研究。这样，就可以看出哪一位生产的产品质量好，工序质量好，遵守操作规程好等。如果我们没有分层的思考方法，就容易把他们两人生产的产品放在一起，只画出一张直方图来分析，这样，就难以区分出这两位工人工作质量的好与坏，更找不出产生质量问题的真正原因。

### （二）分层方法

分层的基本要求是，原则上应使同一层内的数据波动幅度尽可能小，而层与层之间的差别尽可能大。为了达到这一要求，通常可以按 5M1E 对数据进行分层。

（1）操作者　按不同操作者、年龄、性别、技术水平、班次等分层。

（2）设备　按设备类型、新旧程度、不同生产线、生产方式等分层。

（3）原材料　按产地、生产厂、成分、规格、批号、到货日期等分层。

（4）操作方法　即按不同的操作条件、工艺要求、生产速度以及操作环境等分层。

（5）时间　即按年、季、月、日、班等不同时间、不同班次分层。

（6）测量　即按测量者、测量位置、测量仪器、取样方法和条件等分层。

（7）其他方面　即按缺陷部位、不合格项目、制造部门、使用条件等分层。

分层的标志很多，可以根据质量管理的需要灵活运用。有时还可以同时用几种标志来分层，以便找准问题。

分层法广泛适用于各个行业、各种生产类型的工业企业，也适用于事业单位、商业企业和服务行业等。

实践证明，分层法是分析处理质量问题的成败关键。这个方法看起来容易，可用起来必须有一定的经验和一定的技巧。此外，在单独运用分层法时，不能简单地按单一因素各自分层，应该考虑到各因素之间的相互影响。

**（三）分层法应用案例**

肉制品厂的肉酱旋盖玻璃罐头经常发生漏气，造成产品发酵、变质。现就设备原因进行分析。

1. 作分层归类表

将采集到的数据根据不同目的选择分层标志，按层归类。经抽检 100 罐产品后发现，一是由于 A、B、C 3 台封罐机的生产厂家不同；二是所使用的罐盖是由 2 个制造厂提供的。

在用分层法分析漏气原因时采用按封罐机生产厂家如表 2-2 所示和按罐盖生产厂家如表 2-3 所示两种情况分层。

表 2-2　　按封罐机生产厂家分层

| 封罐机生产厂家 | 漏气/罐 | 不漏气/罐 | 漏气率/% |
| --- | --- | --- | --- |
| A | 12 | 26 | 32 |
| B | 6 | 18 | 25 |
| C | 20 | 18 | 53 |
| 合计 | 38 | 62 | 38 |

表 2-3　　按罐盖生产厂家分层

| 罐盖生产厂家 | 漏气/罐 | 不漏气/罐 | 漏气率/% |
| --- | --- | --- | --- |
| 一厂 | 18 | 28 | 39 |
| 二厂 | 20 | 34 | 37 |
| 合计 | 38 | 62 | 38 |

2. 分析

由表 2-2 和表 2-3 可知，为降低漏气率，应采用 B 厂的封罐机和二厂的罐盖。然而事实并非如此，当采用 B 厂的封罐机，选用二厂的罐盖，漏气率不但没有降低，反而由原来的38%增加到43%。因此，这样的简单分层是有问题的，正确的方法应该是：

（1）当采用一厂生产的罐盖时，应采用B厂的封罐机。

（2）当采用二厂生产的罐盖时，应采用A厂的封罐机。

以上组合生产的产品未出现漏气如表2-4所示。因此，运用分层法时，不宜简单地按单一因素分层，必须考虑各因素的综合影响效果。

表2-4　　　　　　　　按封罐机和罐盖生产厂家双因素分层表　　　　　　单位：罐

| 封罐机生产厂家 | 漏气情况 | 罐盖生产厂家 | | 合计 |
| --- | --- | --- | --- | --- |
| | | 一厂 | 二厂 | |
| A | 漏气/罐 | 12 | 0 | 12 |
| | 不漏气/罐 | 4 | 22 | 26 |
| B | 漏气/罐 | 0 | 6 | 6 |
| | 不漏气/罐 | 10 | 8 | 18 |
| C | 漏气/罐 | 6 | 14 | 20 |
| | 不漏气/罐 | 14 | 4 | 18 |
| 小计 | 漏气/罐 | 18 | 20 | 38 |
| | 不漏气/罐 | 28 | 34 | 62 |
| 合计 | | 46 | 54 | 100 |

## 三、调查表

### （一）调查表的作用

调查表法又称检查表法或统计分析表法，是一种统计图表，利用这种统计图表可以进行数据的搜集、整理和原因调查，并在此基础上进行粗略的分析。在应用时，可根据调查项目的不同和所调查质量特性要求的不同，采用不同格式。工厂常用的检查表有废品项目检查表，如表2-5所示、缺陷位置检查表、质量分布检查表等。

表2-5　　　　　　　　废品项目检查表

| 日期 | 班组 | 批次 | 投料量 | 产量 | 废品量 | 废品率 | 废品项目 | | |
| --- | --- | --- | --- | --- | --- | --- | --- | --- | --- |
| | | | | | | | 1 2 3 4 5 6 7 8 9 10 | … | 其他 |
| ×月×日 | | | | | | | | | |
| : : | | | | | | | | | |
| 合计 | | | | | | | | | |

调查表的记录方法简单，是日常管理工作中的一种有效的方法。从不同角度整理记录的数据，对于查明质量事故的原因，掌握产品、工序、设备的管理情况，以及防止事故发生都是行之有效的。一个企业积累大量的这类资料，是一种很有价值的数据积累。

**（二）调查表应用案例**

如表 2-6 所示是某食品企业在某月玻璃瓶装肉酱抽样检验中外观不合格项目调查记录表。

表 2-6　　　　　　　　　**玻璃瓶装酱油外观不合格项目调查表**

调查者：　　　　　　　　地点：包装车间　　　　　　　　日期：　　年　　月

| 批次 | 产品规格 | 批量/箱 | 抽样数/瓶 | 不合格品数/瓶 | 批不合格品率/% | 外观不合格项目 | | | | | |
|---|---|---|---|---|---|---|---|---|---|---|---|
| | | | | | | 封口不严 | 液高不符 | 标签歪 | 标签擦伤 | 沉淀 | 批号模糊 |
| 1 | 生抽 | 100 | 50 | 2 | 4 | 0 | 0 | 1 | 1 | 0 | 0 |
| 2 | 生抽 | 100 | 50 | 0 | 0 | 0 | 0 | 0 | 0 | 0 | 0 |
| 3 | 生抽 | 100 | 50 | 3 | 6 | 0 | 0 | 2 | 1 | 0 | 0 |
| 4 | 生抽 | 100 | 50 | 0 | 0 | 0 | 0 | 0 | 0 | 0 | 0 |
| ... | ... | | | | | | | | | | |
| 250 | 生抽 | 100 | 50 | 2 | 4 | 0 | 1 | 0 | 1 | 0 | 0 |
| | 合计 | 25000 | 125000 | 175 | 1.4 | 5 | 10 | 75 | 65 | 10 | 10 |

## 四、散布图

### （一）散布图的作用

在质量管理中，常常遇到一些变量共处于一个统一体中，有些变量之间存在着确定性的关系；有些变量之间只存在相关关系，即这些变量之间既有关系，但又不能由一个变量的数值精确地求出另一个变量的值。这种关系，从统计的观点来看，从随机（概率）意义上说是具有规律性的。将两种有关的数据列出，并用黑点填在坐标纸上，观察两种因素之间的关系，这种图称为散布图，对它进行的分析称为相关分析，故散布图也称为相关图。

散布图能定性地反映出两变量间的相关性质与相关程度，并有如下作用：

（1）定性地确定变量间的相关性质，为对生产过程进行观测和管理提供依据；

（2）直观地检定有无异常点。

### （二）散布图的绘制方法

（1）收集 30 对以上的两变量对应数据，数据太少相关不明显，判断不准确；

数据太多计算的工作量太大。

（2）分别找出 $x$ 和 $y$ 的最大值，并选定比例标注在相应的坐标轴上。

（3）将每对测定数据标在坐标平面上。若有两对数据落在同一处，则用⊙表示，以此类推：这样就绘出了散布图。

**（三）散布图的判断分析**

把画出的散布图与典型图如图 2-5 所示对照就可得出两个变量之间是否相关以及属哪一种相关。

（1）强正相关　$x$ 变大，$y$ 显著变大，如图 2-5（1）所示。

（2）弱正相关　$x$ 变大，$y$ 大致变大，如图 2-5（2）所示。

（3）不相关　$x$ 与 $y$ 之间没有关系，如图 2-5（3）所示。

（4）强负相关　$x$ 变大，$y$ 显著变小，如图 2-5（4）所示。

（5）弱负相关　$x$ 变大，$y$ 大致变小，如图 2-5（5）所示。

（6）非线性相关　$x$ 变大，$y$ 也变化，但不成线性关系，如图 2-5（6）所示。

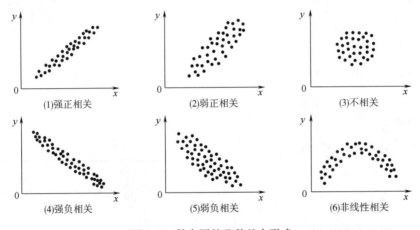

图 2-5　散布图的几种基本形式

**（四）应用散布图的注意事项**

（1）相关的判断只限于画图所用数据的范围之内，不能随意延伸判定范围；

（2）个别偏离分布趋势的点，可能是特殊原因造成的，判明原因后，可以舍去该点；

（3）要应用专业技术对相关分析的结果加以鉴别，因为可能出现伪相关现象。

**（五）散布图绘制案例**

某酒厂为了研究中间产品酒醅中酸度与酒度之间的关系，对酒醅样品进行了化验分析，结果如表 2-7 所示。现利用散布图对数据进行分析、研究和判断。

表 2-7　　　　　　　　　　酒醅中酸度和酒度测定数据表

| 序号 | 酸度/% | 酒度/% | 序号 | 酸度/% | 酒度/% |
|---|---|---|---|---|---|
| 1 | 0.5 | 6.3 | 16 | 0.7 | 6.0 |
| 2 | 0.9 | 5.8 | 17 | 0.9 | 6.1 |
| 3 | 1.2 | 4.8 | 18 | 1.2 | 5.3 |
| 4 | 1.0 | 4.6 | 19 | 0.8 | 5.9 |
| 5 | 0.9 | 5.4 | 20 | 1.2 | 4.7 |
| 6 | 0.7 | 5.8 | 21 | 1.6 | 3.8 |
| 7 | 1.4 | 3.8 | 22 | 1.5 | 3.4 |
| 8 | 0.9 | 5.7 | 23 | 1.4 | 3.8 |
| 9 | 1.3 | 4.3 | 24 | 0.9 | 5.0 |
| 10 | 1.0 | 5.3 | 25 | 0.6 | 6.3 |
| 11 | 1.5 | 4.4 | 26 | 0.7 | 6.4 |
| 12 | 0.7 | 6.6 | 27 | 0.6 | 6.8 |
| 13 | 1.3 | 4.6 | 28 | 0.5 | 6.4 |
| 14 | 1.0 | 4.8 | 29 | 0.5 | 6.7 |
| 15 | 1.2 | 4.1 | 30 | 1.2 | 4.8 |

运用 Minitab 17 统计软件，对录入的数据执行散点图命令，得到图 2-6。

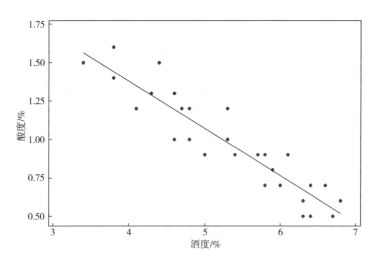

图 2-6　酒醅中酸度和酒度的散布图

对照典型图例法，可以认为酒醅与酒度之间存在着弱负相关关系。

## 五、 直方图

### (一) 直方图的作用

直方图是通过对数据的加工整理，从而分析和掌握质量数据的分布情况和估算工序不合格品率的一种方法。它是用一系列宽度相等、高度不等的长方形表示数据分布的图，长方形的宽度表示数据范围的间隔，长方形的高度表示在给定间隔内的数据数。

直方图可以显示质量波动的状态；较直观地传递有关过程质量状况的信息；当人们研究了质量数据波动状况之后，就能掌握过程的状况，从而确定如何进行质量改进工作。

### (二) 直方图的作法

1. 作频数分布表

在作直方图之前，应先作频数分布表。频数就是满足一定要求的数据出现的次数。将数据按大小顺序分组排列，反映各组频数的统计表，称为频数分布表。它可以把大量的原始数据综合起来，以较直观、形象的形式表示分布的情况，并为作图提供依据。具体作法如下所述。

（1）搜集数据　将搜集到的数据填入数据表。作直方图的数据要大于 50 个，否则反映分布的误差较大。

（2）计算极差　$R$＝最大值－最小值。

（3）分组　组数 $K$ 的确定要适当，组数太少会掩盖各组内的变化情况，且会引起较大的计算误差；组数太多则会造成各组的高度参差不齐，反而难以看清分布情况，而且计算工作量大。

（4）确定组距　组距 $h=R/K$，一般取测量单位的整数倍以便于分组。

（5）确定各组界限　为了避免出现数据值与组的边界值重合而造成频数计算困难的问题，组的边界单位应取最小测量单位的 1/2，即比测量精度高 1 位。分组的范围应能把数据表中最大值和最小值包括在内，且最大值与最小值同两端组界的间隔大致相等。根据这个原则，第一组下界限值为最小数据与最小测量单位的一半之差，即：

$$第一组下界限值 = X_{min} - 最小测量单位/2$$

第二组的下界限值就是第一组的上界限值，第一组的上界限值加上组距就是第二组的上界限值。照此类推，定出各组的组界。

（6）编制频数分布表　首先在表中填入组顺序号及上述已计算好的组界，然后计算各组组中值并填入表中，各组的组中值为上界限值和下界限值的算术平均值（实际上各组的组中值加上组距就是下一组的组中值）。接下来要统计各组的频数，统计时可在频数栏里画记号，统计后立即算出各组频数 $f_i$ 和 $\sum f_i$，看是否与数据总个数相等。

2. 直方图制作方法

先画出纵横坐标，纵坐标表示频数。定纵坐标刻度时，考虑的原则是把频数中最大值定在适当的高度。横坐标表示质量特性，定横坐标刻度要同时考虑最大、最小值及规格范围（有时叫公差）都应含在坐标值内。

然后在横坐标上画出规格线 $T_下$ 和 $T_上$（质量控制标准的上下限值），以组距为底、频数为高，画出各组的直方图。最后在图上标出图名，记入搜集数据的时间和其他必要的记录，统计特征量数值 $\bar{x}$ 与 $s$ 是直方图上的重要数据，一定要标出。如图 2-7 所示。

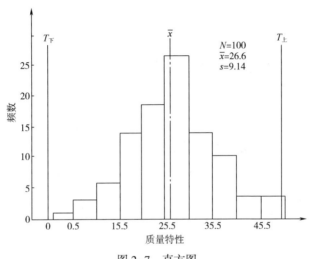

图 2-7 直方图

**（三）直方图的观察分析**

直方图能够比较形象、直观地反映产品质量的分布情况。使用直方图主要就是通过对图形的观察和分析来判断生产过程是否稳定，预测生产过程的不合格品率。观察的方法是：对图形的形状进行观察，并对照规格标准（或叫公差）进行比较。

1. 对图形形状的观察分析

对直方图可以从整体外形观察，分析质量有无异常变化。常见的直方图典型形状如图 2-8 所示。

（1）正常型 又称对称型，是正态分布的状态，说明工序处于稳定状态，如图 2-8（1）所示。

（2）偏向型 直方的顶峰偏向一侧，计数值或计量值只控制一侧界限时，常出现此形状。有时也因加工习惯造成这样的分布，如图 2-8（2）所示。

（3）双峰型 往往是由于把来自两个总体的数据混在一起作图所致，如图 2-8（3）所示。

（4）孤岛型 在远离主分布中心的地方出现小的直方，形如孤岛。孤岛的存

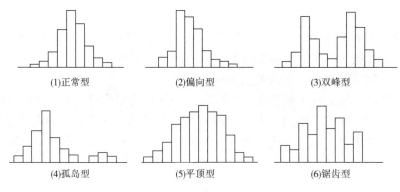

图 2-8　常见的直方图形态

在说明短时间内有异常因素在起作用，使加工条件起了变化，如原料混杂，有不熟练的工人替班或测量工具有误差等，如图 2-8（4）所示。

（5）平顶型　直方呈平顶形，往往是由于生产过程中有缓慢变化的因素在起作用所造成；如操作者疲劳、刀具的磨损等，如图 2-8（5）所示。

（6）锯齿型　直方大量出现参差不齐，但整个图形的整体看起来还是中间高、两边低、左右基本对称。造成这种情况不是生产上的问题，可能是分组过多、测量仪器精度不够或读数有误等原因所致，如图 2-8（6）所示。

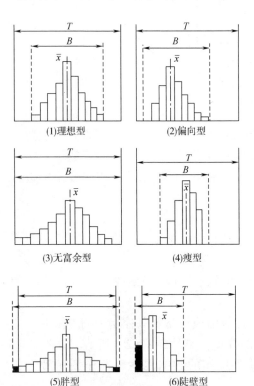

图 2-9　与标准比较的直方图

2. 对照规格标准进行分析比较

当工序处于稳定状态时（直方图为正常型），还需要进一步将直方图与规格标准进行比较，以判定工序满足标准要求的程度。常见的典型直方图如图 2-9 所示，图中 $B$ 是实际数据分布范围；$T$ 是规格标准范围。

（1）理想型　$B$ 在 $T$ 的中间，平均值也正好与公差中心重合，实际数据分布的两边与标准的距离约等于 $T/8$，如图 2-9（1）所示。

（2）偏心型　虽然分布范围落在公差界限之内，但分布中心偏离规格中心，故有超差的可能，说明控制有倾向性，如图 2-9（2）所示。

（3）无富余型　分布虽然落在规格范围之内，但完全没有余地，一不小心就会超差，必须采取措施，缩小分布范围，如图 2-9（3）所示。

（4）瘦型　这种图形说明公差范围过分大于实际数据分布范围，质量过分满足标准的情况。虽然不出不合格品，但是太不经济了。可以考虑改变工艺，放松加工精度或缩小公差，以便有利于降低成本，如图 2-9（4）所示。

（5）胖型　实际分布的范围太大，造成超差。这是由于质量波动太大，工序能力不足，出现了一定量不合格品的状态。应从多方面采取措施，缩小分布，如图 2-9（5）所示。

（6）陡壁型　这是工序控制不好，实际数据分布过分地偏离规格中心，造成了超差或废品。但是作图时，数据中已剔除了不合格品，所以超出规格线外的部分，可能是初检时的误差或差错所致，如图 2-9（6）所示。

**（四）直方图的制作案例**

市场销售的带有包装（瓶、罐、袋、盒等）的产品，标有标称重量。法律规定其实际重量只允许比标称重量多而不允许少。而为了降低成本，罐装量又不能超出标称重量太多。为保护消费者权益和生产者的利益，对溢出量（实际重量超出标称重量的差量）应有限制范围。某植物油生产厂用灌装机灌装标称重量为 5000g 的瓶装色拉油，要求溢出量为 0~50g。现应用直方图对灌装过程进行分析。

1. 收集数据

作直方图要求收集的数据一般为 50 个以上，最少不得少于 30 个。数据太少时所反映的分布及随后的各种推算结果的误差会增大。本例收集 100 个数据，列于表 2-8 中。

| 表 2-8 | | | | 溢出量数据表 | | | | 单位：g | |
|---|---|---|---|---|---|---|---|---|---|
| 43 | 40 | 28 | 28 | 27 | 28 | 26 | 12 | 33 | 30 |
| 29 | 31 | 18 | 30 | 24 | 26 | 32 | 28 | 14 | 47 |
| 34 | 42 | 22 | 32 | 30 | 34 | 29 | 20 | 22 | 28 |
| 24 | 34 | 22 | 20 | 28 | 24 | 28 | 27 | 1 | 24 |
| 24 | 29 | 29 | 18 | 35 | 21 | 36 | 46 | 30 | 14 |
| 34 | 10 | 14 | 21 | 42 | 22 | 38 | 34 | 6 | 22 |
| 28 | 28 | 32 | 28 | 22 | 20 | 25 | 38 | 36 | 12 |
| 39 | 32 | 24 | 19 | 18 | 30 | 28 | 28 | 16 | 19 |
| 38 | 30 | 36 | 20 | 21 | 24 | 20 | 35 | 26 | 20 |
| 20 | 28 | 18 | 24 | 8 | 24 | 12 | 32 | 37 | 40 |

2. 计算数据的极差（$R$）

数据的极差是所收集数据中最大值与最小值之差（两级之差），反映了样本数据的分布范围，表征样本数据的离散程度。在直方图应用中，极差的计算用于确定分组范围。

本例中 $R = X_{max} - X_{min} = 48 - 1 = 47$。

3. 确定组距

先确定直方图的组数，然后以此组数去除极差，可得直方图每组的宽度，即组距（$h$）。组数的确定要适当，组数 $k$ 的确定可参见表 2-9。

表 2-9 直方图分组组数选用表

| 样本数 $n$ | 50~100 | 100~250 | 250 以上 |
|---|---|---|---|
| 推荐组数 $k$ | 6~10 | 7~12 | 10~20 |

本例取 $k = 10$，$h = R/k = 47/10 = 4.7 \approx 5$，组距一般取测量单位的整数倍，以便分组。

4. 确定各组的边界值

为避免出现数据在组的边界上，并保证数据中最大值和最小值包括在组内，组的边界值单位应取为最小测量值减去最小测量单位的一半作为第 1 组的下界限。再按所计算的组距推算各组的分组界限。

本例：

第 1 组下界限为：$R_{min} - $最小测量单位$/2 = 1 - 1/2 = 0.5$；

第 1 组上界限为第 1 组下界限加组距：$0.5 + 5 = 5.5$；

第 2 组下界限与第 1 组上界限相同：5.5；

第 2 组上界限为第 2 组下界限加组距：$5.5 + 5 = 10.5$；

以此类推。

5. 编制频数分布表

本例频数、频率分布表如表 2-10 所示。

表 2-10 频数、频率分布表

| 组号 | 组界 | 组中值 | 频数统计 | 频率 |
|---|---|---|---|---|
| 1 | 0.5~5.5 | 3 | 1 | 0.01 |
| 2 | 5.5~10.5 | 8 | 3 | 0.03 |
| 3 | 10.5~15.5 | 13 | 6 | 0.06 |
| 4 | 15.5~20.5 | 18 | 14 | 0.14 |
| 5 | 20.5~25.5 | 23 | 19 | 0.19 |
| 6 | 25.5~30.5 | 28 | 27 | 0.27 |
| 7 | 30.5~35.5 | 33 | 14 | 0.14 |
| 8 | 35.5~40.5 | 38 | 10 | 0.10 |
| 9 | 40.5~45.5 | 43 | 3 | 0.03 |
| 10 | 45.5~50.5 | 48 | 3 | 0.03 |
| 合计 | | | 100 | 1.00 |

6. 绘制直方图

（1）建立平面直角坐标系。横坐标表示质量特性值，确定横坐标刻度时应包括数据的整个分布范围，标出各分组界限。纵坐标表示频数，确定纵坐标时应包容最大频数的组。纵坐标为频数刻度时称为频数直方图；若纵坐标为百分数刻度时称为频率直方图。二者的形状含义及分析方法相同。本例为频数直方图，如图2-10所示。

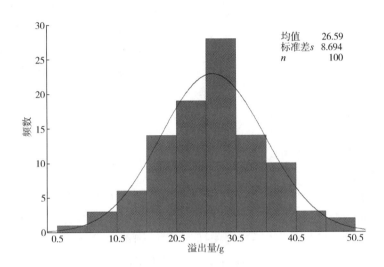

图2-10　植物油溢出量直方图

（2）以组距为底、各组的频数为高，分别画出所有各组的长方形，即构成直方图。在直方图上标出公差范围（$T$）、样本量（$n$）、样本平均值（$\overline{X}$）、样本标准差（$s$）和样本平均值 $\overline{X}$ 的位置等。

根据以上方法，应用 Minitab 17 统计软件，对录入的数据执行直方图的命令，得图2-10。

## 六、 排列图

### （一）排列图的作用

排列图又称主次分析图或称主次因素排列图，因意大利经济学家巴雷特首先运用这一方法研究社会财富分布状况，故称巴雷特图。具体来说，排列图就是根据废品、缺陷、故障发生次数的多少或损失金额的多少，按其影响原因的不同，按大小顺序由高到低顺序排列，诸多原因中哪一个是主要的，从图上一目了然。

排列图由两个纵坐标，一个横坐标，几个矩形图和一条曲线组成：左侧纵坐标表示频数（件数、次数），右侧纵坐标表示频率（%），横坐标表示影响质量的各个因素：矩形图的长短自然反映出影响因素的主次顺序，曲线表示影响因素大

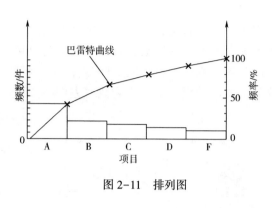

图 2-11　排列图

小的累计百分数，曲线的曲率（弯曲程度）表示诸因素影响的主次程度，这条曲线称作巴雷特曲线；通常把累计百分数分为三类：0~80% 为 A 类，它是主要因素；累计百分数在 80%~90% 的为 B 类，是次要因素；累计百分数在 90%~100% 的为 C 类，是一般因素。抓住主要矛盾，处理好 A 因素，则问题已解决大半。故排列图又称 ABC 分类法，其形式如图 2-11 所示。

## （二）排列图的作图步骤

以某啤酒公司啤酒生产线的质量分析为例来说明作排列图的步骤。

### 1. 收集数据分类定项

为了便于作图，应按预定的分类项目收集数据。为了对不同时期的排列图进行比较，收集数据需在规定期间内进行，一般以 3~6 月比较适当，时间过长，条件可能变异，分类项目的意义失实，时间太短，则不一定能比较正确地反映所存在的实际问题。本例通过调查共查出如表 2-11 所列的八种计 253 个问题，分类是按造成质量问题的原因进行的。

### 2. 计算频数和频率

将各类项目的频数、频率和累计百分比填入统计表（表 2-11）中。

表 2-11　　　　　　　　　啤酒生产线质量问题统计表

| 编号 | 原因 | 数量/件 | 比率/% | 累计百分比/% |
|---|---|---|---|---|
| 1 | 操作不当 | 94 | 37.1 | 37.1 |
| 2 | 工艺不合理 | 87 | 34.4 | 71.5 |
| 3 | 设备不良 | 26 | 10.3 | 81.8 |
| 4 | 材料不合格 | 13 | 5.1 | 86.9 |
| 5 | 辅料质量差 | 7 | 2.8 | 89.7 |
| 6 | 设计欠妥 | 6 | 2.4 | 92.1 |
| 7 | 灌装精度差 | 4 | 1.6 | 93.7 |
| 8 | 其他 | 16 | 6.3 | 100 |
| | 合计 | 253 | 100 | |

### 3. 画出纵横坐标

横坐标为影响质量的分类项目，左纵坐标为频数，右纵坐标则为各项频数占总频数的百分比值（即频率）。

4. 按频数大小排列

按频数大小依次将各项用相连的直方图由左向右逐项排列。

5. 描点连线

对应于右纵坐标的频率，按各项的累计百分比在相应直方图的右侧上方描点，并标好累计百分比值，用一折线连接各点即成排列图。

按照以上步骤把采集的数据输入 Minitab 17 统计软件后，执行统计/质量工具/Pareto 图命令后得到图 2-12。

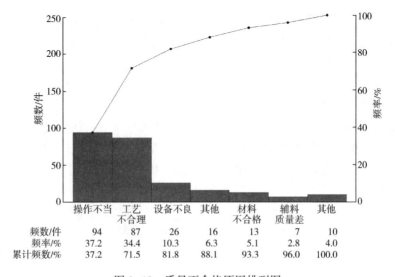

| | 操作不当 | 工艺不合理 | 设备不良 | 其他 | 材料不合格 | 辅料质量差 | 其他 |
|---|---|---|---|---|---|---|---|
| 频数/件 | 94 | 87 | 26 | 16 | 13 | 7 | 10 |
| 频率/% | 37.2 | 34.4 | 10.3 | 6.3 | 5.1 | 2.8 | 4.0 |
| 累计频数/% | 37.2 | 71.5 | 81.8 | 88.1 | 93.3 | 96.0 | 100.0 |

图 2-12　质量不合格原因排列图

**（三）排列图的分析**

从排列图上找出主要问题或影响质量的主要原因。通常 A 类区的项目是主要问题，B 类区的项目是次要问题，C 类区的项目是一般问题。从图 2-12 的分析可知：操作不当、工艺不合理是影响啤酒生产线质量的主要因素。

在实际应用中，这种划分不是绝对的，有时占 60% 左右的项目也可认为是主要问题；有时要看相邻直方图间拉开距离的大小和考虑措施的难易，再确定主次因素。总之，应根据实际情况灵活应用。

**（四）作排列图的注意事项**

（1）如收集的质量数据频数相差很小，主次问题不突出时，应考虑从不同的角度分析更改分类项目。

（2）A 类项目不宜过多，至多不超过三项。当不很重要的项目过多时可以把频数少的项目归并成"其他项"。

（3）主要问题可考虑进一步分层作排列图，以便于找出解决问题的措施，同一问题在采取措施前后都要作出排列图，以检查措施的效果。

## 七、 控制图

### （一） 控制图的概念

1. 控制图的定义

控制图又称管理图，最早由美国贝尔实验室的休哈特在1924年正式发表，故又称休哈特控制图。它是进行工序控制的主要统计手段，也是唯一实行"动态控制"的方法，它使质量管理从原来的事后检验发展到事前预防，对质量管理学科的形成与发展具有重要的意义。

控制图就是用于分析和判断工序是否处于稳定状态所使用的带有根据质量特性或其特征值求得的中心线和上、下控制线界限的直角坐标图。如果只是以产品的质量标准作为产品质量控制上下界线，则只能起把关作用，而不能迅速及时地反映动态中的工序质量状况；为了对动态的工序进行质量控制，就需要一个既能显示出生产过程质量波动状况，又能指导工序，起事先预防作用的方法。控制图法就是这样的一种方法，它是通过图表来显示生产随时间变化的过程中质量波动的情况，有助于分析和判断是偶然性原因还是系统性原因所造成的波动，从而提醒人们及时作出正确的对策，消除系统因素的影响，保持工序处于稳定状态，预防废品的产生。

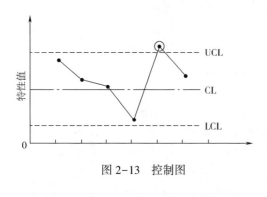

图2-13　控制图

控制图的基本形式是直角坐标图，纵坐标是特性值，横坐标为时间和组号。图上有三条线，上面一条叫上控制界限，用符号UCL表示，下面一条叫下控制界限，用符号LCL表示，中间一条叫中心线，用符号CL表示，控制图如图2-13所示。这三条线是通过搜集过去一段生产稳定状态下的数据计算出来的。控制线的范围应该比规格范围狭窄。使用时我们把被控制的质量特性值以点描在图上，根据点的排列情况，判定生产过程的正常与否。

2. 控制图的原理

当生产条件正常、生产过程比较稳定、且仅有随机因素在起作用的情况下，其产品总体的质量特性分布为正态分布。由正态分布的性质可以知道，产品的质量特性值 $x$ 分布在 $u \pm 3\sigma$ 的控制界限外的概率仅为0.27%，即如果测试1000个产品的特性值，则可能有997个产品的特性值出现在平均值正负三倍标准差的区域内。而在这个区域之外的产品加起来可能不超过3个，这是概率仅3‰的小概率事件。如果一旦从工序中抽取的质量特性值出现在界外，造成这一事件的原因无非是系统原因与随机原因这两种，但要分辨并判断究竟属何种原因却是很困难的。根据小概率事件在一次试验中实际上是几乎不可能发生的原理，我们可以推断由随机原因使特性值出现在界外几乎是不可能的。因此，在无法分辨的情况下，我们就认为这是由于不正常的系统原因造成的，从而据此推断工序中存在造成异常波动的系统原因，即生产过程处于失控状态。这就是控制图的原理，即所谓千分之三原则。

3. 利用控制图推断的两类错误

从上述的讨论可以看出，根据控制图的控制界限所作的判断也可能发生错误，这种可能的错误有两类：第一类是将正常状态判断为异常，又称"冒失错误"、"虚发警报"。即工序本来处于正常状态，只是由于随机原因引起数据过大的波动，超出控制界限而虚发警报。虽然小概率事件发生的可能性很小，但不是绝对不可能发生。1000 次中出现 3 次是可能的，但我们却把它误判为异常，就会犯千分之三的错误。第二类错误是将异常判为正常，又称"糊涂错误"、"漏发警报"：即工序已发生变化，没有越出控制界线而漏发警报，出现异常，但数据使人误认为处于稳定状态。

孤立地看，哪一类错误都可以缩小。但是要同时缩减两类错误却是不可能的，缩减第一类错误必然增加第二类错误，反之亦然：综合分析得出结论，要使两类错误造成的损失最小，还是把控制范围定在平均值的正负三倍标准差处为好。这个原则也称"$3\sigma$ 原理"，是控制图中控制界限的制定原则。我国和世界上大多数国家一样都是采用"$3\sigma$ 原理"。

**（二）控制图的种类**

1. 按统计量分类

（1）计量值控制图　$\bar{X}$-$R$ 控制图（平均值和极差控制图）；$\tilde{X}$-$R$ 控制图（中位数和极差控制图）；$X$-$R_s$ 控制图（单值和移动极差控制图）；$G$-$H$ 控制图（两极控制图）。

（2）计数值控制图　$P$ 控制图（不合格品数控制图）；$P$ 控制图（不合格品率控制图）；$C$ 控制图（缺陷数控制图）；$\mu$ 控制图（单位缺陷数控制图）。

2. 按用途分类

按用途的不同可分为分析用控制图和管理用控制图两类。

**（三）控制图的作用**

（1）在质量诊断方面，可以用来度量过程的稳定性，即过程是否处于受控状态。

（2）在质量控制方面，可以用来确定什么时候需要对过程加以调整，什么时候则需要使过程保持相应的稳定状态。

（3）在质量改进方面，可以用来确认某过程是否得到了改进。

**（四）控制图的观察分析**

只有认真观察分析控制图，从中提取有关工序状态的情报，一旦生产过程处于异常状态，能够尽快查明原因，采取有效的措施，让生产过程迅速恢复稳定状态，才能真正地发挥出控制图的功效，把大量产生不合格品的因素消灭在萌芽之中。

1. 工序处于控制状态的条件

控制图上的点反映出生产过程的稳定程度。工序处于控制状态时，控制图上的点随机分散在中心线的两侧附近，离开中心线接近上、下控制界限的点少。当控制图同时满足下列两个条件时，就可以认为生产过程基本上处于稳定状态。

（1）没有超出控制界线的点或连续 35 个点中仅有一点出界，或连续 100 点中不多于 2 点出界。

（2）界限内点的排列是完全随机的、没有规律的、也没有排列缺陷。

2. 工序发生异常的信号

控制图对过程异常的判断以小概率事件原理为理论依据，其判异准则有两类：一是点子出界就判异，二是界内点子排列不随机就判异。按照 GB/T 4091—2001，常规控制图有 8 种判异准则，如图 2-14 所示。

**（五）控制图的绘制**

以不合格数控制图为例。

步骤 1：确定所控制的质量指标，如植物油灌装溢出情况。

步骤 2：取得预备数据。预备数据是用来作分析用控制图的数据，目的是用来诊断取样过程是否处于稳定受控状态。理论上讲，预备数据的组数应大于 20 组，在实际应用中最好取 25 组数据，当个别组数据属于可查明原因的异常时，经剔除后所余数据依然大于 20 组时，仍可利用这些数据作分析用控制图。若剔除异常数据后不足 20 组，则须在排除异因后重新收集 25 组数据。

取样分组的原则是尽量使样本组内的变异小（由正常波动造成），样本组间的变异大（由异常波动造成），这样控制图才能有效发挥作用。因此，取样时组内样本必须连续抽取，而样本组间则间隔一定时间。

步骤 3：计算统计量。不同图种的控制图所计算的统计量各不相同，应根据标准的规定对预备数据进行统计计算。

步骤 4：作控制图并打点。

步骤 5：判断过程是否处于稳态。若稳，则进行步骤 6；若不稳，则除去可查明原因（异因）后转入步骤 2。

步骤 6：计算过程能力指数并检验其是否满足技术要求。若满足，则转入步骤 7；若不满足，则需调整过程（技术改造、员工培训等）直到过程能力指数满足技术要求为止，然后转入步骤 2，重新收集数据。

步骤 7：延长控制图的控制线，作控制用控制图，进行日常管理。

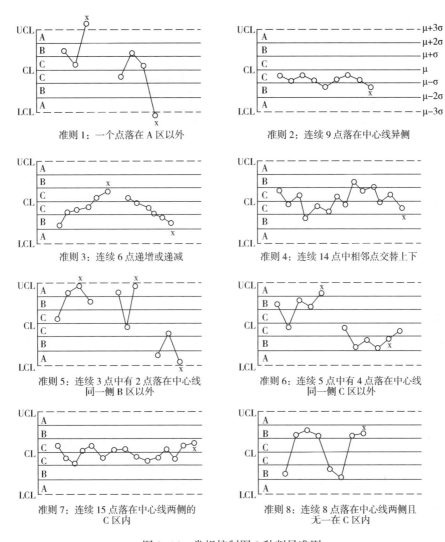

图 2-14　常规控制图 8 种判异准则

当过程达到所确定的状态后，才能将分析用控制图的控制线延长作为控制用控制图。

进入日常管理后，关键是保持所确定的状态。经过一个阶段的使用后，可能又会出现异常，这时应查出异因，采取必要措施，加以消除，以恢复统计控制状态。

**（六）控制图的制作案例**

某食品厂生产酱牛肉用复合包装袋真空包装后进行高压灭菌，通过检查包装是否渗漏来判断产品是否合格，从而判断真空包装机的性能状况。现计划用控制图来对真空包装机进行过程控制。

（1）首先在真空包装机连续工作的状态下每半小时抽取样本大小 $n=50$ 的样本进行检验，共抽取 30 组样本，如表 2-12 所示。根据工作记录，在抽取 15 组样本前的半小时内使用了另一批次的原料，在抽取 22~24 组样本的 1.5h 内由一个不熟练的操作工顶班。

表 2-12                              酱牛肉包装不合格状况调查数据表

| 样本号 | 不合格数 | 不合格品率/% | 样本号 | 不合格数 | 不合格品率/% |
|---|---|---|---|---|---|
| 1 | 12 | 24 | 16 | 8 | 16 |
| 2 | 15 | 30 | 17 | 10 | 20 |
| 3 | 8 | 16 | 18 | 5 | 10 |
| 4 | 10 | 20 | 19 | 13 | 26 |
| 5 | 4 | 8 | 20 | 11 | 22 |
| 6 | 7 | 14 | 21 | 20 | 40 |
| 7 | 16 | 32 | 22 | 18 | 36 |
| 8 | 9 | 18 | 23 | 24 | 48 |
| 9 | 14 | 28 | 24 | 15 | 30 |
| 10 | 10 | 20 | 25 | 9 | 18 |
| 11 | 5 | 10 | 26 | 12 | 24 |
| 12 | 6 | 12 | 27 | 7 | 14 |
| 13 | 17 | 34 | 28 | 13 | 26 |
| 14 | 12 | 24 | 29 | 9 | 18 |
| 15 | 22 | 44 | 30 | 6 | 12 |

表 2-12 中第 15、22、23、24 组数据是已知异常的影响结果，故这 4 组数据不应再参与分析，用其余 26 组数据应用 Minitab 17 统计软件，绘制控制图，结果如图 2-15 所示。从图 2-15 中可以看出有 1 个点超过 UCL。

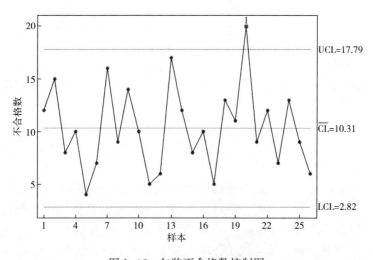

图 2-15　包装不合格数控制图

（2）根据图 2-15 的分析，管理层认为不合格品率太高，经生产、工程、技术和质量等部门有关人员对机器进行调整后重新收集的 24 组数据如表 2-13 所示。根据表 2-13 制得不合格数控制图，如图 2-16 所示。从图 2-16 可以看出，有 1 个点超过 UCL。如能查出引起不合格率高的原因并加以消除，则此点可以剔除重新绘制控制图，如图 2-17 所示。

表 2-13　　　　　　　　　包装机调整后包装过程数据表

| 样本号 | 不合格数 | 不合格品率/% | 样本号 | 不合格数 | 不合格品率/% |
|---|---|---|---|---|---|
| 1 | 9 | 18 | 13 | 3 | 6 |
| 2 | 6 | 12 | 14 | 6 | 12 |
| 3 | 12 | 24 | 15 | 5 | 10 |
| 4 | 5 | 10 | 16 | 4 | 8 |
| 5 | 6 | 12 | 17 | 8 | 16 |
| 6 | 4 | 8 | 18 | 5 | 10 |
| 7 | 6 | 12 | 19 | 6 | 12 |
| 8 | 3 | 6 | 20 | 7 | 14 |
| 9 | 7 | 14 | 21 | 5 | 10 |
| 10 | 6 | 12 | 22 | 6 | 12 |
| 11 | 2 | 4 | 23 | 3 | 6 |
| 12 | 4 | 8 | 24 | 5 | 10 |

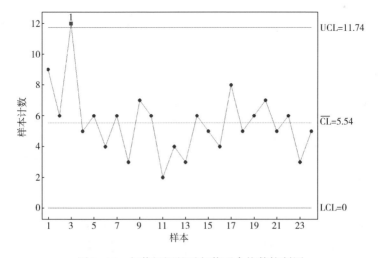

图 2-16　包装机调整后包装不合格数控制图

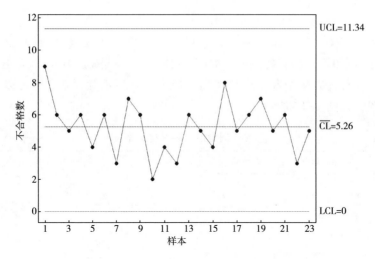

图 2-17　包装机调整及其他影响因素消除后包装不合格数控制图

（3）在消除异常因素后，过程处于受控状态，则将图 2-17 的控制线延长，对过程进行日常控制。新收集的数据见表 2-14，将表内的数据在图 2-17 的控制线延长区域内打点。根据常规控制图的 8 种判异准则判断：表 2-14 的质量数据均符合受控要求。

表 2-14　　　　　　　　　　　包装过程数据表

| 样本号 | 不合格数 | 不合格品率/% | 样本号 | 不合格数 | 不合格品率/% | 样本号 | 不合格数 | 不合格品率/% |
|---|---|---|---|---|---|---|---|---|
| 1 | 8 | 16 | 6 | 5 | 10 | 11 | 6 | 12 |
| 2 | 7 | 14 | 7 | 3 | 6 | 12 | 5 | 10 |
| 3 | 5 | 10 | 8 | 2 | 4 | 13 | 5 | 10 |
| 4 | 6 | 12 | 9 | 4 | 8 | 14 | 3 | 6 |
| 5 | 4 | 8 | 10 | 7 | 14 | 15 | 7 | 14 |

**（七）使用控制图的注意事项**

（1）不能用规格线或规格范围的 3/4 线来代替控制线。控制线只能根据生产实际的数据计算出来。

（2）所确定的控制对象应有定量的指标，且过程必须具有重复性。选择的质量指标应能代表过程或产品质量。

（3）抽样的时间间隔应从过程中系统因素发生的情况、处理问题的及时性等技术方面来考虑。

（4）控制图应在生产现场中及时分析。当控制图报警后，先从取样、读数、计算、打点等问题检查无误后，再从生产方面查明原因。

（5）当生产条件已发生了变化，或原有控制图已使用了一段时间，就必须重新核定控制图。

（6）控制图能起预防作用，但并不能解决生产条件的优化问题。

（7）当工序能力指数达不到要求时，不能使用控制图。

### 能力要求

## 实训 控制图在饮料生产中的应用

### 一、实验目的

掌握分析用控制图的制作方法和控制用控制图在生产实际中的应用。

### 二、实验原理

正态分布的 $3\delta$ 原理和小概率事件原理。

### 三、方法和步骤

某果汁饮料用 1L 的纸罐包装，这些纸罐是由机器将纸板原料压制而成。在灌装时，通过检查包装后的纸罐两头和侧面接缝是否渗漏来判断产品是否合格。现计划用控制图来对这台机器进行过程控制。

（1）首先在机器连续工作的 3 班内每半小时抽取样本大小 $n=50$ 的样本进行检验，共抽取 30 组样本，将数据记入表 2-15 中。根据工作记录，在抽取 15 组样本前的半小时间隔内使用了另一批次的原料，在抽取 22~24 组样本的 1.5h 间隔内由一个不熟练的操作工顶班。请制作控制图并分析过程质量。

表 2-15　　　　　　　　　饮料包装数据表

| 样本号 | 不合格罐数 | 不合格品率 | 样本号 | 不合格罐数 | 不合格品率 | 样本号 | 不合格罐数 | 不合格品率 |
|---|---|---|---|---|---|---|---|---|
| 1 | 12 | 0.24 | 11 | 5 | 0.10 | 21 | 20 | 0.40 |
| 2 | 15 | 0.30 | 12 | 6 | 0.12 | 22 | 18 | 0.36 |
| 3 | 8 | 0.16 | 13 | 17 | 0.34 | 23 | 24 | 0.48 |
| 4 | 10 | 0.20 | 14 | 12 | 0.24 | 24 | 15 | 0.30 |
| 5 | 4 | 0.08 | 15 | 22 | 0.44 | 25 | 9 | 0.18 |
| 6 | 7 | 0.14 | 16 | 8 | 0.16 | 26 | 12 | 0.24 |
| 7 | 16 | 0.32 | 17 | 10 | 0.20 | 27 | 7 | 0.14 |
| 8 | 9 | 0.18 | 18 | 5 | 0.10 | 28 | 13 | 0.26 |
| 9 | 14 | 0.28 | 19 | 13 | 0.26 | 28 | 9 | 0.18 |
| 10 | 10 | 0.20 | 20 | 11 | 0.22 | 30 | 6 | 0.12 |

（2）公司管理层认为不合格品率太高，经生产、工程、技术和质量等部门有关人员对机器进行调整后重新收集的 24 组数据如表 2-16 所示。请制作新的控制图并对过程进行分析。

表 2-16　　　　　　　　　　饮料包装机调整后包装过程数据表

| 样本号 | 不合格罐数 | 不合格品率 | 样本号 | 不合格罐数 | 不合格品率 | 样本号 | 不合格罐数 | 不合格品率 |
|---|---|---|---|---|---|---|---|---|
| 31 | 9 | 0.18 | 39 | 7 | 0.14 | 47 | 8 | 0.16 |
| 32 | 6 | 0.12 | 40 | 6 | 0.12 | 48 | 5 | 0.10 |
| 33 | 12 | 0.24 | 41 | 2 | 0.04 | 49 | 6 | 0.12 |
| 34 | 5 | 0.10 | 42 | 4 | 0.08 | 50 | 7 | 0.14 |
| 35 | 6 | 0.12 | 43 | 3 | 0.06 | 51 | 5 | 0.10 |
| 36 | 4 | 0.08 | 44 | 6 | 0.12 | 52 | 6 | 0.12 |
| 37 | 6 | 0.12 | 45 | 5 | 0.10 | 53 | 3 | 0.06 |
| 38 | 3 | 0.06 | 46 | 4 | 0.08 | 54 | 5 | 0.10 |

（3）将新控制图的控制线延长对过程进行日常控制。新数据如表 2-17 所示。请用控制图对过程进行控制和判断。

表 2-17　　　　　　　　　　饮料包装过程数据表

| 样本号 | 不合格罐数 | 不合格品率 | 样本号 | 不合格罐数 | 不合格品率 | 样本号 | 不合格罐数 | 不合格品率 |
|---|---|---|---|---|---|---|---|---|
| 1 | 8 | 0.16 | 6 | 5 | 0.10 | 11 | 6 | 0.12 |
| 2 | 7 | 0.14 | 7 | 3 | 0.06 | 12 | 5 | 0.10 |
| 3 | 5 | 0.10 | 8 | 2 | 0.04 | 13 | 5 | 0.10 |
| 4 | 6 | 0.12 | 9 | 4 | 0.08 | 14 | 3 | 0.06 |
| 5 | 4 | 0.08 | 10 | 7 | 0.14 | 15 | 7 | 0.14 |

 相关链接

**相关书籍**

（1）《戴明论质量管理》，（美）W. 爱德华兹·戴明著，钟汉清，戴久永译，海南出版社出版。本书第一部分指出如何转型，如何在最高管理层领导下提高质量和生产力。戴明博士提出了十四项管理要点及七种恶疾的疗法，并以丰富的实例从顾客、员工、管理层及政府的角度进行探讨如何克服质量大敌。第二部分对现代管理制度的诸多缺失痛下针砭，从而提出"渊博知识体系"作为彻底改弦更张的理论根据。渊博知识体系涵盖系统的概念、对变异的知识、知识的理论、心理学等四大层面。

（2）《质量管理与质量控制（第7版）》，（美）詹姆斯·R·埃文斯，威廉·M·林赛著，焦叔斌主译，中国人民大学出版社出版。全书包括两部分：第一部分（第1~3章）全面介绍了质量管理的背景知识和基本理念；第二部分（第4~9章）阐述了组织的质量管理体系所涉及的若干主要方面，如顾客满意与顾客关系管理、领导与战略计划、人力资源管理、过程管理、绩效测量与信息管理、全面质量组织的创建等；第二部分（第10~14章）重点讨论了质量管理和质量控制领域中的方法和技术，如六西格玛管理、统计质量控制等。

（3）《质量管理（原书第3版）》，（美）吉特洛等著，张杰等译，机械工业出版社出版。本书共分为四个部分。第一部分介绍质量管理的基础。第二部分描述过程改进研究的工具与方法。第三部分解释质量管理所需要的管理体系。第四部分讲述六西格玛管理当前最常用的质量管理模型。本书系统地阐述了质量的概念、基本原理和方法，书中还提供了许多可供借鉴的、以全球化为背景的案例。

（4）《朱兰质量手册（第六版）——通向卓越绩效的全面指南》，约瑟夫·M·朱兰（Joseph M. Juran），约翰夫·A. 德费欧（Joseph A. De Feo）编，焦叔斌，苏强，杨坤等译，中国人民大学出版社出版。本书涵盖了质量管理的关键概念、质量管理的主要方法和工具、不同行业中的质量方法的应用、关键职能在实现卓越绩效过程中的作用等内容，本书包含大量图表和鲜活案例，并附有详细的参考书目，是广大质量工作者、一般管理人员以及其他相关人士学习质量管理、应用质量管理的一本宝典。

（5）《图解5S管理实务——轻松掌握现场管理与改善的利器》，（日）大西农夫明著，高丹译，化学工业出版社出版。本书将日本特色的现场管理模式呈现在大家面前，从我们身边的5S开始，详细介绍了如何在企业中创造5S活动的环境，以及如何顺利推行5S活动并将其固化下来。书中有可操作性强的具体方法，以及说明5S活动实施细节的丰富图表，非常便于读者学习和实施。

### 课堂测试

**一、选择题**

1. 表示质量特性与原因之间关系的图称为（　　）。

A. 控制图　　　　B. 因果法　　　　C. 直方图　　　　D. 散布图

2. 将质量改进项目从最重要到最次要进行排列而采取的一种简单图示技术称为（　　）。

A. 排列图　　　　B. 检查表　　　　C. 特征要因图　　D. 直方图

3. (　　) 就是按照一定的标志,把搜集到的大量有关某一特定主题的统计数据加以归类、整理和汇总的一种方法。

A. 分层法　　　　B. 关联图　　　　C. 亲和图　　　　D. 系统图

4. 用于分析和判断工序是否处于控制状态所使用的带有根据质量特性或其特征值求得的中心线和上、下控制界限的一种简单图示技术称为 (　　)。

A. 排列图　　　　B. 控制图　　　　C. 特征要因图　　D. 直方图

5. 质量包括 (　　)。

A. 价格

B. 维修费用

C. 产品的固有特性满足顾客要求的程度

D. 以上全部是

6. 应用排列图是根据 (　　) 绘制的。

A. 关键的少数　　　　　　　　B. 少数服从多数

C. 小概率原理　　　　　　　　D. $6\delta$ 原理

7. 控制图绘制的原理是 (　　)。

A. 关键的少数　　　　　　　　B. 少数服从多数

C. 小概率原理　　　　　　　　D. $6\delta$ 原理

8. 下列哪一项因素引起的质量波动属于质量的正常波动? (　　)

A. 配方错误　　　　　　　　　B. 检测方法选择不当

C. 机器的过度磨损　　　　　　D. 机器的正常磨损

9. 下图是统计学矩形图 (频率直方图),请判断,哪个图表示不同批次的产品被混合统计。(　　)

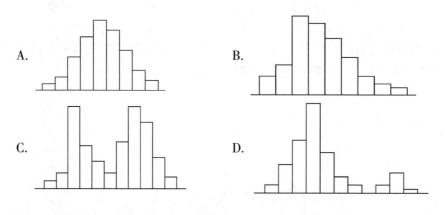

10. 下图是散布图,请判断,哪个图表示两个变量呈强正相关。(　　)

A.

因变量

自变量

B.

因变量

自变量

C.

因变量

自变量

D.

因变量

自变量

11. 控制图的哪种情况不能判定工序出现异常？（　　　）

A. 一个点落在 C 区以外　　　　　B. 连续 9 点落在中心线一侧

C. 连续 6 点递增或递减　　　　　D. 连续 14 点中相邻点交替上下

12. 本课程中用于绘制控制图、直方图的软件是（　　　）？

A. Origin　　　　　B. Office　　　　　C. Minitab　　　　　D. SPSS

## 二、填空题

1. 影响过程质量的六个要素：_____、_____、_____、_____、_____ 和 _____。

2. 写出下列组织的中文全称：WHO _____、CAC _____、ISO _____、FAO _____。

3. 因果图是表示_____的图。

4. 排列图的原理是_____，控制图的原理是_____。

5. 分层的原则是使同一层次内的数据波动幅度尽可能_____，层与层之间的差别尽可能_____。

6. 将两种有关的数据列出，并用黑点填在坐标纸上，观察两种因素之间的关系的质量工具是_____。

7. 样本标准差的计算公式：_____。

8. 食品质量安全分析技术有_____、_____、_____、_____、_____、_____、_____ 7 种，也称为质量管理 7 种工具。

9. 控制图对过程异常的判断以小概率事件原理为理论依据，其判异准则有两类：一是_____判异，二是_____判异。

10. PDCA 循环的四个阶段是_____、_____、_____、_____。

11. 产品质量的波动分为_____、_____，分别由_____和_____引起的。由液体灌装机的正常磨损引起的质量波动属于_____；香肠配方错误引起的产品质量波动属于_____。

12. 散布图根据变量的相关性，可分为_____、_____、_____。

13. 排列图一般是根据累计百分比把影响质量的因素分为三类，分别为_____、_____、_____，需要立即解决的因素是_____。

### 三、判断题

1. （ ） 应用散布图得到的相关判断适用于所有范围。

2. （ ） 直方图能较直观地传递有关过程质量状况的信息。

3. （ ） 在排列图上，通常把累计比率分为三类，A 类属于一般因素；B 类属于次要因素；C 类属于主要因素。

4. （ ） 直方图分析过程中，当工序处于稳定状态时（直方图为标准图），还需要进一步将直方图与规格标准进行比较，以判断工序满足标准要求的程度。

5. （ ） 质量数据一定是计量值数据。

6. （ ） 偶然误差属于异常波动。

7. （ ） 异常波动是由系统误差造成的，必须去除。

8. （ ） 控制图是对过程质量特性进行测定、记录、评估和检查过程是否处于统计控制状态的一种质量管理工具。

9. （ ） 按照一定的标志，把搜集到的大量有关某一特定主题的统计数据加以归类、整理和汇总的一种方法称为调查表。

10. （ ） 通常把排列图上累计比率在 0~80% 的确定为一般质量因素。

11. （ ） 偶然因素是固有的，始终存在的，是不可避免的。

12. （ ） 合格品一定是高质量的产品。

13. （ ） 因果图，又称鱼刺图，是一种用于分析质量特性（结果）与可能影响质量特性的因素（原因）的一种 QC 工具。

14. （ ） 制作直方图时，所收集数据的数量一般应大于 50 组。

15. （ ） 偶然因素本质上是局部的、很少或没有、可以避免的。

16. （ ） 当有点出现在控制图 A 区以外，即可判断该点所对应的产品已不合格。

17. （ ） 工人操作的微小不均匀性产生的质量波动属于正常波动。

### 四、简答题

1. 影响过程质量的 6 个因素（5M1E）是什么？

2. 质量管理的常用的 7 种工具是什么？

3. 散布图有哪几种典型类型？

4. 试着用因果图分析面包中微生物含量超标的原因。

5. 一周内某公司质量部接到消费者的投诉，并记录如下。

| 日期 | 周一 | 周二 | 周三 | 周四 | 周五 | 周六 | 周日 |
|---|---|---|---|---|---|---|---|
| 口感不好 | 6 | 5 | 5 | 7 | 5 | 8 | 7 |
| 包装不良 | 10 | 9 | 14 | 9 | 10 | 14 | 15 |
| 重量轻 | 2 | 2 | 2 | 0 | 0 | 6 | 4 |
| 少料包 | 12 | 15 | 9 | 12 | 14 | 15 | 17 |
| 料包破口 | 5 | 4 | 2 | 2 | 0 | 6 | 4 |
| 其他 | 2 | 3 | 0 | 2 | 2 | 8 | 3 |

6. 某食品厂 2011 年 6 月 2 日至 6 月 7 日菠萝罐头不合格项调查表见下表，请画出排列图，并指出改进意见。

表　菠萝罐头不合格项调查表

| 不合格类型 | 外表面 | 真空度 | 二重卷边 | 净重 | 固形物 | 杂质 | 块形 | 小计 |
|---|---|---|---|---|---|---|---|---|
| 不合格数 | 1 | 7 | 1 | 42 | 28 | 6 | 4 | 89 |

# 项目三

## 食品安全危害识别与控制

### 知识能力目标

1. 能说出食品安全中物理性危害、化学性危害、生物性危害及新资源和新技术引入的危害的种类及来源；

2. 能够识别食品链中物理性危害、化学性危害、生物性危害及新资源和新技术引入的危害，并提出相应的控制措施。

### 案例导入

#### "网红食品"显现安全问题

2017年8月16日，国家食品药品监督管理总局发布《总局关于3批次食品不合格情况的通告》，不合格批次中，网红电商三只松鼠股份有限公司赫然在列。天猫超市在天猫（网站）商城销售的标称三只松鼠股份有限公司生产的开心果，霉菌检出值为70 CFU/g，比国家标准规定（不超过25 CFU/g）高出1.8倍。

随后，三只松鼠股份有限公司在官方微博的声明中首先对出现问题产品而深表抱歉，提出为保护消费者的健康安全、秉着对消费者负责的态度，三只松鼠股份有限公司将在当地食品药品监管部门指导下，主动召回该批次在售与库存商品，并对召回的产品进行无害化处理。

声明中对问题产品的出现进行了详细说明，并附以该批次产品的检验报告图片。三只松鼠股份有限公司称，经过自查和将同批次产品第三方检测，该批次产品在原料入厂和产品出厂检验时均达标合格。而后来被食品药品监督管理局抽样发现的产品霉菌超标问题，应该是在后续存储、运输阶段控制不当引起霉菌滋生所致。

三只松鼠股份有限公司微博同时还表示，将从加强与物流方的沟通，提高对物流运输条件的要求；进行全链路产品防护的培训、优化产品防护作业流程；加强对产品库温度湿度的把控和管理，定时记录和监督这三个方面进行全面整改，以杜绝此类事件的再次发生。

### 知识要求

## 任务一

# 识别与控制食品中的生物性危害

食品中的生物性危害是指对食品原料、加工过程和食品造成危害的微生物及其代谢产物。包括致病性微生物（主要指有害细菌）、病毒、寄生虫等。

### 一、食品中的生物性危害分类

**1. 按生物的种类分**

按生物的种类分为以下四类。

（1）细菌危害　包括引起食物中毒的细菌及其毒素造成的危害。

（2）病毒危害　包括甲型肝炎病毒、诺瓦克病毒等病毒引起的危害。

（3）寄生虫危害　包括原生动物（如鞭毛虫等）和绦虫（如牛肉绦虫、猪肉绦虫和某些吸虫、线虫等）造成的危害。

（4）真菌（霉菌、酵母）危害　包括真菌及其毒素和有毒蘑菇造成的危害。

一般而言，霉菌和酵母不会引起食品中的生物危害（某些霉菌、藻类能产生有害毒素，但通常将这类毒素纳入化学危害的范畴），所以本节只讨论细菌、病毒、寄生虫引起的食品生物危害及其导致的食源性疾病。

**2. 按引起疾病的严重性分**

按引起疾病的严重性分为以下三类。

（1）严重危害　如肉毒杆菌 A、肉毒杆菌 B、肉毒杆菌 E、肉毒杆菌 F，痢疾志贺菌，伤寒沙门菌（包括甲型、乙型），副伤寒沙门菌，流产布鲁氏菌，猪布氏杆菌，创伤弧菌，猪肉绦虫和旋毛虫等。

（2）中等危害（具有广泛传播性，且对某些敏感性体质的人或患并发症的病人具有严重危害）　如沙门菌；单胞增生李斯特菌，志贺菌，肠毒素大肠杆菌，球菌，轮状病毒，诺瓦克病毒属，溶组织内阿米巴，阔节裂头绦虫，蚯蚓状蛔虫和隐孢子虫等。

（3）一般危害（经常引起爆发性疾病，不过传播范围有限）　如苏云金杆菌，空肠弯曲菌，梭菌属（产气荚膜梭菌），金黄色葡萄球菌，霍乱弧菌（非01型），溶血性弧菌，小肠结肠炎耶尔森菌和牛肉绦虫等。

食品中主要的生物性危害及其传播特征见表3-1。

表 3-1　　　　　　　食品中主要的生物性危害及其传播特征

| 病原体 | 致病菌 | | 主要的寄主或携带者 | 传播方式 | | | 在食物中繁殖 | 有关食物 |
|---|---|---|---|---|---|---|---|---|
| | | | | 水 | 食物 | 由人到人 | | |
| 细菌 | 蜡状芽孢杆菌 | | 土壤 | − | + | − | + | 米饭、熟肉、蔬菜、含淀粉的布丁 |
| | 布鲁菌 | | 牛、山羊、绵羊 | − | + | − | + | 生乳、乳制品 |
| | 空肠弯曲菌 | | 野生禽类、鸡、狗、猫、牛、猪 | + | + | + | − | 生乳、家禽 |
| | 肉毒梭状芽孢杆菌 | | 哺乳动物、禽类、鱼类 | − | + | − | + | 家庭腌制的鱼类、肉类和蔬菜 |
| | 产气荚膜梭状芽孢杆菌 | | 土壤、动物、人 | − | + | − | + | 熟肉和家禽、肉类、豆类 |
| | 大肠杆菌 | 肠产毒大肠杆菌 | 人 | + | + | + | + | 色拉、生菜 |
| | | 肠致病性大肠杆菌 | 人 | + | + | + | + | 乳 |
| | | 肠侵袭性大肠杆菌 | 人 | + | + | 0 | + | 乳酪 |
| | 牛结核分支杆菌 | | 牛 | − | + | − | − | 生乳 |
| | 伤寒沙门菌 | | 人 | + | + | ± | + | 乳制品、肉类产品、贝类、菜色拉 |
| | 沙门菌（非伤寒型） | | 人和动物 | ± | + | ± | + | 肉类、家禽、蛋类、乳制品、巧克力 |
| | 志贺菌 | | 人 | + | + | + | + | 马铃薯、鸡蛋色拉 |
| | 金黄色葡萄球菌（肠毒素） | | 人 | − | + | − | + | 火腿、家禽和鸡蛋色拉 |
| | 01霍乱弧菌 | | 海生生物、人 | + | + | ± | + | 色拉、贝类 |
| | 非01霍乱弧菌 | | 海生生物、人和动物 | + | + | ± | + | 贝类 |

续表

| 病原体 | 致病菌 | 主要的寄主或携带者 | 传播方式 | | | 在食物中繁殖 | 有关食物 |
| | | | 水 | 食物 | 由人到人 | | |
|---|---|---|---|---|---|---|---|
| 细菌 | 副溶血弧菌 | 海水、海生生物 | − | + | − | + | 生鱼、蟹和贝类 |
| | 结肠炎耶尔森菌 | 水、野生动物、猪、狗、家禽 | + | + | − | + | 乳、猪肉和家禽 |
| 病毒 | 甲型肝炎病毒 | 人 | + | + | + | − | 贝类、生水果和蔬菜 |
| | 诺瓦克病毒 | 人 | + | + | 0 | − | 贝类 |
| | 轮状病毒 | 人 | + | 0 | + | − | 0 |
| 原虫 | 溶组织内阿米巴 | 人 | + | + | + | − | 生蔬菜和水果 |
| | 兰伯氏贾第虫 | 人、动物 | + | ± | + | − | 0 |
| 蠕虫 | 牛肉绦虫和猪肉绦虫 | 牛、猪 | + | + | − | − | 半熟的肉 |
| | 旋毛线虫 | 猪、肉食类动物 | − | + | − | − | 半熟的肉 |
| | 毛首鞭虫 | 人 | 0 | + | − | − | 土壤、污染的食物 |

注：+代表是；−代表否；±代表罕见；0代表无资料。

## 二、 食品中细菌危害及其控制措施

### （一）细菌对人体健康的伤害

细菌对人体健康的伤害是显而易见的，主要表现为食品感染和食品中毒。

1. 食品感染

细菌随食物被摄入后，停留在人体内生长繁殖，直接侵害人体的器官和组织，造成腹泻、呕吐等症状。由于感染是细菌本身的侵袭所致，所以从摄入到出现症状所需的时间相对较长。即有一定的潜伏期。

2. 食品中毒

某些特定的细菌在食物中生长并产生毒素后，被人体摄入，造成食品中毒，即是细菌的代谢产物——毒素致病，而不是细菌本身造成的侵害。由于毒素通过肠道吸收就可以引起发病，因此出现中毒症状的时间明显短于食品感染。

3. 中毒性感染

中毒性感染是前两种类型的结合，其特点是细菌本身没有侵袭性，但它可以在肠道内生长繁殖并产生毒素，引起中毒。一般而言，这类疾病的发病时间比食品中毒要长，比食品感染要短，但不绝对。

**（二）细菌危害的预防和控制**

1. 防止食品污染、二次污染和交叉污染

加强食品原料、贮运、加工和贮藏过程的卫生管理，是防止细菌污染食品、造成危害的关键。

（1）食品原料的管理　食品原料中存在大量微生物，若采用不卫生原料则其污染更严重，所以对食品原料一定要经过严格选择，并加强卫生管理与控制。原料加工前的消毒、清洗可根据实际需要决定，严禁将病、死禽畜食用和作为食品加工原料。

（2）生产加工、经营中的卫生管理　空气、土壤中含有许多种微生物，如细菌、酵母、霉菌等，它们可以通过对动植物的附着、飞尘、空气等途径污染食品，所以加强食品在生产经营过程中的卫生防护是防止细菌污染、保证食品安全质量的关键。为此应注意以下几点。

①车间内应保持洁净无尘、通风良好，温度不应过高，防霉、防虫（鼠）、防尘设施符合要求，尽量采用密闭生产。

②生产用具、设备设计合理，表面光洁易于清洗和消毒，不存在积垢和无法清除的死角，便于清洗消毒。

③生、熟食品严格分开，防止食品原料对产品的污染。

④控制食品贮运过程的温度、装载货物种类，防止交叉污染。

（3）生产从业人员的卫生管理　从业人员是食品污染、疾病传播的重要途径。《中华人民共和国食品安全法》为此明确规定食品从业人员一定要定期进行健康检查。食品企业必须严格执行员工的健康与卫生控制程序。

（4）采取措施杀灭原料、食品中的细菌。

2. 控制致病菌的生长与繁殖

只要采取措施控制细菌的生存或繁殖的条件，就能使其得到控制。表3-2列出了部分致病菌生长所需的外界条件，即嗜氧性、生长温度、最适温度、酸度（pH）、最大盐浓度、最低水分活度（$A_w$）。

| 表3-2 | | 致病菌生长所需的外界条件 | | | | | |
|---|---|---|---|---|---|---|---|
| | 嗜氧性 | 生长温度范围/℃ | 最适温度/℃ | 最小 pH | 最大 pH | 最大盐浓度/% | 最低水分活度 |
| 肉毒梭状芽孢杆菌 | 厌氧 | 10~48 | 30~40 | 4.7 | 9.0 | 10~12 | 0.94~0.95 |
| 肉毒梭状芽孢杆菌 E 型菌 | 厌氧 | 3.3~45 | 25~35 | 4.7 | 9.0 | 4.5~6 | 0.97 |
| 金黄色葡萄球菌 | 兼性 | 6.5~50 | 30~40 | 4.0 | 10 | 18~20 | 0.83/0.85 * |

续表

| | 嗜氧性 | 生长温度范围/℃ | 最适温度/℃ | 最小 pH | 最大 pH | 最大盐浓度/% | 最低水分活度 |
|---|---|---|---|---|---|---|---|
| 沙门菌 | 兼性 | 5~46 | 35~37 | 3.7 | 9.0 | 8 | 0.94 |
| 李斯特菌 | 兼性 | 0~45 | 30~37 | 5.0 | 9.6 | 8~12 | 0.92 |
| 产气荚膜梭状杆菌 | 厌氧 | 10~51 | 43~45 | 5.0 | 9.0 | 7.0 | 0.93 |
| 志贺菌属 | 兼性 | 6~47 | 37 | 4.8 | 10 | 5 | 0.96 |
| 致病性大肠杆菌 | 兼性 | 7~49 | 37 | 4.0 | 9.5 | 7.5~8.0 | 0.95 |
| 蜡状芽孢杆菌 | 兼性 | 4~55 | 30 | 4.3 | 9.3 | 18 | 0.95 |
| 霍乱弧菌 | 兼性 | 8~44 | 30~4 | 3.6 | 9.6 | 6~8 | 0.95 |
| 副溶血性弧菌 | 兼性 | 5~43 | 30~40 | 4.8 | 9.6 | 8~10 | 0.94 |
| 耶尔森菌 | 兼性 | −1~48 | 25~30 | 4.1 | 9.0 | 6~7 | 0.95~0.96 |

注：* 生长最低水分活度 0.83；产毒最低水分活度 0.85。

### 3. 控制细菌毒素的形成

对细菌生长和产生毒素的条件进行限制，就能控制这些细菌及其毒素的危害。表 3-3 说明了将食品放置在某一温度下的最长时间。

**表 3-3　　　　致病菌生长和产生毒素的时间与温度参数**

| 潜在危害条件 | 暴露温度/℃ | 最大累积暴露时间/h |
|---|---|---|
| 空肠弯曲菌的生长繁殖 | 30~34 | 48 |
| | >34 | 12 |
| A 型与可降解蛋白质的 B 型和 F 型肉毒杆菌的发芽、生长和产毒素 | 10~21 | 12 |
| | >21 | ≤4 |
| E 型与不可降解蛋白质的 B 和 F 型肉毒杆菌的发芽、生长和产毒素 | 5~10 | 24 |
| | 11~21 | 12 |
| | >21 | ≤4 |
| 大肠杆菌生长繁殖 | 5~10 | 12d |
| | 11~21 | 6 |
| | >21 | 3 |
| 李斯特菌的生长繁殖 | 5~10 | 48 |
| | 11~21 | 12 |
| | >21 | 3 |

续表

| 潜在危害条件 | 暴露温度/℃ | 最大累积暴露时间/h |
|---|---|---|
| 沙门菌的生长繁殖 | 5~10 | 14d |
| | 11~21 | 6 |
| | >21 | 3 |
| 志贺菌的生长繁殖 | 5~10 | 14d |
| | 11~21 | 6 |
| | >21 | 3 |
| 金黄色葡萄球菌的生长繁殖 | 5~10 | 14d |
| | 11~21 | 12 |
| | >21 | 3 |
| 霍乱弧菌的生长繁殖 | 5~10 | 21d |
| | 11~21 | 6 |
| | >21 | 2 |
| 副溶血性弧菌的生长繁殖 | 5~10 | 21d |
| | 11~21 | 6 |
| | >21 | 2 |
| 河弧菌/创伤弧菌的生长繁殖 | 5~10 | 21d |
| | 11~21 | 6 |
| | >21 | 2 |
| 结肠炎耶尔森菌的生长繁殖 | 5~10 | 24 |
| | 11~21 | 6 |
| | >21 | 2.5 |

注：①暴露温度：细菌能够生长繁殖或产生毒素的温度。②最大累计暴露时间：指在特定的温度下生长繁殖或产生毒素所需的时间。

#### 4. 杀灭细菌

食品由采购原料开始到人们食用是个系列过程，为了使食品细菌性危害得到有效控制，除在加工生产的每一步注意对细菌进行控制外，对最终产品采取适当措施（如加热处理，因为一般致病菌都不耐热）杀灭细菌。表 3-4 说明了主要致病菌的发育条件和热致死条件。

表 3-4　　　　　　　　主要致病菌的发育条件和热致死条件

| 致病菌 | 发育最适 pH | 发育温度范围/℃ | 热致死条件 |
|---|---|---|---|
| 葡萄球菌 | 4.5~9.8 | 12~45 | 60℃，30~60min |

续表

| 致病菌 | 发育最适 pH | 发育温度范围/℃ | 热致死条件 |
|---|---|---|---|
| 耶尔森菌 | 4.4~7.8 | 0~44 | 62.8℃, 0.24~0.96min |
| 致肠炎菌 | 4.9~9.0 | 25~45 | 55℃, 0.74~1.00min |
| 肠炎菌 | 6~8 | 15~41 | 55℃, 5.5min |
| 病原性埃希氏杆菌 | 5~9.6 | 10~45 | 60℃, 15min |
| 赤痢菌 | 6~8 | 10~40 | 60℃, 5min |
| 伤寒菌 | 6~8 | 15~41 | 60℃, 5~15min |
| 副伤寒菌 | 6~8 | 15~41 | 60℃, 10min |
| 霍乱弧菌 | 6.4~9.6 | 23~37 | 56℃, 15min |
| 布鲁氏菌 | 6.6~7.2 | 8~43 | 60℃, 10min |
| 结核菌 | 4.5~8.0 | 30~44 | 60℃, 20~30min |
| 炭疽菌 | 7.0~7.2 | 12~43 | 100℃, 2~15min |
| 溶血链球菌 | 5.7~9.0 | 20~40 | 60℃, 0.4~2.5min |
| 肉毒梭状杆菌 A | 4.7~8.5 | 10~37 | 110℃, 1.6~4.4min |
| 肉毒梭状杆菌 B | 4.7~8.5 | 10~37 | 110℃, 0.74~13.6min |
| 肉毒梭状杆菌 E | 5.0~9.0 | 3.3~30 | 77~80℃, 0.6~4.3min |
| 芽孢杆菌 | 4.9~9.3 | 10~45 | 100℃, 0.8~14min |
| 肠炎弧菌 | 6~9 | 10~37 | 60℃, 15min |
| 绿脓菌 | 6~9.3 | 5~42 | 50℃, 14~60min |
| 变形菌 | 4.4~9.2 | 10~43 | 55℃, 60min |
| 产气荚膜梭菌 | 5~9.0 | 15~50 | 100℃, 0.3~17min |
| 链球菌 | 4~9.6 | 10~45 | 60℃, 30~60min |

## 三、 食品中病毒危害及其控制措施

病毒不会导致食品腐败变质，但人体细胞是食源性病毒最易感染的宿主细胞，食品上的病毒可以通过感染人体细胞而引起疾病；食源性病毒能抵抗抗生素等抗菌药物，除免疫方法外，目前还没有更好的对付病毒的方法；病毒只对特定动物的特定细胞产生感染作用，因此，食品安全控制过程中只需考虑对人有致病作用的病毒。

### （一）病毒污染食品的途径
病毒污染食品的途径有以下几种。
（1）环境污染使原料动植物感染上病毒。如毛蚶生长的水域污染了甲肝病毒，导致毛蚶感染上甲肝病毒。

（2）原料动植物本身因某种原因带有病毒，如牛患上口蹄疫。

（3）带有病毒的食品加工人员可导致食品的直接性污染，而污水则导致食品的间接性污染。

（4）食品加工人员的不良卫生习惯，如使用厕所后未洗手消毒而使病毒进入食品内。

（5）生熟不分，造成带病毒的原料污染半成品或成品等。

**（二）病毒危害的控制**

控制病毒危害的有效途径主要有以下几种。

（1）对食品原料进行有效的消毒处理（除非加工过程可以起到消毒作用）。

（2）屠宰厂对原料动物进行严格的宰前宰后检验检疫，肉制品厂对原料肉的来源进行控制，保证原料肉没有疫病。

（3）严格执行 GMP、SSOP、OPRP，确保加工人员健康和加工过程中各环节的消毒效果。

（4）不同清洁度要求的区域应严格隔离。

## 四、食品中寄生虫危害及其控制措施

### （一）寄生虫污染食品的途径

世界上存在着几千种寄生虫，只有约 20% 的寄生虫能在食物或水中生存，能通过食品感染人类的寄生虫不到 100 种。寄生虫常分为两类，即原虫和蠕虫。属于原生物门的称原虫，属于扁形动物门和线形动物门的称蠕虫。原生动物是单细胞动物，如果没有显微镜，大多数是看不见的。扁形动物因虫体扁平而得名，有吸虫、绦虫。线形动物因虫体呈长线状而得名，有线虫、棘头虫。这些虫大小不同，从肉眼几乎看不见到几英尺长的都有。

寄生虫存活的两个最重要的因素是合适的宿主和合适的环境（温度、水、盐度等）。对大多数寄生虫而言，食品是它们自然生命循环的一个环节（鱼和肉中的线虫），当人们连同食品一起吃进它们时，它们就有了感染人类的机会。寄生虫可以通过宿主排泄的粪便所污染的水或食品传播。

人是否受到寄生虫的危害取决于食品的选择、文化习惯和制作方法。大多数寄生虫对人类无害，但是可能让人感到不舒服。

寄生虫污染食品的主要途径有：①原料动物患有寄生虫病；②食品原料遭到寄生虫虫卵的污染（特别是植物产品）；③食品被粪便污染、生熟食品不分或食品未煮熟。

### （二）寄生虫引起的危害及其控制措施

1. 常见寄生虫及其引起的食品危害

表 3-5 说明了常见寄生虫及其引起的食品危害。

表 3-5　　　　　　　　　　　常见寄生虫及其引起的食品危害

| 病名 | 病原体 | 传染源 | 致病食品 | 致病原因 |
|---|---|---|---|---|
| 弓形体病 | 弓形体 | 人、狗、牛、猫、猪、鸭 | 猪肉等 | 加热或冷冻不充分 |
| 旋毛虫病 | 旋毛虫 | 猪、狗、野生动物 | 猪肉、狗肉、野味 | 屠宰后未检疫，烹调加热不充分，防鼠灭鼠没做好等 |
| 绦虫病 | 无钩绦虫（牛肉绦虫）、有钩绦虫（猪肉绦虫） | 患囊尾蚴病的猪（米猪肉）、牛 | 生的或熟的猪、牛肉及其制品 | 屠宰后未检疫，烹调加热不充分，污水处理不完善，交叉污染等 |
| 裂头蚴病（鱼肉绦虫等） | 阔节裂头绦虫（鱼肉绦虫） | 人粪便 | 生的或未煮熟的淡水鱼，没腌透的淡水鱼 | 烹调不充分，污水处理不完善，污水污染湖、河水 |
| 华枝睾吸虫病 | 华枝睾吸虫 | 人、猫、狗、猪、鸭粪便 | 生的或半生的鱼，腌制或盐渍鱼 | 不良卫生习惯，吃生鱼片或生鱼粥，用人粪便养殖淡水鱼，猫、狗吃生鱼及其内脏 |
| 猫后睾吸虫病 | 猫后睾吸虫 | 食鱼的哺乳类动物和人粪便 | 淡水鱼 | 食生鱼或半生不熟的鱼、未腌透、熏熟的鱼 |
| 横川后殖吸虫病 | 横川后殖吸虫 | 人、猫、狗、猪、狐粪便，食鱼鸟类的粪便 | 淡水鱼 | 食生和半生的淡水鱼，或盐渍、干淡水鱼 |
| 异形吸虫病 | 异形吸虫 | 人、猫、狗粪便，食鱼鸟类的粪便 | 淡水鱼 | 食生的或半生的淡水鱼，或盐渍、干淡水鱼 |
| 肺吸虫病（肺并殖吸虫病） | 卫氏并殖吸虫 | 人、肉食动物粪便和唾液 | 蟹、喇蛄、小龙虾 | 食生的或半生的喇蛄，食生的和腌制不透的醉蟹、咸蟹、咸蜊蛄等 |
| 有棘颚口线虫病 | 有棘颚口线虫 | 狗、猫 | 鳝鱼等淡水鱼、蛇、鸟类、哺乳动物 | 生食和半熟的淡水鱼 |

续表

| 病名 | 病原体 | 传染源 | 致病食品 | 致病原因 |
|------|--------|--------|----------|----------|
| 姜片虫病 | 布氏姜片虫（肠吸虫） | 人、狗、猪的粪便 | 菱角、荸荠、茭白、藕 | 生食或啃食带壳的生菱角、荸荠等，未经无害化处理的粪便污染池 |
| 梨形鞭毛虫病 | 梨形鞭毛虫（蓝氏贾第鞭毛虫） | 人粪便 | 生鲜蔬菜与水果 | 个人卫生不良，烹调加热不彻底，污水处理不完善 |
| 孟氏裂头蚴病 | 孟氏裂头蚴 | 猫、狗、猪粪便 | 蛙、蛇肉 | 食生的或半生不熟的蛙、蛇肉 |
| 片吸虫病 | 肝片形吸虫 | 人、羊、牛、骆驼、兔、猪粪便 | 水生蔬菜、肝脏 | 生食或烹剐口热不彻底 |
| 血管圆形虫病（嗜伊红性脑膜脑炎） | 血管圆虫（鼠肺虫） | 鼠类 | 生蟹、龙虾、小虾、蜗牛 | 烹调加热不彻底 |
| 包虫病（棘球蚴病） | 细粒棘绦虫（狗绦虫） | 狗、狐、狼的粪便 | 任何污染的食品 | 生食或加热不彻底，个人卫生习惯不良 |
| 蛔虫病 | 蛔虫 | 人粪便 | 蔬菜和水果 | 生食不洁蔬菜、瓜果、个人卫生习惯不良，用未经无害化处理的人类粪便肥料 |
| 蛲虫病 | 蛲虫 | 人粪便 | 任何污染的生食物 | 个人卫生习惯不良，吸吮手指或用已污染的手指拿食物吃 |
| 鞭虫病 | 鞭虫 | 人粪便 | 任何污染的食物 | 食入污染鞭虫卵的蔬菜、瓜果，个人卫生习惯不良 |
| 阿米巴病（阿米巴痢疾） | 溶组织阿米巴 | 人的粪便 | 生鲜蔬菜、水果 | 个人卫生习惯不良，被感染者污染食品，烹调加热不彻底，生吃被污染的蔬菜和瓜果 |

2. 寄生虫危害的控制

控制寄生虫危害的有效途径主要有以下几种。

（1）屠宰场对原料动物进行严格的宰前、宰后检疫检验。肉制品加工厂对原料肉的来源进行控制，保证原料肉没有对人体有害的寄生虫。

（2）对食品原料进行有效的处理，通过深度冷冻或彻底加热食品原料以杀死寄生虫及虫卵。

（3）严格执行 GMP、SSOP，确保加工过程中各环节的消毒效果。

（4）不同清洁度要求的区域应严格隔离。

## 任务二

# 识别与控制食品中的化学性危害

食品中化学性危害是指食用后能引起急性中毒或慢性积累性伤害的化学物质。主要是由于食品在生产、加工、贮存和运输过程中，由于控制不当，使食品受到这些化学物质的污染而具有毒性，对消费者的身体造成伤害。化学物质对人体的危害可能产生的后果有：急性中毒、慢性中毒、过敏、影响身体发育、影响生育、致癌、致畸、致死等。

## 一、 化学危害的类别

根据食品中化学危害的来源，可以将其分为三类：天然存在的化学物质、有意添加的化学物质、外来污染带来的化学物质。

### （一）天然存在的化学物质

食品中天然存在的化学危害物质主要指食品中自然存在的毒素。根据其来源可将其分为 4 类：真菌毒素、藻类毒素、植物毒素、动物毒素。前两种自然毒素是微生物产生的有毒物质，它们或直接在食品中形成，或是食物链迁移的结果。后两类是食品中固有的成分，对人类和动物均有危害作用。

1. 真菌毒素

真菌产生的一些对人体和家畜有毒性作用的化合物或代谢产物，即真菌毒素（或霉菌毒素）。GB 2761—2017《食品安全国家标准 食品中真菌毒素限量》规定了它们在食品中的限量。

（1）食品中常见的真菌及其毒素 如表 3-6 所示。

（2）真菌毒素（霉菌毒素）的控制措施 控制真菌毒素（霉菌毒素），主要从清除污染源（防止霉菌生长与产毒）和去除霉菌毒素两方面着手。

表 3-6                      食品中常见的真菌及其毒素

| 真菌毒素 | 产毒真菌 | 化学结构及性质 | 易被污染的食物 | 毒性 |
| --- | --- | --- | --- | --- |
| 黄曲霉毒素 | 黄曲霉和寄生曲霉 | 一组结构相似的化合物,二呋喃香豆素的衍生物 | 花生、花生油、玉米 | 是毒性很强的急性毒素,还有明显的慢性毒性与致癌性 |
| 赭曲霉毒素 | 赭曲霉、硫色曲霉、蜜蜂曲霉、洋葱曲霉、孔曲霉、纯绿青霉 | 无色结晶化合物、溶于极性溶剂 | 谷物、大米、无花果、咖啡、橄榄、啤酒 | 具有急性毒性,肾脏为赭曲霉毒素 A 作用的靶器官 |
| 杂色曲霉毒素 | 杂色曲霉 | 与黄曲霉毒素相似 | 杂粮小麦、稻谷、玉米、面粉、大米 | 可引起肝脏坏死导致肝癌、肾癌、皮肤癌、肺癌 |
| 展青霉素 | 扩张青霉、圆弧青霉、棒曲霉 | 可溶于水和乙醇,在碱性溶液中不稳定,耐酸、耐热 | 水体及水果制品 | 是一种神经毒,具有致癌性和致畸性 |
| 镰刀菌毒素 | 镰刀菌 | 倍半烯 | 小麦、大麦、燕麦及其制品 | 较强的细胞毒性,免疫抑制及致畸作用,有的有弱致癌性 |
| 玉米赤霉烯酮 | 禾谷镰刀菌、黄色镰刀菌、木贼镰刀菌 | 一类结构相似具有二羟基苯酸内酯结构的化合物 | 玉米及其制品 | 具有雌性激素作用,可引起禽、家畜雌性激素亢进症 |
| 伏马菌毒 | 串珠镰刀菌 | 一类不同的多氢醇和丙三羟酸的双酯化合物 | 玉米及其制品 | 是神经鞘脂类生物合成的抑制剂,具有神经毒性 |
| 黄绿青霉素 | 黄绿青霉 | | 大米 | 主要表现为中枢神经麻痹,可导致心脏麻痹 |

①防霉:根据真菌生长产毒的特点,影响霉菌产毒的五个因素是菌种、基质、水分、温度和通风。因此,常采取的方法有:降低食品中的水分、除氧、降低贮存温度以及采用防霉剂(如环氧乙烷可用于粮食类的防霉等)。

②去毒:以黄曲霉毒素为例,目前去毒方法有两大类:一类是去除法,包括用物理筛选法(挑出霉粒)、溶剂提取法(利用黄曲霉毒素不溶于水、乙烷、乙醚及石油醚,但溶于甲醇、乙醇、氯仿的特性进行)和微生物去毒法(如橙色黄杆菌可以除去溶液中的毒素)除去黄曲霉毒素;另一类是灭活法,主要是用物理方

法（如利用加热的方法，或紫外线照射，溶液中的毒素能部分的被破坏）或用化学方法（根据真菌毒素耐热，但在碱性条件下易破坏的特性，可用碱性处理降低毒素量）使黄曲霉毒素的活性破坏。

2. 藻类毒素

藻类毒素是藻类代谢产生的有毒物质。海洋藻类毒素有：麻痹性贝类毒素（PSP）、腹泻性贝类毒素（DSP）、神经性贝类毒素（NSP）、遗忘性贝类毒素（ASP）、鱼肉毒素（CFR）。鱼、贝类吞食含有藻类毒素的藻类后，藻类毒素便蓄积于鱼、贝类中。

3. 植物毒素

植物毒素是植物中自然含有的有毒物质。常见的植物毒素有：糖苷生物碱、硫代葡萄糖苷、能产生氰的糖苷、肼等。表3-7列出了常见的植物毒素及其可能涉及的植物。

表 3-7 植物毒素及其可能涉及的植物

| 毒素 | 可能涉及的植物 |
| --- | --- |
| 糖苷生物碱 | 茄类植物，如马铃薯、番茄、茄子和红辣椒 |
| 硫代葡萄糖苷 | 主要存在于十字花科植物中，如油菜、花椰菜、皱叶甘蓝、白菜、大头菜和萝卜等 |
| 氰 | 木薯、高粱、巴干杏、竹子和豆类种子 |
| 肼（蘑菇肼） | 蘑菇 |
| 龙葵素 | 发芽马铃薯 |
| 皂素、植物血凝素 | 四季豆（扁豆） |
| 银杏酸、银杏酚 | 白果 |

4. 动物毒素

动物毒素是动物体内存在的有毒物质。主要有河豚毒素、嗜焦素、蟾蜍（癞蛤蟆）毒素、组胺、动物甲状腺素、动物肾上腺素。表3-8列出了部分动物毒素及其来源。

表 3-8 动物毒素及其来源

| 毒素 | 来源 |
| --- | --- |
| 河豚毒素 | 河豚 |
| 嗜焦素 | 泥螺、鲍鱼 |
| 蟾蜍毒素 | 蟾蜍（癞蛤蟆） |
| 组胺 | 青皮红肉的鱼类，如鲤鱼、金枪鱼、沙丁鱼、秋刀鱼、竹荚鱼 |
| 甲状腺素 | 甲状腺 |
| 动物肾上腺素 | 肾上腺 |

## （二）有意添加的化学物质

这些化学物质是在食品生产、加工、运输、销售过程中人为加入的，主要是指各类食品添加剂。食品添加剂的种类很多，如防腐剂、营养强化剂、抗结剂、消泡剂、抗氧化剂、漂白剂、膨松剂、着色剂、护色剂、乳化剂、被膜剂、保水剂、稳定剂、甜味剂、增稠剂、面粉处理剂、香精等。只要按照 GB 2760—2014《食品安全国家标准　食品添加剂使用标准》要求使用食品添加剂，是没有危害的，但超范围使用或超剂量使用，就有可能成为食品中的化学危害。

## （三）无意加入的化学物质

无意加入的化学物质主要是指食品生产（包括饲料作物生产、畜牧养殖与兽药使用）、包装、运输中或污染造成的。主要有农药残留、兽药残留、重金属污染、工厂中使用的化学药品污染（如润滑剂、清洁剂、消毒剂和油漆等）以及环境污染物。

### 1. 农药残留

农药包括杀虫剂、杀真菌剂、除草剂、促生长剂等，这些物质会在植物中积累，动物吃了植物后又可在动物体内积累。农药残留是指使用农药后残存于生物体、食品（农副产品）和环境中的微量农药原体、有毒代谢物、降解物和杂质的总称，是一种重要的化学危害。农药残留可存在于谷物、水果、蔬菜等植物源产品，也可存在于动物源食品。GB 2763—2016《食品安全国家标准　食品中农药最大残留限量》规定了食品中农药的最大残留限量（MRL）。当农药超过最大残留限量（MRL）时，将对人畜产生不良影响或通过食物链对生态系统中的生物造成危害。农药残留对人体产生危害，包括致畸、致突变性、致癌性和对生殖以及下一代的影响。

### 2. 兽药残留

兽药包括兽医治疗用药，饲料添加用药，如抗生素、磺胺药、抗寄生虫药、促生长激素、性激素等。这些兽药在动物体内代谢发挥作用后会在动物体内造成残留。为保证动物源性食品安全，农业部发布了《饲料药物添加剂使用规范》、《食品动物禁用的兽药及其他化合物清单》（农业部第 193 号公告，如表 3-9 所示）、《兽药休药期规定》、《动物性食品中兽药最高残留限量》。

表 3-9　　　　　　　　食品动物禁用的兽药及其他化合物清单

| 序号 | 兽药及其他化合物名称 | 禁止用途 | 禁用动物 |
| --- | --- | --- | --- |
| 1 | 兴奋剂类：克仑特罗、沙丁胺醇、西马特罗及其盐、酯及制剂 | 所有用途 | 所有食品动物 |
| 2 | 性激素类：己烯雌酚及其盐、酯及制剂 | 所有用途 | 所有食品动物 |
| 3 | 具有雌激素样作用的物质：玉米赤霉醇、去甲雄三烯醇酮、醋酸甲孕酮及制剂 | 所有用途 | 所有食品动物 |

续表

| 序号 | 兽药及其他化合物名称 | 禁止用途 | 禁用动物 |
|------|----------------------|----------|----------|
| 4 | 氯霉素及其盐、酯（包括：琥珀氯霉素及制剂） | 所有用途 | 所有食品动物 |
| 5 | 氨苯砜及制剂 | 所有用途 | 所有食品动物 |
| 6 | 硝基呋喃类：呋喃唑酮、呋喃它酮、呋喃苯烯酸钠及制剂 | 所有用途 | 所有食品动物 |
| 7 | 硝基化合物：硝基酚钠硝呋烯腙及制剂 | 所有用途 | 所有食品动物 |
| 8 | 催眠、镇静类：安眠酮及制剂 | 所有用途 | 所有食品动物 |
| 9 | 林丹（丙体六六六） | 杀虫剂 | 所有食品动物 |
| 10 | 毒杀芬（氯化烯） | 杀虫剂、清塘剂 | 所有食品动物 |
| 11 | 呋喃丹（克百威） | 杀虫剂 | 所有食品动物 |
| 12 | 杀虫脒（克死螨） | 杀虫剂 | 所有食品动物 |
| 13 | 双甲脒 | 杀虫剂 | 水生食品动物 |
| 14 | 酒石酸锑钾 | 杀虫剂 | 所有食品动物 |
| 15 | 锥虫胂胺 | 杀虫剂 | 所有食品动物 |
| 16 | 孔雀石绿 | 抗菌、杀虫剂 | 所有食品动物 |
| 17 | 五氯酚酸钠 | 杀螺剂 | 所有食品动物 |
| 18 | 各种汞制剂包括：氯化严汞（甘汞）、硝酸亚汞、醋酸汞、毗啶基醋酸汞 | 杀虫剂 | 所有食品动物 |
| 19 | 性激素类：甲基睾丸酮、丙酸睾酮苯丙酸诺龙、苯甲酸雌二醇及其盐、酯及制剂 | 促生长 | 所有食品动物 |
| 20 | 催眠、镇静类：氯丙嗪、地西泮（安定）及其盐、酯及制剂 | 促生长 | 所有食品动物 |
| 21 | 硝基咪唑类：甲硝唑、地美硝唑及其盐、酯及制剂 | 促生长 | 所有食品动物 |

### 3. 环境污染带来的化学物质

环境污染带来的化学物质如重金属（镉、汞、铅、砷、铬等）、化合物（氰化物等）、有机物（如多环芳香烃等）等，这些化学物质可以污染土壤、水域，从而进入植物、畜禽、水产品等体内。长期摄入受污染的食物，可在人体内蓄积，损害器官，尤其是胎儿和幼童等易受影响。GB 2762—2017《食品安全国家标准　食品中污染物限量》规定了食品中重金属的限量指标。

### 4. 食品加工中使用的化学物质

清洗剂、消毒剂、杀虫剂、灭鼠药、空气清新剂、油漆、润滑剂、颜料、涂料、化学实验室的药品等，如果使用不当，可能会污染食品。

5. 食品加工中产生的化学物质

食品在加工中也会产生一些有害的化学物质。如发烟燃料烘烤食物时容易产生3，4-苯并芘，硝酸盐含量较高的食物在加工储藏过程中会生产亚硝胺，油炸制品会产生丙烯酰胺等。

6. 来自食品容器和包装材料的有害化学物质

食品包装除了具有食品的保护手段，即保证食品作为商品在其流通贮运过程中的品质质量和卫生安全外，还兼有方便贮运，促进销售、提高商品价值的功能。此外，食品包装形象能直接反映品牌及企业形象，成为企业为了提高产品附加值和竞争力的营销策略的重要组成部分。

食品产品在贮藏、流通过程中，由于食品与包装材料直接接触，其中包装材料中的某些成分必然迁移到食品中面对食品造成污染，引起机体损伤。因此，要严格注意包装材料及容器的质量安全，防止它们对食品造成污染。

表3-10列出了部分食品容器及包装材料中所含的化学物质。

表 3-10　　　　　　　　　食品包装材料中所含的化学物质

| 包装材料 | 能污染食品的化学物质 |
| --- | --- |
| 纸类（包括玻璃纸） | 着色剂（包括荧光染料）、填充剂、上胶剂、残留的纸浆防腐剂 |
| 金属制品 | 铅（由于焊锡的原因）、锡（由于镀锡的原因）、涂敷剂（单体物、添加剂） |
| 陶瓷器具、搪瓷器具、玻璃器具类 | 铅（釉、铅晶体玻璃）、其他金属（釉）、颜料 |
| 塑料 | 残留单体物（氯乙烯、丙烯腈、苯乙烯）、添加剂（金属稳定剂、抗氧化剂、增塑剂等）、残留催化剂（金属、过氧化物等） |

## 二、 控制化学危害的常用措施

表3-11列出了控制化学危害的常用措施。

表 3-11　　　　　　　　　控制化学危害的常用措施

| 化学危害 | 控制措施 |
| --- | --- |
| 自然产生的有毒物质 | 供应商的保证书；对每个供应商的保证书进行审核 |
| 加入的有害化学物质 | 每种原材料和成分的详细规格，供应商提供的保证书；访问供应商；要求供应商按HACCP计划操作；核实原材料无残留的测试计划 |
| 操作中的化学物质 | 明确并列出所有直接与间接使用的食品添加剂和着色剂；检查每种化学物质都是被批准的；检查每种化学物质是否使用恰当；记录使用的任何一种限制成分 |

## 任务三

# 识别与控制食品中的物理性危害

物理性危害是指食用后可能导致物理性伤害的异物，如玻璃、金属碎片、石块等。物理危害可能是生产、运输和贮藏过程中不小心加入的，也有可能是故意加入的（人为破坏）。

## 一、 物理性危害的来源及其潜在风险

### （一） 物理性危害的来源

1. 由原料中引入的物理性危害

由食品原料中引入的物理性危害主要包括三个方面。

（1）植物性原料在收获过程中混入的异物，如铁钉、铁丝、石头、玻璃、陶瓷、塑料、橡胶等碎片；

（2）动物性原料在饲养过程中随饲料进入动物体内的异物，如铁钉、铁丝、玻璃、陶瓷碎片等，还可能有射击用的子弹和注射用的针头；

（3）水产品原料在捕捞过程中引入的鱼钩、铅块等。

2. 加工过程中混入的物理性危害

加工设备上脱落的螺母、螺栓、金属碎片、钢丝、玻璃、陶瓷碎片、工器具损片、灯具、温度计、包装材料碎片、纽扣、首饰等。

3. 畜、禽和水产品因加工处理不当造成的物理性危害

剔除畜、禽、鱼骨、刺时处理不当，致使上述物质碎片在食品中遗留；加工贝类、蟹肉、虾类食品时动物外壳残留在食品中；以蛋类为原料加工食品蛋壳留在食品中等。

### （二） 物理性危害的潜在风险

当消费者食用了含有异物的食品，可能引起窒息、伤害或产生其他有害健康的问题。物理性危害通常是伤害立即发生或吃后不久发生，并且伤害的来源是经常容易确认的，所以物理性危害是最常见的消费者投诉的问题。

表 3-12 列出了常见的物理性危害来源及其潜在风险。

表 3-12　　　　　　　　常见的物理性危害来源及其潜在风险

| 物理危害 | 来源 | 潜在风险 |
| --- | --- | --- |
| 玻璃 | 玻璃瓶、罐、各种玻璃器具 | 割伤、流血、需外科手术查找并除去危害物 |
| 木屑 | 原料、货盘、盒子、建筑材料 | 割伤、感染、窒息或需外科手术除去危害物 |
| 石头 | 原料、建筑材料 | 窒息、损坏牙齿 |

续表

| 物理危害 | 来源 | 潜在风险 |
|---|---|---|
| 金属 | 原料、机器、电线、员工 | 割伤、窒息或需外科手术除去危害物 |
| 昆虫及其他污秽 | 原料、工厂内 | 疾病、外伤、窒息 |
| 绝缘体 | 建筑材料 | 窒息，若异物是石棉则会引起长期不适 |
| 骨头 | 原料、不良加工过程 | 窒息、外伤 |
| 塑料 | 原料、包装材料、货盘、员工 | 窒息、割伤、感染或需外科手术除去危害物 |

## 二、 物理性危害的控制措施

（1）预防　通过适当遮挡防止进入，通过筛选、磁铁吸附等方法，除去已进入原料中的异物，避免在食品生产中出现。

（2）人工剔除　依靠工人眼看、手摸等辅助办法剔除残留在食品中的异物。

（3）检测　使用金属探测器、筛网、磁铁、X 射线等设备检查是否有异物。

## 任务四

# 识别与控制新资源和新技术引入的食品安全危害

## 一、 新资源食品

新资源食品是指一些新研制、新发现、新引进的本无食用习惯或仅在个别地区有食用习惯而符合食品基本要求的物品。以新资源食物生产的食品为新资源食品（包括新资源食品原料及其成品），如在我国正在兴起的花卉食品、蚂蚁食品、昆虫食品等。新资源食品在生产销售前，需要进行一系列严格的毒理、喂养实验，并向卫生及有关部门申报，经批准后方可生产销售。

### （一）新资源食品的种类

目前，新资源食品分为以下四类。

第一类：在我国无食用习惯的动物、植物和微生物食品。具体来说，是指以前我国居民没有食用习惯，经过研究发现可以食用的对人体无毒无害的物质。动物包括禽畜类、水生动物类或昆虫类，如蝎子等。植物包括豆类、谷类、瓜果类，如金花茶、仙人掌、芦荟等。微生物是指菌类、藻类，如某些海藻等。

第二类：以前我国居民没有食用习惯，现在可以从动物、植物、微生物中分离、提取出来的对人体有一定作用的成分，如植物甾醇、糖醇、氨基酸等。

第三类：在食品加工过程中使用的微生物新品种。例如加入到乳制品中的双歧杆菌、嗜酸乳杆菌等。

第四类：因采用新工艺生产导致食物原有成分或结构发生变化的食品原料。例如转基因食品等。

**（二）新资源食品的安全性评价与控制**

新资源食品作为商品流通其安全性需要得到充分评价，以保障人民群众的消费安全。世界各国都在试图建立一套完善的新资源产品上市前的评审和上市后的监督体系，我国于 2017 年 12 月 26 日修订实施了《新食品原料安全性审查管理办法》，使我国的新资源食品的管理进一步与国际接轨。在对新资源食品的审批过程中，引入了发达国家采用的危险性评估与实质等同的原则。实质等同是指如某个新申报的食品原料与食品或者已公布的新食品原料在种属、来源、生物学特征、主要成分、食用部位、使用量、使用范围和应用人群等方面相同，所采用工艺和质量要求基本一致，可以视为它们是同等安全的，具有实质等同性。

新资源食品上市之前需要进行危险性评估，主要包括：专家评审委员会审查申报材料和现场审查两部分。

对申报材料，专家评审委员会应当对下列内容进行重点评审。

（1）研发报告应当完整、规范，目的明确，依据充分，过程科学；

（2）生产工艺应当安全合理，加工过程中所用原料、添加剂及加工助剂应当符合我国食品安全标准和有关规定；

（3）执行的相关标准（包括安全要求、质量规格、检验方法等）应当符合我国食品安全标准和有关规定；

（4）各成分含量应当在预期摄入水平下对健康不产生影响；

（5）卫生学检验指标应当符合我国食品安全标准和有关规定；

（6）毒理学评价报告应当符合 GB 15193—2014《食品安全性毒理学评价程序和方法》规定；

（7）安全性评估意见的内容、格式及结论应当符合《食品安全风险评估管理规定》的有关规定；

（8）标签及说明书应当符合我国食品安全国家标准和有关规定。

现场审查主要查看生产现场、核准研制及生产记录，针对专家评审委员会指定的重点内容进行核查。必要时，可根据现场情况增加核查内容。

二、 转基因食品

**（一）转基因食品的概念**

根据联合国粮食与农业组织及世界卫生组织（FAO/WHO）、食品法典委员会（CAC）及卡塔尔生物安全议定书的定义，"转基因技术"是指利用基因工程或分子生物学技术，将外源遗传物质导入活细胞或生物体中产生基因重组现象，并使之遗传和表达。"转基因食品"即基因工程食品，是指用转基因生物所制造或生产的食品、食品原料及食品添加剂等。从狭义上说，转基因食品就是利用分子生物学技术，将某些生物的一种或几种外源性基因转移到其他的生物物种中去，从而改造生物的遗传物质使其有效地表达，从而获得了物化特性、营养水平和消费品质等方面均符合人们需要的新产品。

**（二）转基因食品的安全性**

关于转基因生物安全性的争论主要在两个方面：一是通过食物链对人产生影响；二是通过生态链对环境产生影响。当前人们关注的转基因食品质量安全问题主要有以下几个方面。

1. 转基因食品可能产生的过敏反应

见转基因食品过敏原部分。

2. 抗生素标记基因可能使人和动物产生抗药性

由于转基因食品研发中使用了抗生素抗性标记基因，用于帮助在植物遗传转化筛选和鉴定转化的细胞、组织和再生植株。标记基因本身并无安全性问题，有争议的一个问题是会有基因水平转移的可能性。因此对抗生素抗性标记基因的安全性考虑之一是转基因植物中的标记基因是否会在肠道水平转移至微生物，从而影响抗生素治疗的有效性，进而影响人或动物的安全。

3. 影响人体肠道微生态环境

转基因食品中的标记基因有可能传递给人体肠道内正常的微生物群，引起菌群谱和数量变化，通过菌群失调影响人的正常消化功能。

4. 食品品质的改变

转基因食物营养学的变化也是值得引起重视的问题。转基因食品在营养方面的变化可能包括营养成分构成的改变和不利营养成分的产生。通过插入确定的DNA序列可以为宿主生物提供一种特定的目的品质，称为预期效应，在理论上也有一些生物获得了额外的品质或使原有的品质丧失，这就是非预期效应。对转基因食品的评价应包括这类非预期效应。许多研究致力于用基因工程技术改变作物以期获得更理想的营养组成，由此提高食品的品质。如淀粉含量高、吸油性低的马铃薯，有利于酿造的低蛋白的水稻，不含芥子酸的卡诺拉油菜等，但也出现了非预期的效应，如一种遗传工程大豆提高了赖氨酸含量，却降低了脂类的含量。

5. 提高天然毒素的含量

潜在毒性遗传修饰在打开一种目的基因的同时，也可能会无意中提高天然植物毒素的含量。如芥酸、龙葵素、棉酚、组胺、酪胺、番茄中的番茄毒素、马铃薯中的茄碱、葫芦科作物中的葫芦素、木薯和利马豆中的氰化物、豆科中的蛋白酶抑制剂、油菜中致甲状腺肿物质、香蕉中胺类前体物、神经毒素等。生物进化过程中，生物自身的代谢途径在一定程度上抑制毒素表现，即所谓的沉默代谢。但是在转基因食品加工过程中由于基因的导入有可能使得毒素蛋白发生过量表达，增加这些毒素的含量，给消费者造成伤害。

6. 影响膳食营养平衡

转基因食品的营养组成和抗营养因子变化幅度大，可能会对人群膳食营养产生影响，造成体内营养素平衡紊乱。此外，有关食用植物和动物中营养成分改变对营养的相互作用、营养基因的相互作用、营养的生物利用率、营养的潜能和营养代谢等方面的作用，目前研究的资料很少。

**（三）转基因食品的安全控制**

1. 实验室研究控制

转基因食品安全控制首先要进行各项转基因食品安全性评价技术的研究，在实验室里从理论上进行控制，这些评价技术包括食物成分营养评价技术、流行病学研究、生物信息学技术、分子生物学技术、致敏性评价技术、毒理学评价技术等；其次，要进行各种转基因食品检测技术的研究，从而为转基因食品的安全性评价原则的制定、评价技术的应用实施、转基因食品的管理等各项工作的开展奠定坚实的理论基础和技术支撑。

2. 安全性评价

目前国际上对转基因食品的安全评价遵循以科学为基础、个案分析、"实质等同性"原则和逐步完善的原则。安全评价的主要内容包括毒性、过敏性、营养成分、抗营养因子、标记基因转移和非期望效应等。

转基因食品安全性评价技术包括食物成分营养评价技术、流行病学研究、生物信息学技术、分子生物学技术、致敏性评价技术、毒理学评价技术等。

3. 转基因食品管理制度

为了统一评价转基因食品安全性的标准，联合国粮食与农业组织和世界卫生组织所属的国际食品委员会制定了转基因食品的国际安全标准。从世界范围看，从事转基因动、植物研究开发的国家都在制定相应的政策与法规以保障转基因食品的安全。

2018 年修订的《中华人民共和国食品安全法》规定：生产经营转基因食品应按规定标示。未按规定进行标示的，最高可处货值金额五倍以上十倍以下罚款。情节严重的责令停产停业，直至吊销许可证。

三、辐照食品

食品辐照技术是 20 世纪发展起来的一种灭菌保鲜技术，是以辐照加工技术为基础，运用 X 射线、γ 射线或高速电子束等电离辐射产生的高能射线对食品进行加工处理。

国际食品法典委员会 CAC 规定：允许使用的辐射源有三种，分别是：放射性核素钴-60（$^{60}Co$）或铯-137（$^{137}Cs$）产生的 γ 射线；机械源产生的 X 射线，最高能量为 5MeV（兆电子伏特）；机械源产生的电子束，最高能量为 10MeV。不管使用何种辐射源，食物的最高辐射吸收剂量不得超过 10kGy（千戈瑞，戈瑞为电离辐射能量的国际标准单位)。

**（一）辐照食品的安全性**

1. 辐照食品的生物学分析

辐照通过直接或间接的作用引起生物体 DNA、RNA、蛋白质、脂类等有机分子中化学键的断裂、蛋白质与 DNA 分子交联、DNA 序列中的碱基的改变，可以抑制或杀灭细菌、病毒、真菌、寄生虫，从而使食品免受或减少导致腐败和变质的各种因素的影响，延长食品储藏时间。在不严重影响食品营养元素损失的前提下，选择合适的辐照剂量可有效控制生物性因素对食品安全造成的危害。

但是，微生物长期接受辐照存在一个安全隐患，主要是辐照可能诱发微生物遗传变化，使突变的几率变大。微生物的遗传发生变化，可能导致出现耐辐射性高的菌株，使辐照的效果大大降低。此外，辐照可能加速致病性微生物的变异，使原有的致病力增强或产生新的毒素，从而威胁人类的身体健康。迄今为止，这些认为可能出现的生物学安全性问题还没有得到证实，也没有相关的文献报道，仅仅是担心可能出现的一个安全隐患，应引起高度的重视。

2. 辐照食品的毒理学分析

食品接受辐照后可以产生辐解产物，其中包括一些有毒物质。为了更好地评价辐照食品的安全性，应做毒理学评价。

3. 辐照食品的放射性问题

人们对辐照食品的恐惧很大程度上是担心辐照食品具有放射性，特别关注辐照食品是否被放射性元素污染和是否诱发了感生放射性。在食品辐照处理过程中，作为辐照源的放射性物质被密封在双层的钢管内，射线只能透过钢管壁照射到食品上，放射源不可能泄漏污染食品，也绝对不允许放射源泄漏的事件发生。物质在经过射线照射后，可能诱发放射性，称为感生放射性。射线必须达到一定的阈值，才可能诱发感生放射性。

综上所述，在商业允许的辐照剂量下处理的辐照食品对食品安全性的影响甚微，对人类健康无任何实际危害，相反辐照可以更好地保障食品安全。

**（二）辐射食品的主要品种**

目前，辐照食品的主要品种有五大类。

（1）特殊食品　病人食用的无菌食品。

（2）脱水食品　洋葱粉、八角粉、虾粉、青葱、辣椒粉、蒜粉、虾仁等脱水产品。

（3）延长货架期的食品　月饼、袋装肉制品、果脯等产品。

（4）冷冻食品　冻鱿鱼、冻虾仁、冻蟹肉、冻蛙腿等。

（5）保健品　减肥茶、洋参、花粉、灵芝制品、袋泡茶、口服美容保健食品等。

**（三）辐照食品安全性控制**

GB 18524—2016《食品安全国家标准 食品辐照加工卫生规范》规定了食品辐

照的基本原则如下。

（1）用于辐照处理的食品应按照 GB 14881—2013 和相关食品安全国家标准进行处理、加工和运输。

（2）食品辐照不能代替食品生产加工过程中的卫生控制或良好生产规范，仅可在合理的工艺需求或对消费者健康有利的情况下才能使用。不得用辐照加工手段处理劣质不合格的食品。

（3）辐照剂量应准确可靠，尽量采用该工艺所需的最低剂量，剂量不均匀度不应超过 2.0。

（4）辐照处理不应对食品结构完整性、功能性质、感官属性等产生不利影响。辐照后的食品应符合相应的食品安全国家标准产品标准中相应条款的规定。

（5）辐照食品种类应在 GB 14891 系列辐射食品卫生标准规定的范围内，不允许对其他食品进行辐照处理。

（6）除低含水量食品（如谷物、豆类、脱水食品及类似产品）可以进行重复辐照外，其他情况不得进行重复辐照。

## 四、 过敏原

过敏即为变态反应，是指接触（或摄取）某种外源物质后所引起的免疫学反应，这种外源物质就称为过敏原。

### （一）过敏反应的临床表现

食物过敏也称为食物变态反应或消化系统变态反应、过敏性胃肠炎等，是由于某种食物或食品添加剂等引起的免疫球蛋白 E（IgE）介导和非 IgE 介导的免疫反应，而导致消化系统内或全身性的变态反应。具体表现如下。

（1）胃肠道症状　恶心、呕吐、腹痛、腹胀、腹泻，黏液样或稀水样便，个别人还会出现过敏性胃炎及肠炎、乳糜泻等。

（2）皮肤症状　皮肤充血、湿疹、瘙痒、荨麻疹、血管性水肿。这些症状最容易出现在面部、颈部、耳部等部位。

（3）神经系统症状　如头痛、头昏等，比较严重的还可能会发生血压急剧下降，意识丧失，呼吸不畅甚至是过敏性休克的症状。

根据进食与出现症状间隔时间的长短，食物过敏分为速发型食物过敏和迟发型食物过敏，速发型通常发生在进食 2h 内，症状一般较重。迟发型一般发生在进食数小时或者数天后，症状相对要轻。

### （二）食品中常见的过敏原

食品中能使机体产生过敏反应的抗原分子即为食品过敏原，目前大约有 160 多种食品中含有可以导致过敏反应的食品过敏原。食品的种类成千上万，致敏性也不相同，其中只有一部分容易引起过敏反应。同族食物常具有类似的致敏性，尤以植物性食物更为明显，各国家、各地区饮食习惯不同，机体对食物的适应性也就有相应的差异，从而造成致敏的食物也不同。

1. 植物性食品过敏原

植物性食品过敏案例中，以大豆及核果类食物过敏报道最多，因此，对其食品过敏原研究工作也较早，较深入。花生属于联合国粮农组织（FAO）1995年报道的八类过敏食物的重要过敏原之一。不同的花生过敏者，其致敏组分有所不同。引起花生过敏的过敏原可能是花生的主要致敏组分，也可能是花生的次要致敏组分。花生过敏原为一种种子储藏蛋白，包括多种高度糖基化的蛋白质组分，它们属于两个主要的球蛋白家族，即花生球蛋白和伴花生球蛋白。大豆也是最主要的食品过敏原之一。大豆过敏原能引起婴儿产生过敏反应，从而造成肠道损伤。大豆含有多种致敏组分，其主要致敏蛋白的发现可能与研究的大豆品种不同及受试者人群的不同有关。

2. 动物性食物过敏原

动物性食物过敏原中，蛋、乳、鱼类和甲壳类产品研究较多，引起过敏反应较多的有乳及乳制品和海产品。

乳及乳制品是FAO/WHO认定的导致人类食物过敏的八大类食品之一，也是美国及欧盟新食品标签法中规定必须标示的过敏原成分之一。牛乳过敏是婴儿最常见的食物过敏之一，在欧美发达国家，婴儿牛乳过敏发生率为2%~7.5%。50%的牛乳过敏婴儿可能对其他食物也产生过敏。牛乳过敏是由乳及乳制品中蛋白过敏原所引发的一种变态反应。绝大多数牛乳蛋白都具有潜在的致敏性，但目前普遍认为酪蛋白、$\alpha$-乳白蛋白和$\beta$-乳球蛋白是主要的过敏原，而牛乳中的微量蛋白（牛血清白蛋白、免疫球蛋白、乳铁蛋白）在过敏反应中也起着非常重要的作用。

海产食品过敏反应经常发生在沿海人群中，主要过敏原为热稳定性糖蛋白，且各种甲壳类动物过敏原具有高度交叉反应性。

3. 转基因食品过敏原

转基因食品的安全性问题中，其致敏性是一个突出的问题。转基因食品中含有新基因所表达的新蛋白，有些可能是致敏原，有些蛋白质在胃肠内消化后的片段也可能有致敏性，它们是新的致敏原。美国曾把巴西坚果中的基因引入花生，这种转基因花生引起了食用者过敏，于是停止了该项目的研发。

另据报道，转基因 Bt 玉米是利用遗传工程技术在玉米基因中插入 Bt 蛋白（一种苏云金杆菌杀虫毒素）基因，Bt 蛋白一般对人体无毒，但对害虫有毒，由于有些 Bt 蛋白耐热和不能消化，就有可能成为食物过敏原。

（三）食品过敏原安全性控制

1. 避免摄入

不摄入含致敏物质的食物是预防食物变态反应的最有效方法。当经过临床诊断或根据病史已经明确过敏原后，应当完全避免再次摄入此种过敏原食物。比如对牛乳过敏，就应该避免食用含牛乳的一切食物，如添加了牛乳成分的雪糕、冰淇淋、蛋糕等。国家通过法律强制要求食品生产经营商对含有过敏原的食品进行标注。

**2. 食物脱敏**

对某些易感人群来说，营养价值高、想经常食用或需要经常食用的食品可以采用脱敏疗法对食物进行脱敏。脱敏疗法通过对食品进行深加工，可以去除、破坏或者减少食物中过敏原的含量，一旦去除了引起食物变态反应的过敏原，那么这种食物对于易感者来说就是安全的。比如可以通过加热的方法破坏生食品中的过敏原，也可以通过添加某种成分改善食品的理化性质、物质成分，从而达到去除过敏原的目的，如利用育种和基因工程技术培育低过敏原食品原料，如低过敏转基因大米、低过敏转基因大豆等。

### ■■ 能力要求

#### 实训　食品中不安全因素的调研与分析

**一、实训目的**

通过市场调查，分析市场中某一种食品中可能存在的不安全因素，并制定相应的预防控制措施。

**二、实训内容**

（1）走访对象：本市餐饮饭店、学校食堂、各大超市生鲜加工柜台、农产品市场、乳制品生产企业、肉制品生产企业、焙烤食品生产企业、饮料生产企业。

（2）小组分工：每组4~6人，各小组按照自己的兴趣确定研究对象。

（3）根据分组情况，查找相应的资料，学习讨论，分别制定调研计划。

（4）现场调查，根据调查结果，写出调查报告。

（5）根据调查结果和查阅的资料，小组讨论解决问题的方案并达成共识。

（6）制定相应的控制危害措施。

（7）学生课堂汇报，教师点评任务完成质量，存在的问题，然后学生进一步讨论、整改。

（8）各成员汇总、整理分工成果，进行系统协调，形成最后成熟可行的整体方案。

### ■■ 相关链接

**1. 相关网址**

http：//www. cnfdn. com/　中国食品监督网

http：//www. moa. gov. cn/　中华人民共和国农业部

http：//www. cfsa. net. cn/　国家食品安全风险评估中心网

http：//www. cfsn. cn/　中国食品安全网

http：//www. foodmate. net/　食品伙伴网

2. 相关书籍

《民以何食为天——中国食品安全现状调查》，周勍著，中国工人出版社出版。作者对中国食品安全现状进行了长达两年多的调查，主要是通过走访食品安全领域里的专家学者，为消费者提供了鉴别、选择和消费安全健康食品的专业指导和方法，对中国的食品安全环境的改善起到了积极的作用。

《环境污染与食品安全》，张乃明主编，化学工业出版社出版。针对全球关注的两大热点问题：日益严重的环境污染和频繁发生的食品安全事件，以一个全新的视角探讨和介绍了环境污染对食品质量与安全的影响，以及食品安全领域的主要问题与防治对策。重点介绍了与食品安全相关的化学污染问题。

3. 相关标准

GB 2760—2014 食品安全国家标准 食品添加剂使用标准

GB 2761—2017 食品安全国家标准 食品中真菌毒素限量

GB 2762—2017 食品安全国家标准 食品中污染物限量

GB 2763—2016 食品安全国家标准 食品中农药最大残留限量

**课堂测试**

**一、选择题**

1. 食品中的危害主要包括生物性危害、化学性危害和物理性危害。其中（　　　）引起的食源性疾病的现象较为普遍。

A. 生物性危害　　　B. 化学性危害　　　C. 放射性危害　　　D. 食物过敏

2. 食品加工不当会产生化学有害物质，如酱油中的（　　　）。

A. 氯丙醇　　　　　B. 苯类　　　　　C. 生物毒素　　　　D. 丙烯酰胺

3. 生物毒素又称天然毒素，是指生物来源并不可自我复制的有毒化学物质，包括（　　　）。

A. 病毒、细菌、寄生虫产生的对其他生物物种有毒害作用的各种化学物质

B. 寄生虫、病毒、微生物产生的对其他生物物种有毒害作用的各种化学物质

C. 动物、病毒、寄生虫产生的对其他生物物种有毒害作用的各种化学物质

D. 动物、植物、微生物产生的对其他生物物种有毒害作用的各种化学物质

4. 下列最符合食品安全危害定义的选项为？（　　　）

A. 食品存在着为致病菌污染的危险

B. 食品加工中加热的时间与温度控制有误

C. 为苍蝇和蟑螂所污染的食品

D. 食品能对人体健康造成伤害的因素

5. 农药、兽药的残留是由（　　）产生的。

A. 加工过程　　　　B. 储藏　　　　　　C. 运输　　　　　　D. 初级生产

6. 食品安全危害可定义为（　　）。

A. 当食品被加工调理和/或食用时，确保该食品不会对消费者构成任何危害。

B. 加工食品时，确保该食品的加工过程不会对生产者构成任何危害。

C. 当食品被加工调理和/或食用时，按照其预期的食用方法，确保该食品不会
对消费者构成任何危害。

D. 当食品被食用时，按照其预期的食用方法，确保该食品不会对消费者构成
任何危害。

7. 以下选项哪个是食品安全生物危害？（　　）

A. 福寿螺中的广州管圆线虫　　　　B. 河豚鱼毒素

C. 有毒塑料黏结剂　　　　　　　　D. 牛乳中的乳糖

8. 以下选项哪个是食品安全化学危害？（　　）

A. 蟑螂　　　　　B. 氯霉素　　　　C. BSE 病毒　　　　D. 沙门菌

9. 下列哪项水果罐头加工技术不涉及产品的生物安全问题？（　　）

A. 热水漂烫　　　B. 热灌装　　　　C. 冷却　　　　　　D. 贴商标

10. 下列食品安全危害中，哪个属于生物危害？（　　）

A. 头发　　　　　B. 蟑螂　　　　　C. 大肠杆菌　　　　D. 苍蝇

11. HACCP 中有三种危害分析，是哪三种？（　　）

A. 生物学、微生物学、虫害　　　　B. 化学、物理和维持

C. 杀虫剂、化学品和灭虫饵　　　　D. 物理、化学和生物

12. 杀虫剂进入食品会导致下列哪项描述？（　　）

A. 物理性危害　　　　　　　　　　B. 自然产生的化学品

C. 无意添加的化学品　　　　　　　D. 蓄意添加的化学品

13. 下面哪一项属于生物危害？（　　）

A. 杀虫剂　　　　B. 过敏原　　　　C. 沙门菌　　　　D. 害虫

14. 下面哪一项属于化学危害？（　　）

A. 沙门菌　　　　B. 鸟粪　　　　　C. 玻璃碎片　　　　D. 溴化钾烷

15. 下面哪一项属于物理危害？（　　）

A. 未洗手　　　　　　　　　　　　B. 金属碎片

C. 啮齿动物捕捉器　　　　　　　　D. 外露的电子线路

16. 食品污染的来源中，下面哪一项不属于污染大类？（　　）

A. 生物性污染　　　　　　　　　　B. 化学性污染

C. 物理性污染                      D. 微生物污染

17. 肉毒毒素属于（　　）危害。

A. 物理　　　　　B. 化学　　　　　C. 生物　　　　　D. 无

18. 食品生物性危害主要包括（　　）。

A. 细菌、病毒、寄生虫造成的危害

B. 细菌、病毒、动物造成的危害

C. 细菌、病毒、植物造成的危害

D. 植物、病毒、动物造成的危害

19. 下列食品安全危害中，哪个属于无意添加的化学危害？（　　）

A. 头发　　　　　B. 防腐剂　　　　　C. 润滑油　　　　　D. 亚硝酸盐

20. 玻璃进入食品会导致下列哪项描述？（　　）

A. 物理性危害                      B. 自然产生的化学品

C. 无意添加的化学品                D. 蓄意添加的化学品

21. 砷的慢性中毒，可引起（　　）。

A. 痛痛病　　　　B. 水俣病　　　　C. 皮肤病变　　　　D. 克山病

22. 发芽马铃薯的致毒成分为（　　）。

A. 毒肽　　　　　B. 秋水仙碱　　　　C. 茄碱　　　　　D. 巢菜碱苷

23. 去除胰蛋白酶抑制剂最简单有效的方法是（　　）。

A. 用水浸泡至60%含水量              B. 干热

C. 浸泡后高压                      D. 高温加热

24. 引起水俣病的毒性物质是（　　）。

A. 元素汞　　　　B. 氯化汞　　　　C. 甲基汞　　　　D. 硫酸汞

25. 1967年，日本米糠油事件导致5000多人患病，该病由（　　）引起。

A. 多氯联苯　　　B. 二噁英　　　　C. 氰化物　　　　D. 3，4-苯并芘

26. 下面物质属于动物源性食品中兽药残留的有。（　　）

A. 生物胺　　　　B. 抗生素　　　　C. 河豚毒素　　　　D. 贝类毒素

27. 黄曲霉毒素是已被证实的致癌物，主要的作用器官是（　　）。

A. 肾脏　　　　　B. 心脏　　　　　C. 肝脏　　　　　D. 肠胃

28. 天然硝酸盐含量比较高的食品主要是（　　）。

A. 蔬菜　　　　　B. 咸肉　　　　　C. 乳制品　　　　　D. 蛋制品

29. 镉会造成骨骼损害，发生（　　）。

A. 痛痛病　　　　B. 水俣病　　　　C. 香港黑脚病　　　　D. 克山病

30. 河豚毒素在河豚鱼中含量最多的部位是（　　）。

A. 卵巢　　　　　B. 肝脏　　　　　C. 血液　　　　　D. 眼睛

31. 能被冷冻加工方式杀死的微生物是（　　）。

A. 细菌　　　　　B. 酵母菌　　　　C. 霉菌　　　　　D. 寄生虫

## 二、填空题

1. 食品安全危害分为：＿＿＿＿＿＿＿、＿＿＿＿＿＿＿和＿＿＿＿＿＿。

2. 食品中化学性危害分为：＿＿＿＿＿＿＿、＿＿＿＿＿＿＿和＿＿＿＿＿。

3. 食品中的生物性危害按生物的种类分可分为：＿＿＿＿＿＿＿、＿＿＿＿＿＿、＿＿＿＿＿＿＿和＿＿＿＿＿＿。

4. 天然存在于食品中的有毒化学物质有：＿＿＿＿＿＿＿、＿＿＿＿＿＿、和＿＿＿＿＿＿。

5. 食品上的病毒可以通过＿＿＿＿＿＿＿感染而使人患病。

6. 目前，对付病毒最好的方法是＿＿＿＿＿＿＿。

7. 花生食品中最易污染＿＿＿＿＿＿＿。

8. 细菌毒素分为：＿＿＿＿＿＿＿和＿＿＿＿＿＿两种。

9. 细菌生长过程中分泌到菌体外的一种毒性蛋白质称为＿＿＿＿＿＿＿。

10. 细菌内毒素是＿＿＿＿＿＿＿的细胞壁成分。

11. 海洋藻类毒素分为：＿＿＿＿＿＿＿＿＿＿、＿＿＿＿＿＿＿＿、＿＿＿＿＿＿＿＿、＿＿＿＿＿＿＿＿、＿＿＿＿＿＿＿＿。

12. 当农药残留超过＿＿＿＿＿＿＿时，将对人畜产生不良影响，或通过食物链对生态系统中的生物造成危害。

13. 细菌外毒素是细胞在生长过程中分泌到菌体外的一种＿＿＿＿＿＿＿。

## 三、判断题

1. （　　）头发属于物理危害。

2. （　　）食品中的生物危害只来自于产品原料的本身。

3. （　　）危害识别应依据内外部沟通中所获取的信息。

4. （　　）扁豆中含有毒素，如没有加热彻底，食用后会出现恶心、呕吐、腹泻、腹痛等症状。

5. （　　）经验不能作为判断食品安全危害的依据。

6. （　　）过敏原属于食品安全危害。

7. （　　）危害是妨碍符合消费者要求的因素，它包括生物性、化学性或物理性等可危害人体健康的因素。

8. （　　）生物性危害是指致病菌和寄生虫两方面的危害。

9. （　　）食品的冷藏只能减缓食品变质及产生危害的程度。

10. （　　）食品中含有病毒，会导致食品腐败变质。

11. （　　）鱼肉毒素是海藻类毒素。

12. （　　）食品中的金属异物通常通过金属探测仪检测并除去。

## 四、简答题

1. 食品中生物性危害分为哪几类？
2. 简述细菌对人体健康的危害？
3. 简述如何控制食品中细菌性危害？
4. 说出不少于 5 种食品中常见的致病菌？

# 项目四

# 食品生产质量控制

## ▍知识能力目标

1. 能说出食品生产实施良好操作规范的意义；
2. 能说出中国食品 GMP 的标准体系；
3. 能正确运用工具或设备进行清洗和消毒；
4. 能判断食品企业是否符合良好操作规范，能对不符合处提出整改措施。

## ▍案例导入

### 某酒吧顾客中暴发甲型肝炎

17 位在当地酒吧消费的顾客通过食物感染了甲型肝炎。其中，至少 2 人入院治疗，无人死亡。当地卫生部门的调查员发现，这个酒吧的员工在个人卫生习惯和食物加工技术上存在一些问题。特别值得关注的是他们缺乏操作之前先洗手的意识。他们用裸手而不是夹子之类的用具将沙拉材料从整包容器转移到餐盘中。在水池中洗手而不是在有肥皂的专门洗手处洗手。从业人员在休息过后，常常不洗手就返回工作岗位。盛菜的盘子被堆放着从烹调区送到顾客面前。招待员用手指捏住玻璃杯内侧将脏杯子收集起来后不去洗手。与酒吧的职员面谈透露最近至少有 11 人在得了伴有腹泻或呕吐的疾病时仍然在工作。

▋▋▋ **知识要求**

食品良好操作规范（GMP）是一种具有专业特性的品质保证或生产管理体系，是为了保障食品安全而制定的贯穿食品生产全过程的一系列措施、方法和技术要求。国际标准定义：生产（加工）符合食品标准或食品法规的食品所必须遵循的、经食品卫生监督与管理机构认可的强制性作业规范。GMP 的核心内容是选用符合规定要求的原料（materials），以合乎标准的厂房设备（machines），由胜任的人员（man），按照既定的方法（methods）制造出品质既稳定又安全卫生的产品的一种质量保证制度。

GB 14881—2013《食品安全国家标准 食品生产通用卫生规范》是中国最新一版 GMP 标准。凡新建、扩建、改建的工程项目有关食品卫生部分均应按此标准和各类食品生产卫生规范的有关规定进行设计和施工。各类食品加工厂应将本厂的总平面布置图，原材料、半成品、成品的质量和卫生标准、生产工艺流程以及其他有关资料，报当地食品监管机构备查。

▋▋▋ **任务一**

# 食品生产企业卫生控制

## 一、 食品企业选址与布局控制

### （一） 选址要求

1. 一般要求

食品生产企业选址时，不仅要考虑潜在的污染源问题，同时也要考虑为保护食品免受污染所采取的一切合理措施的效率问题。加工厂的厂址不能随意选择，在考虑这些保护措施之后，不能将厂址选在有可能会对食品的安全性和适宜性构成损害的场所。根据 GB 14881—2013，食品生产企业选址的一般要求如下。

（1）厂区不应选择对食品有显著污染的区域。如某地对食品安全和食品宜食用性存在明显的不利影响，且无法通过采取措施加以改善，应避免在该地址建厂。

（2）厂区不应选择有害废弃物以及粉尘、有害气体、放射性物质和其他扩散性污染源不能有效清除的地址。

（3）厂区不宜择易发生洪涝灾害的地区，难以避开时应设计必要的防范措施。

（4）厂区周围不宜有虫害大量滋生的潜在场所，难以避开时应设计必要的防范措施。

2. 规范要求

针对某类食品生产企业，其选址除了满足一般要求外，还应满足各自的卫生规范、良好生产（操作）规范或其他法律法规标准要求。如：肉制品加工企业的选址除了满足上述一般要求外，还应满足 GB 12694—2016《食品安全国家标准 畜禽屠宰加工卫生规范》的要求：①卫生防护距离应符合 GB 18078.1—2012《农副食品加工业卫生防护距离第 1 部分：屠宰及肉类加工业》及动物防疫要求。②厂址周围应有良好的环境卫生条件。厂区应远离受污染的水体，并应避开产生有害气体、烟雾、粉尘等污染源的工业企业或其他产生污染源的地区或场所。③厂址必须具备符合要求的水源和电源，应结合工艺要求因地制宜地确定，并应符合屠宰企业设置规划的要求。

**（二）总平面布局**

各类食品生产企业应根据自身特点制订整体规划，做到合理分区，有效衔接，避免交叉污染，具体要求如下。

（1）厂房和车间的内部设计和布局应满足食品卫生操作要求，避免食品生产中发生交叉污染。

（2）厂房和车间的设计应根据生产工艺合理布局，预防和降低产品受污染的风险。

（3）厂房和车间应根据产品特点、生产工艺、生产特性以及生产过程对清洁程度的要求合理划分作业区，并采取有效分离或分隔。如：通常可划分为清洁作业区、准清洁作业区和一般作业区；或清洁作业区和一般作业区等。一般作业区应与其他作业区域分隔。

（4）厂房内设置的检验室应与生产区域分隔。

（5）厂房的面积和空间应与生产能力相适应，便于设备安置、清洁消毒、物料存储及人员操作。

**（三）环境卫生控制**

1. 道路

厂区内的道路应铺设混凝土、沥青或者其他硬质材料；空地应采取必要措施，如铺设水泥、地砖或铺设草坪等方式，保持环境清洁，防止正常天气下扬尘和积水等现象的发生。

2. 绿化

厂房之间，厂房与外缘公路或道路应保持一定距离，中间设绿化带；厂区内各车间之间的裸露地面应进行绿化；在厂区道路两侧及建筑物四周空地进行绿化；绿化植物的选择应合理，避免带来新的污染源（如飞絮）或滋生源（为鼠类提供栖息场所）。绿化对于提高厂区空气洁净度、改善环境卫生条件是有益的。

3. 给排水控制

给排水系统应能适应生产需要，设施应合理有效，经常保持畅通，有防止污染水源和鼠类、昆虫通过排水管道潜入车间的有效措施，如存水湾、篦子、铁丝网等；生产用水必须符合 GB 5749—2006 的规定；污水排放必须符合国家规定的标准，必要时应通过设施净化达标后才可排放；净化和排放设施不得位于生产车间主风向的上方。

4. 污物处理

污物（加工后的废弃物）存放应远离生产车间，且不得位于生产车间上风向；存放设施应密闭或带盖，要便于清洗、消毒。

5. 烟尘控制

锅炉烟筒高度和排放粉尘量应符合 GB/T 3841—1983 的规定，烟道出口与引风机之间须设置除尘装置；其他排烟、除尘装置也应达标准后再排放，防止污染环境；排烟除尘装置应设置在主导风向的下风向，季节性生产厂应设置在季节风向的下风向。

6. 动物饲养控制

实验动物及待加工禽畜饲养区应与生产车间保持一定距离，且不得位于主导风的上风向；厂区内严禁饲养与生产无关的动物，动物的疫情可能会对食品带来危害。

7. 厂区厕所

厂区内的室外厕所一般应采用水冲式的，且应有防蝇设施；厕所内墙裙以浅色、平滑、不透水、耐腐蚀的材料修建，易于清洗并保持清洁。

8. 消毒设施

对有防疫要求的食品生产企业（如屠宰厂、乳粉厂）还应设置车轮消毒池等消毒设施。

9. 虫害控制

保持环境卫生，去除老鼠、昆虫滋生藏匿地，堵塞鼠洞。厂区内应主要通过物理的方法灭鼠，如鼠夹、鼠笼、粘鼠板、挡鼠板、套扣、电子捕鼠器法等，车间内外禁止使用灭鼠药。

10. 生活设施

宿舍、食堂、职工娱乐设施等生活区应与生产区保持适当距离或分隔。

## 二、 车间内部设施及其维护

### （一）内部结构

车间内部结构应易于维护、清洁或消毒。应采用适当的耐用材料建造。

### （二）顶棚

顶棚应使用无毒、无味、与生产需求相适应、易于观察清洁状况的材料建造；若直接在屋顶内层喷涂涂料作为顶棚，应使用无毒、无味、防霉、不易脱落、易于清洁的涂料。

顶棚应易于清洁、消毒，在结构上不利于冷凝水垂直滴下，防止虫害和霉菌滋生。

蒸汽、水、电等配件管路应避免设置于暴露食品的上方；如确需设置，应有能防止灰尘散落及水滴掉落的装置或措施。

### （三）墙壁

墙面、隔断应使用无毒、无味的防渗透材料建造，在操作高度范围内的墙面应光滑、不易积累污垢且易于清洁；若使用涂料，应无毒、无味、防霉、不易脱落、易于清洁。

墙壁、隔断和地面交界处应结构合理、易于清洁，能有效避免污垢积存。例如设置漫弯形交界面等。

### （四）门窗

门窗应闭合严密。门的表面应平滑、防吸附、不渗透，并易于清洁、消毒。应使用不透水、坚固、不变形的材料制成。

清洁作业区和准清洁作业区与其他区域之间的门应能及时关闭。

窗户玻璃应使用不易碎材料。若使用普通玻璃，应采取必要的措施防止玻璃破碎后对原料、包装材料及食品造成污染。

窗户如设置窗台，其结构应能避免灰尘积存且易于清洁。可开启的窗户应装有易于清洁的防虫害窗纱。

### （五）地面

地面应使用无毒、无味、不渗透、耐腐蚀的材料建造。地面的结构应有利于排污和清洗的需要。

地面应平坦防滑、无裂缝、并易于清洁、消毒，并有适当的措施防止积水。

## 三、 设施的管理及维护

### （一）供水设施

应能保证水质、水压、水量及其他要求符合生产需要。

食品加工用水的水质应符合 GB 5749—2006《生活饮用水卫生标准》的规定，对加工用水水质有特殊要求的食品应符合相应规定。间接冷却水、锅炉用水等食品生产用水的水质应符合生产需要。

食品加工用水与其他不与食品接触的用水（如间接冷却水、污水或废水等）应以完全分离的管路输送，避免交叉污染。各管路系统应明确标识以便区分。

自备水源及供水设施应符合有关规定。供水设施中使用的涉及饮用水卫生安全产品还应符合国家相关规定。

### （二）排水设施

排水系统的设计和建造应保证排水畅通、便于清洁维护；应适应食品生产的需要，保证食品及生产、清洁用水不受污染。

排水系统入口应安装带水封的地漏等装置，以防止固体废弃物进入及浊气逸出；排水系统出口应有适当措施以降低虫害风险。

室内排水的流向应由清洁程度要求高的区域流向清洁程度要求低的区域，且应有防止逆流的设计。

污水在排放前应经适当方式处理，以符合国家污水排放的相关规定。

**（三）清洁消毒设施**

应配备足够的食品、工器具和设备的专用清洁设施，必要时应配备适宜的消毒设施。应采取措施避免清洁、消毒工器具带来的交叉污染。

**（四）废弃物存放设施**

废弃物存放设施主要指废弃物、副产品、不可食用或危险物质的收集容器以及转运容器，它们的设计和使用以不污染食品为原则。

应配备设计合理、防止渗漏、易于清洁的存放废弃物的专用设施；车间内存放废弃物的设施和容器应标识清晰。必要时应在适当地点设置废弃物临时存放设施，并依废弃物特性分类存放。

废物处理容器应用合适的材料，应防止液体等流出，必要时内衬塑料袋或使用不渗漏材料的容器；垃圾桶或废物收集容器应加盖。

无论是转运废物的容器还是盛装废物的容器，应具有特殊的可辨认性，都应该与盛装产品的容器有明显区别，可以通过颜色、标志、标识加以区分；用来装危险物质的容器应当能被认出，而且适当情况下，可以锁上以防止蓄意或偶发性食品污染。

**（五）个人卫生设施**

生产场所或生产车间入口处应设置更衣室，必要时特定的作业区入口处可按需要设置更衣室。更衣室应保证工作服与个人服装及其他物品分开放置。

生产车间入口及车间内必要处，应按需设置换鞋（穿戴鞋套）设施或工作鞋靴消毒设施。如设置工作鞋靴消毒设施，其规格尺寸应能满足消毒需要。

应根据需要设置卫生间，卫生间的结构、设施与内部材质应易于保持清洁；卫生间内的适当位置应设置洗手设施。卫生间不得与食品生产、包装或贮存等区域直接连通。

应在清洁作业区入口设置洗手、干手和消毒设施；如有需要，应在作业区内适当位置加设洗手和（或）消毒设施；与消毒设施配套的水龙头其开关应为非手动式。

为了保证洗手、消毒的时间，还应在洗手消毒处放置秒表，秒表应固定牢固。为了保证洗手效果和员工易于洗手，还应配备冷热水混合器，以调节水温。

洗手设施组成有水池、非手动式水龙头、洗手液、指甲刷。水池材料可以采用不锈钢的或瓷的；非手动式水龙头可以采用感应式、脚踏式、膝顶式、肘动式，应根据企业具体情况选用；洗手液应按照使用说明书使用；指甲刷用于刷去指甲内的灰垢，但不是必需的。

最常见的消毒设施是消毒池，即盛有有效浓度消毒液的水池，通过浸泡手部到达消毒效果。消毒液主要为氯类、碘类、季胺类消毒液，消毒液应定期更换，以保证有效的浓度，此三类消毒液的浓度可用试纸快速检测；喷雾式的手部消毒器也有使用，通过感应，消毒液（一般为酒精类）自动喷洒于手心、手背，双手涂抹达到消毒效果。

可以采用烘手器、消毒纸巾、消毒干毛巾等干手。一般的喷气式烘手器，热风来自未消毒的空气，因此在保证手部卫生方面并不比消毒纸巾、消毒干毛巾效果好。

洗手设施的水龙头数量应与同班次食品加工人员数量相匹配，必要时应设置冷热水混合器。洗手池应采用光滑、不透水、易清洁的材质制成，其设计及构造应易于清洁消毒。应在临近洗手设施的显著位置标示简明易懂的洗手方法。

上岗前应洗手消毒，操作期间要勤洗手。上厕所以后，处理被污染的原料、物品之后，从事与生产无关的其他活动之后，必须洗手消毒。洗手步骤如图 4-1 所示。

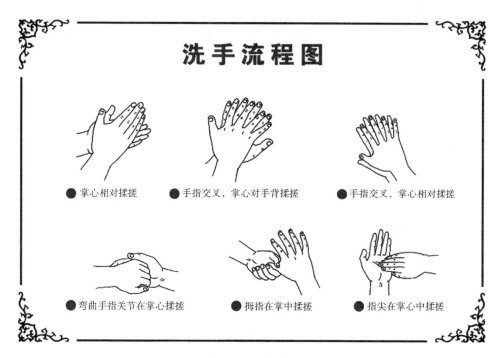

图 4-1　洗手步骤

根据对食品加工人员清洁程度的要求，必要时应可设置风淋室、淋浴室等设施。

### （六）通风设施

通风的目的是控制周围环境温度、湿度；控制可能影响食品适宜性的异味；尽量减少由空气造成的食品污染。有大量水蒸气、热量产生的区域，应有强制通风设施，防止产生冷凝水。

应具有适宜的自然通风或人工通风措施；必要时应通过自然通风或机械设施有效控制生产环境的温度和湿度。通风设施应避免空气从清洁度要求低的作业区域流向清洁度要求高的作业区域。

应合理设置进气口位置，进气口与排气口和户外垃圾存放装置等污染源保持适宜的距离和角度。进、排气口应装有防止虫害侵入的网罩等设施。通风排气设施应易于清洁、维修或更换。

若生产过程需要对空气进行过滤净化处理，应加装空气过滤装置并定期清洁。必要时应安装除尘设施。

一些特殊食品要求对车间空气进行净化，尤其是生产保健食品的车间必须按照工艺和产品质量的要求达到不同的清洁程度。食品生产车间的清洁级别可参考药品生产 GMP 要求，如表 4-1 所示。

表 4-1　　　　　　　　　　　　厂房的洁净级别

| 洁净级别 | 每立方米尘粒数 | | 每立方米微生物数 |
| --- | --- | --- | --- |
| | ≥0.5μm | ≥5μm | |
| 100 级 | ≤3500 | 0 | ≤5 |
| 10000 级 | ≤350000 | ≤2000 | ≤100 |
| 100000 级 | ≤3500000 | ≤20000 | ≤500 |

对车间空气的洁净程度，还可以通过空气暴露法进行检验。以下是采用直径为 9cm 普通平板营养琼脂培养基，在空气中暴露 5min 后经 37℃培养的方法进行检测，对室内空气污染程度进行分级的参考依据，如表 4-2 所示。

表 4-2　　　　　　　　　　　室内空气污染程度分级与评价

| 平板菌落数/CFU | 空气污染程度 | 评价 |
| --- | --- | --- |
| 30 以下 | 清洁 | 安全 |
| 30~50 | 中等清洁 | 较安全 |
| 50~70 | 低等清洁 | 应注意 |
| 70~100 | 高度污染 | 对空气进行消毒 |
| 100 以上 | 严重污染 | 禁止加工 |

## （七）照明设施

厂房内应有充足的自然采光或人工照明，光泽和亮度应能满足生产和操作需要；光源应使食品呈现真实的颜色。如需在暴露食品和原料的正上方安装照明设施，应使用安全型照明设施或采取防护措施。

## （八）仓储设施

应具有与所生产产品的数量、贮存要求相适应的仓储设施。

仓库应以无毒、坚固的材料建成；仓库地面应平整，便于通风换气。仓库的设计应能易于维护和清洁，防止虫害藏匿，并应有防止虫害侵入的装置。

原料、半成品、成品、包装材料等应依据性质的不同分设贮存场所、或分区域码放，并有明确标识，防止交叉污染。必要时仓库应设有温、湿度控制设施。

贮存物品应与墙壁、地面保持适当距离，以利于空气流通及物品搬运。

清洁剂、消毒剂、杀虫剂、润滑剂、燃料等物质应分别安全包装，明确标识，并应与原料、半成品、成品、包装材料等分隔放置。

## （九）温控设施

应根据食品生产的特点，配备适宜的加热、冷却、冷冻等设施，以及用于监测温度的设施，必要时可设置控制室温的设施。如洁净厂房、屠宰厂的肉分割包装车间等应安装空调、制冷机等温控设施和温度显示装置，车间温度按照产品工艺要求控制在规定的范围内。

## 四、设备的管理及维护

### （一）生产设备的一般要求

应配备与生产能力相适应的生产设备，并按工艺流程有序排列，避免引起交叉污染。

与原料、半成品、成品接触的设备与用具，应使用无毒、无味、抗腐蚀、不易脱落的材料制作，并应易于清洁和保养。

设备、工器具等与食品接触的表面应使用光滑、无吸收性、易于清洁保养和消毒的材料制成，在正常生产条件下不会与食品、清洁剂和消毒剂发生反应，并应保持完好无损。

所有生产设备应从设计和结构上避免零件、金属碎屑、润滑油或其他污染因素混入食品，并应易于清洁消毒、易于检查和维护。

设备应不留空隙地固定在墙壁或地板上，或在安装时与地面和墙壁间保留足够空间，以便清洁和维护。

### （二）监控设备的校准与维护

用于监测、控制、记录的设备，如压力表、温度计、记录仪等，应定期校准、维护。

### （三）设备的保养和维修

应建立设备保养和维修制度，加强设备的日常维护和保养，定期检修，及时记录。

# 食品生产过程卫生控制

## 一、卫生管理制度

食品企业应建立相应的卫生管理机构，配备经专业培训的专职或兼职的食品卫生管理人员，对本单位的食品卫生工作进行全面管理。

应制定食品加工人员和食品生产卫生管理制度以及相应的考核标准，明确岗位职责，实行岗位责任制。

应根据食品的特点以及生产、贮存过程的卫生要求，建立对保证食品安全具有显著意义的关键控制环节的监控制度，良好实施并定期检查，发现问题及时纠正。

应制定针对生产环境、食品加工人员、设备及设施等的卫生监控制度，确立内部监控的范围、对象和频率；记录并存档监控结果，定期对执行情况和效果进行检查，发现问题及时整改。

应建立清洁消毒制度和清洁消毒用具管理制度。清洁消毒前后的设备和工器具应分开放置妥善保管，避免交叉污染。

## 二、食品加工人员健康管理与卫生控制

### （一）食品加工人员健康管理

食品生产经营者应建立并执行食品加工人员健康管理制度。

食品生产企业的从业人员（包括临时工）每年应接受健康检查，并取得健康证明，没有取得健康证明的一律不得从事食品生产工作。上岗前应接受卫生培训。

食品加工人员如患有痢疾、伤寒、甲型病毒性肝炎、戊型病毒性肝炎等消化道传染病，以及患有活动性肺结核、化脓性或者渗出性皮肤病等有碍食品安全的疾病，或有明显皮肤损伤未愈合的，应当调整到其他不影响食品安全的工作岗位。

### （二）食品加工人员卫生控制

进入食品生产场所前应整理个人卫生，防止污染食品。

进入作业区域应规范穿着洁净的工作服，并按要求洗手、消毒；头发应藏于工作帽内或使用发网约束。

进入作业区域不应配戴饰物、手表，不应化妆、染指甲、喷洒香水；不得携带或存放与食品生产无关的个人用品。

使用卫生间、接触可能污染食品的物品、或从事与食品生产无关的其他活动后，再次从事接触食品、食品工器具、食品设备等与食品生产相关的活动前应洗

手消毒。

进入车间流程如图4-2所示。

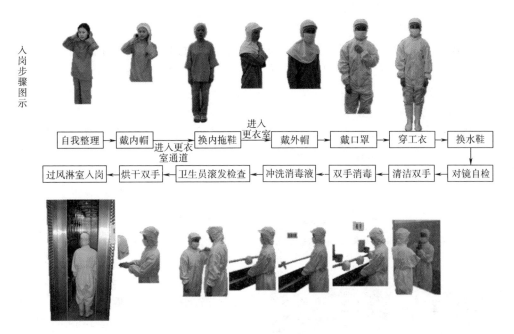

入岗步骤图示

图4-2　进入车间流程图

有皮肤切口或伤口的工人，不得继续从事直接接触食品的工作，经过包扎治疗，戴上防护手套后，方可参加不直接接触食品的工作。

**（三）来访者的健康管理与卫生控制**

非食品加工人员不得进入食品生产场所，特殊情况下进入时应遵守和食品加工人员同样的卫生要求。

## 三、厂房及设施卫生管理

厂房内各项设施应保持清洁，出现问题及时维修或更新；厂房地面、屋顶、天花板及墙壁有破损时，应及时修补。

生产、包装、贮存等设备及工器具、生产用管道、裸露食品接触表面等应定期清洁消毒。

用于测定、控制或记录的测量器和记录仪，应能充分发挥其功能且必须准确，并定期校正。应按照规定的程序，严格日常对生产车间、加工设备和工器具的清洗、消毒工作。

**（一）清洗**

清洗是指用清水、清洗液等介质对清洗对象所附着的污垢进行清除的操作过程。清洗是保证产品质量的重要环节。清洗通常是消毒杀菌的前处理，通过清洗可除去污垢，抑制微生物的生长、繁殖，减少微生物的数量，从而减少杀菌剂的用量，达到理想的清洗效果。

**1. 生产车间的清洗**

一般食品生产车间的清洗是在食品生产完毕之后进行，通常采用喷射热水或高压水清洗，有时用洗涤液冲洗或刷洗，再用清水冲净。最后采用紫外线或杀菌剂杀菌的方法来保证食品生产环境的清洁卫生。

**2. 生产设备的清洗**

生产设备的清洗是指对食品生产使用的贮料槽、管道、热交换器等生产设备的清洗。常用的方法是：水冲洗→清洗液冲洗→热水冲洗或蒸汽杀菌→清水（过滤水）冲洗。

图 4-3　CIP 清洗杀菌系统

目前，大型食品企业采用了无拆卸就地清洗系统（CIP，Clean In Place），简称 CIP 清洗杀菌系统，如图 4-3 所示。该法用清洗液和水循环清洗，易自动控制，其特点为：①清洗成本低，水、洗涤剂、杀菌剂及蒸汽耗量少；②清洗时间短，设备利用率高；③无须拆卸设备，清洗过程可实现半自动化或全自动化控制，劳动效率高、安全可靠。根据设备是否受热，CIP 程序可分为以下两种：

（1）无受热设备的 CIP 程序　清水冲洗 3min→75℃碱性洗液循环清洗 6min →90℃热水清洗 3min→冷水清洗 7min。

（2）受热设备的 CIP 程序　温水清洗 8min→75℃碱性洗液循环 20min→清水清洗残留碱液→70℃酸性洗液循环清洗 5min→冷水清洗并逐步冷却 8min。

**（二）消毒**

常规的洗涤方法并不能杀灭残留于生产设备、管道内部和生产环境中的微生物，只有在彻底清洗的基础上，再结合有效的杀菌（消毒）处理，才能保证食品生产中的质量安全。食品加工中常用的杀菌方法有加热杀菌、辐射杀菌及化学消毒剂杀菌等。化学消毒剂在食品生产和经营中的应用极为广泛。

**1. 化学消毒剂的主要质量安全问题**

（1）经消毒剂处理过的食用器具、生产设备上有化学消毒剂残留，会对食品造成污染；

（2）工作人员在使用消毒剂时的人身安全问题。

2. 生产车间、生产设备和工器具的清洗、消毒

生产车间、生产设备和工器具每天都要进行清洗、消毒。加工易腐、易变质食品，如水产品、肉类食品、乳制品的设备和工器具还应该在加工过程中定时进行清洗、消毒，如禽肉加工车间宰杀用的刀每使用 3min 就要清洗、消毒一次。生产期间，车间的地面和墙裙应每天进行清洁，车间的顶面、门窗、通风排气（汽）孔道上的网罩等应定期进行清洁。

车间的空气消毒如下。

（1）臭氧消毒法　与紫外线照射法相比，用臭氧发生器进行车间空气消毒，具有不受遮挡物和潮湿环境影响，杀菌彻底，不留死角的优点。并能以空气为媒体对车间器具的表面进行消毒杀菌。

（2）药物熏蒸法　常用的药品有过氧乙酸、次氯酸钠等。无论是车间进行臭氧消毒和药物熏蒸，都应该是在车间内无人的情况下进行。

生产车间、设备清洗消毒要点如表 4-3 所示。

表 4-3　　　　　　　　食品生产车间、设备清洗消毒要点

| 项目 | 频率 | 使用物品 | 方法 |
|---|---|---|---|
| 地面 | 每天完工或有需要时 | 扫帚、拖把、刷子、清洁剂及消毒剂 | 1. 用扫帚扫地<br>2. 用拖把以清洁剂、消毒剂拖地<br>3. 用刷子刷去余下污物<br>4. 用水彻底冲净<br>5. 用干拖把拖干或水刮刮干地面 |
| 排水沟 | 每天一次或有需要时 | 铲子、刷子、清洁剂及消毒剂 | 1. 用铲子铲去沟内大部分污物<br>2. 用水冲洗排水沟<br>3. 用刷子刷去沟内余下污物<br>4. 用清洁剂、消毒剂洗净排水沟 |
| 工具及加工设备 | 每次使用后 | 刷子、清洁剂及消毒剂 | 1. 清除食物残渣及污物<br>2. 用水冲刷<br>3. 用清洁剂清洗<br>4. 用水冲净<br>5. 用消毒剂消毒<br>6. 风干 |

四、 虫害控制

老鼠、苍蝇、蚊子、蟑螂和粉尘可以携带和传播大量的致病菌，因此，它们是厂区环境中威胁食品安全卫生的主要危害因素。应最大限度地消除和减少这些危害因素对产品卫生质量的威胁，减少或消除这些危害因素的措施有：

（1）保持建筑物完好、环境整洁，防止虫害侵入及滋生。

（2）制定和执行虫害控制措施，并定期检查。生产车间及仓库应采取有效措施（如纱帘、纱网、防鼠板、防蝇灯、风幕等），防止鼠类昆虫等侵入。若发现有虫鼠害痕迹时，应追查来源，消除隐患。

（3）准确绘制虫害控制平面图，标明捕鼠器、粘鼠板、灭蝇灯、室外诱饵投放点、生化信息素捕杀装置等放置的位置。

（4）厂区应定期进行除虫灭害工作。

采用物理、化学或生物制剂进行处理时，不应影响食品安全和食品应有的品质、不应污染食品，不应接触表面、设备、工器具及包装材料。除虫灭害工作应有相应的记录。

使用各类杀虫剂或其他药剂前，应做好预防措施避免对人身、食品、设备工具造成污染；不慎污染时，应及时将被污染的设备、工具彻底清洁，消除污染。

五、 废弃物处理

应制定废弃物存放和清除制度，有特殊要求的废弃物其处理方式应符合有关规定。废弃物应定期清除；易腐败的废弃物应尽快清除；必要时应及时清除废弃物。

车间外废弃物放置场所应与食品加工场所隔离防止污染；应防止不良气味或有害有毒气体溢出；应防止虫害滋生。

六、 工作服管理

进入作业区域应穿着工作服。

应根据食品的特点及生产工艺的要求配备专用工作服，如衣、裤、鞋靴、帽和发网等，必要时还可配备口罩、围裙、套袖、手套等。

应制定工作服的清洗保洁制度，必要时应及时更换；生产中应注意保持工作服干净完好。

工作服的设计、选材和制作应适应不同作业区的要求，降低交叉污染食品的风险；应合理选择工作服口袋的位置、使用的连接扣件等，降低内容物或扣件掉落污染食品的风险。

七、 交叉污染控制

食品企业应按生产工艺的先后次序和产品特点，应将原料处理、半成品处理和加工、包装材料和容器的清洗、消毒、成品包装和检验、成品贮存等工序分开设置，防止前后工序相互交叉污染。

应在加工区内划定清洁区和非清洁区，限制这些区域间人员和物品的交叉流动，通过传递窗进行工序间的半成品传递等；对加工过程使用的工器具，与产品接触的容器不得直接与地面接触；不同工序、不同用途的器具用不同的颜色，加以区别，以免混用。如图 4-4 所示。

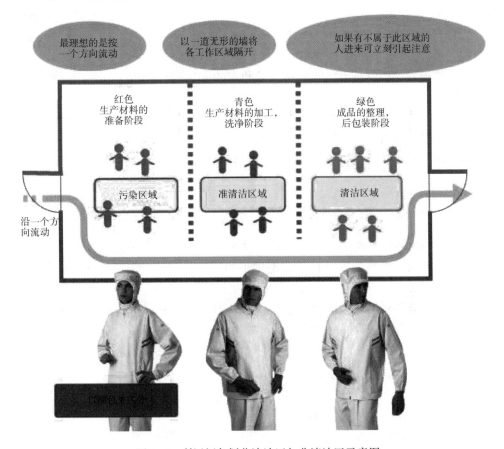

图 4-4　利用颜色划分清洁区与非清洁区示意图

任务三

## 食品原料、食品添加剂和食品相关产品的卫生管理

应建立食品原料、食品添加剂和食品相关产品的采购、验收、运输和贮存管理制度，确保所使用的食品原料、食品添加剂和食品相关产品符合国家有关要求。不得将任何危害人体健康和生命安全的物质添加到食品中。

一、　生产用水（冰）　的卫生控制

食品企业生产用水包括：与食品及食品接触面接触的加工用水、制冰水等，这些水的安全卫生直接关系到产品的质量，因此要严格控制。

食品生产用水（冰）必须符合国家规定的 GB 5749—2006《生活饮用水卫生标

准》的指标要求。某些食品，如啤酒、饮料等，水质理化指标还要符合 GB 10791《软饮料用水的质量》。

有蓄水池的工厂，水池要有完善的防尘、防虫、防鼠措施，并定期对水池进行清洗、消毒。

工厂的检验部门应每天监测余氯含量和水的 pH，至少每月应该对水的微生物指标进行一次化验。

工厂每年至少要对 GB 5749—2006《生活饮用水卫生标准》所规定的水质指标进行两次全项目分析。

制冰用水的水质必须符合饮用水卫生要求，制冰设备和盛装冰块的器具必须保持良好的清洁卫生状况。

## 二、 食品原料的卫生管理

食品原辅材料在种植、饲养、收获、运输、贮藏等过程中都会受到很多有害因素的影响而改变食物的安全性，如寄生虫的感染。因此，加强原辅料的卫生管理至关重要。

采购的食品原料应当查验供货者的许可证和产品合格证明文件；对无法提供合格证明文件的食品原料，应当依照食品安全标准进行检验。

食品原料必须经过验收合格后方可使用。经验收不合格的食品原料应在指定区域与合格品分开放置并明显标记，并应及时进行退、换货等处理。

加工前宜进行感官检验，必要时应进行实验室检验；检验发现涉及食品安全项目指标异常的，不得使用；只应使用确定适用的食品原料。

食品原料运输及贮存中应避免日光直射、备有防雨防尘设施；根据食品原料的特点和卫生需要，必要时还应具备保温、冷藏、保鲜等设施。

食品原料运输工具和容器应保持清洁、维护良好，必要时应进行消毒。食品原料不得与有毒、有害物品同时装运，避免污染食品原料。

食品原料仓库应设专人管理，建立管理制度，定期检查质量和卫生情况，及时清理变质或超过保质期的食品原料。仓库出货顺序应遵循先进先出的原则，必要时应根据不同食品原料的特性确定出货顺序。

## 三、 食品添加剂的卫生管理

采购食品添加剂应当查验供货者的许可证和产品合格证明文件。食品添加剂必须经过验收合格后方可使用。

运输食品添加剂的工具和容器应保持清洁、维护良好，并能提供必要的保护，避免污染食品添加剂。

食品添加剂的贮藏应有专人管理，定期检查质量和卫生情况，及时清理变质或超过保质期的食品添加剂。仓库出货顺序应遵循先进先出的原则，必要时应根据食品添加剂的特性确定出货顺序。

### 四、 食品相关产品的卫生管理

采购食品包装材料、容器、洗涤剂、消毒剂等食品相关产品应当查验产品的合格证明文件，实行许可管理的食品相关产品还应查验供货者的许可证。食品包装材料等食品相关产品必须经过验收合格后方可使用。

运输食品相关产品的工具和容器应保持清洁、维护良好，并能提供必要的保护，避免污染食品原料和交叉污染。

食品相关产品的贮藏应有专人管理，定期检查质量和卫生情况，及时清理变质或超过保质期的食品相关产品。仓库出货顺序应遵循先进先出的原则。

### 五、 其他

盛装食品原料、食品添加剂、直接接触食品的包装材料的包装或容器，其材质应稳定、无毒无害，不易受污染，符合卫生要求。

食品原料、食品添加剂和食品包装材料等进入生产区域时应有一定的缓冲区域或外包装清洁措施，以降低污染风险。

---

## 任务四

# 生产过程的食品安全控制

根据食品加工方法的不同或成品要求的不同，食品原料要经过各种不同的加工工序，如分级、清洗、去皮、切割、干燥、冷冻、热处理、发酵、包装等。由于食品的加工需要经过多个环节，每个环节都可能会对食品造成污染，因此要求食品生产的全过程要处于良好的卫生状态，尽量减少加工过程中的食品污染。食品生产中的进料、运输、分选、预制、加工、包装与储存等所有作业都必须严格按照卫生要求进行，并采取一切合理的预防措施，确保各生产工序不受任何污染。

应通过危害分析方法明确生产过程中的食品安全关键环节，并设立食品安全关键环节的控制措施。在关键环节所在区域，应配备相关的文件以落实控制措施，如配料（投料）表、岗位操作规程等。采用危害分析与关键控制点体系（HACCP）对生产过程进行食品安全控制。

### 一、 生物污染的控制

#### （一）清洁和消毒

应根据原料、产品和工艺的特点，针对生产设备和环境制定有效的清洁消毒制度，降低微生物污染的风险。

清洁消毒制度应包括以下内容：清洁消毒的区域、设备或器具名称；清洁消毒工作的职责；使用的洗涤、消毒剂；清洁消毒方法和频率；清洁消毒效果的验证及不符合的处理；清洁消毒工作及监控记录。

应确保实施清洁消毒制度，如实记录；及时验证消毒效果，发现问题及时纠正。

### （二）食品加工过程的微生物监控

根据产品特点确定关键控制环节进行微生物监控；必要时应建立食品加工过程的微生物监控程序，包括生产环境的微生物监控和过程产品的微生物监控。生产环境微生物监控主要用于评判加工过程的卫生控制状况，以及找出可能存在的污染源。通常环境监控对象包括食品接触表面、与食品或食品接触表面邻近的接触表面、以及环境空气。过程产品的微生物监控主要用于评估加工过程卫生控制能力和产品卫生状况。

食品加工过程的微生物监控涵盖了加工过程各个环节的微生物学评估、清洁消毒效果以及微生物控制效果的评价。在制定时应考虑：微生物监控指标、取样点、监控频率、取样和检测方法、评判原则以及不符合情况的处理等。

（1）加工过程的微生物监控指标　应以能够评估加工环境卫生状况和过程控制能力的指示微生物（如菌落总数、大肠菌群、酵母霉菌或其他指示菌）为主。必要时也可采用致病菌作为监控指标。

（2）加工过程微生物监控的取样点　环境监控的取样点应为微生物可能存在或进入而导致污染的地方。可根据相关文献资料确定取样点，也可以根据经验或者积累的历史数据确定取样点。过程产品监控计划的取样点应覆盖整个加工环节中微生物水平可能发生变化且会影响产品安全性和/或食品品质的过程产品，例如微生物控制的关键控制点之后的过程产品。具体可参考表4-4中示例。

（3）加工过程微生物监控的监控频率　应基于污染可能发生的风险来制定监控频率。可根据相关文献资料，相关经验和专业知识或者积累的历史数据，确定合理的监控频率。具体可参考表4-4中示例。加工过程的微生物监控应是动态的，应根据数据变化和加工过程污染风险的高低而有所调整和定期评估。例如：当指示微生物监控结果偏高或者终产品检测出致病菌、或者重大维护施工活动后、或者卫生状况出现下降趋势时等，需要增加取样点和监控频率；当监控结果一直满足要求，可适当减少取样点或者放宽监控频率。

（4）取样和检测方法　环境监控通常以涂抹取样为主，过程产品监控通常直接取样。检测方法的选择应基于监控指标进行选择。

（5）评判原则　应依据一定的监控指标限值进行评判，监控指标限值可基于微生物控制的效果以及对产品质量和食品安全性的影响来确定。

表 4-4                                  食品加工过程微生物监控示例

| 监控项目 | | 建议取样点 | 建议监控微生物① | 建议监控频率② | 建议监控指标限值③ |
|---|---|---|---|---|---|
| 环境的微生物监控 | 食品接触表面 | 食品加工人员的手部、工作服、手套传送皮带、工器具及其他直接接触食品的设备表面 | 菌落总数、大肠菌群等 | 验证清洁效果应在清洁消毒之后，其他可每周、每两周或每月 | 结合生产实际情况确定监控指标限值 |
| | 与食品或食品接触表面邻近的接触表面 | 设备外表面、支架表面、控制面板、零件车等接触表面 | 菌落总数、大肠菌群等卫生状况指示微生物，必要时监控致病菌 | 每两周或每月 | 结合生产实际情况确定监控指标限值 |
| | 加工区域内的环境空气 | 靠近裸露产品的位置 | 菌落总数、酵母、霉菌等 | 每周、每两周或每月 | 结合生产实际情况确定监控指标限值 |
| 过程产品的微生物监控 | | 加工环节中微生物水平可能发生变化且会影响食品安全性和（或）食品品质的过程产品 | 卫生状况指示微生物（如菌落总数、大肠菌群、酵母、霉菌或其他指示菌） | 开班第一时间生产的产品及之后连续生产过程中每周（或每两周或每月） | 结合生产实际情况确定监控指标限值 |

注：①可根据食品特性以及加工过程实际情况选择取样点。

②可根据需要选择一个或多个卫生指示微生物实施监控。

③可根据具体取样点的风险确定监控频率。

（6）微生物监控的不符合情况处理要求　各监控点的监控结果应当符合监控指标的限值并保持稳定，当出现轻微不符合时，可通过增加取样频次等措施加强监控；当出现严重不符合时，应当立即纠正，同时查找问题原因，以确定是否需要对微生物控制程序采取相应的纠正措施。

微生物监控应包括致病菌监控和指示菌监控，食品加工过程的微生物监控结果应能反映食品加工过程中对微生物污染的控制水平。

二、化学污染的控制

应建立防止化学污染的管理制度，分析可能的污染源和污染途径，制定适当的控制计划和控制程序。

应当建立食品添加剂和食品工业用加工助剂的使用制度，按照 GB 2760—2014

的要求使用食品添加剂。

不得在食品加工中添加食品添加剂以外的非食用化学物质和其他可能危害人体健康的物质。

生产设备上可能直接或间接接触食品的活动部件若需润滑，应当使用食用油脂或能保证食品安全要求的其他油脂。

建立清洁剂、消毒剂等化学品的使用制度。除清洁消毒必需和工艺需要，不应在生产场所使用和存放可能污染食品的化学制剂。

食品添加剂、清洁剂、消毒剂等均应采用适宜的容器妥善保存，且应明显标示、分类贮存；领用时应准确计量、做好使用记录。

应当关注食品在加工过程中可能产生有害物质的情况，鼓励采取有效措施降低其风险。

### 三、 物理污染的控制

应建立防止异物污染的管理制度，分析可能的污染源和污染途径，并制定相应的控制计划和控制程序。

应通过采取设备维护、卫生管理、现场管理、外来人员管理及加工过程监督等措施，最大程度地降低食品受到玻璃、金属、塑胶等异物污染的风险。

应采取设置筛网、捕集器、磁铁、金属检查器等有效措施降低金属或其他异物污染食品的风险。

当进行现场维修、维护及施工等工作时，应采取适当措施避免异物、异味、碎屑等污染食品。

### 四、 包装安全的控制

食品包装应能在正常的贮存、运输、销售条件下最大限度地保护食品的安全性和食品品质。

使用包装材料时应核对标识，避免误用；应如实记录包装材料的使用情况。

### 任务五

## 食品检验、贮运及召回控制

无论是生鲜食品还是加工食品，所用原料和辅料的卫生状态都关系到食用者的身体健康，甚至关系到生命安全。食品原料和辅料通常含有一定的危害，因此，加强原料和辅料的卫生管理至关重要。尤其是随着我国经济发展和社会进步，食品由家庭制作逐步转向工业化生产，同时，工业的发达也带来诸如水污染、化学药和农药污染等环境问题，这些都使得食品原料和辅料的安全性问题越来越突出。所以，食品企业必须从影响食品安全的重要环节，如原辅料采购、运输、贮存等方面着手加强食品安全管理。

## 一、 食品检验

应通过自行检验或委托具备相应资质的食品检验机构对原料和产品进行检验，建立食品出厂检验记录制度。

自行检验应具备与所检项目适应的检验室和检验能力；由具有相应资质的检验人员按规定的检验方法检验；检验仪器设备应按期检定。

检验室应有完善的管理制度，妥善保存各项检验的原始记录和检验报告。应建立产品留样制度，及时保留样品。

应综合考虑产品特性、工艺特点、原料控制情况等因素合理确定检验项目和检验频次以有效验证生产过程中的控制措施。净含量、感官要求以及其他容易受生产过程影响而变化的检验项目的检验频次应大于其他检验项目。

同一品种不同包装的产品，不受包装规格和包装形式影响的检验项目可以一并检验。

## 二、 食品的贮存和运输

根据食品的特点和卫生需要选择适宜的贮存和运输条件，必要时应配备保温、冷藏、保鲜等设施。不得将食品与有毒、有害、或有异味的物品一同贮存运输。

应建立和执行适当的仓储制度，发现异常应及时处理。

贮存、运输和装卸食品的容器、工器具和设备应当安全、无害，保持清洁，降低食品污染的风险。

贮存和运输过程中应避免日光直射、雨淋、显著的温湿度变化和剧烈撞击等，防止食品受到不良影响。

食品贮藏车间产品码放示意图如图4-5所示。

## 三、 产品召回管理

应根据国家有关规定建立产品召回制度。

当发现生产的食品不符合食品安全标准或存在其他不适于食用的情况时，应当立即停止生产，召回已经上市销售的食品，通知相关生产经营者和消费者，并记录召回和通知情况。

对被召回的食品，应当进行无害化处理或者予以销毁，防止其再次流入市场。对因标签、标识或者说明书不符合食品安全标准而被召回的食品，应采取能保证食品安全、且便于重新销售时向消费者明示的补救措施。

应合理划分记录生产批次，采用产品批号等方式进行标识，便于产品追溯。

图 4-5　食品贮藏车间产品码放图

能力要求

## 实训　食品企业厂区总平面图的设计与绘制

### 一、实训目的

了解食品 GMP 厂房设计的步骤，能较科学的绘制食品工厂总平面图。

### 二、实训原理

总平面设计是食品工厂设计的重要组成部分，食品工厂建设应满足食品 GMP 对厂区环境、厂房建筑及结构、各种设施卫生及控制、加工过程及原辅料的贮藏控制和人流物流的控制的基本要求。

食品工厂不同使用功能的建筑物、构筑物应按整个生产工艺流程，结合用地条件进行合理的布置，使建筑群的组成内容和各项设施成为统一的有机体，还要与周围的环境相协调。总平面设计包括运输设计、管线综合设计、绿化布置和环保设计四部分。

### 三、实训内容

1. 预备资料的准备

准备设计任务书、生产工艺技术条件、厂址总平面布置方案图等。

2. 设计并绘制

根据食品 GMP 的要求和以上预备资料，初步设计出工厂总平面布置图，并在纸上绘制。

3. 验证

——对照 GMP 要求，结合设计任务书、生产工艺技术条件和厂址总平面布置方案图进行验证。

4. 汇报与点评

向全班同学汇报设计出的工厂总平面布置图，其他同学可以提出问题，最后教师进行点评，并提出修改意见。

5. 改进提高

根据学生提出的疑问和教师的修改意见，对工厂总平面布置图进行进一步修改和完善。

### 相关链接

1. 相关 GMP 格言

写好你所做的，做好你写的，记录下你所做的。——GMP 要求你的

最大限度地防止污染，最大程度地减少差错。——实施 GMP 的目的

2. 相关法律法规和标准

GB 14881—2013 食品安全国家标准 食品生产通用卫生规范

GB 56087—2011 食品工业洁净用房建筑技术规范

GB 8950—2016 食品安全国家标准 罐头食品生产卫生规范

GB 8951—2016 食品安全国家标准 蒸馏酒及其配制酒生产卫生规范

GB 8952—2016 食品安全国家标准 啤酒生产卫生规范

GB 8953—2018 食品安全国家标准 酱油生产卫生规范

GB 8954—2016 食品安全国家标准 食醋生产卫生规范

GB 8955—2016 食品安全国家标准 食用植物油及其制品生产卫生规范

GB 8956—2016 食品安全国家标准 蜜饯生产卫生规范

GB 8957—2016 食品安全国家标准 糕点、面包卫生规范

GB 12694—2016 食品安全国家标准 畜禽屠宰加工卫生规范

GB 12695—2016 食品安全国家标准 饮料生产卫生规范

GB 12696—2016 食品安全国家标准 发酵酒及其配制酒生产卫生规范

GB 13122—2016 食品安全国家标准 谷物加工卫生规

GB/T 16568—2006 奶牛场卫生规范

GB 17403—2016 食品安全国家标准 糖果巧克力生产卫生规范

GB 19303—2003 熟肉制品企业生产卫生规范

GB 19304—2018 食品安全国家标准 包装饮料用水生产卫生规范

GB 17051—1997 二次供水设施卫生规范

GB/T 22469—2008 禽肉生产企业兽医卫生规范

GB/T 19479—2019 畜禽屠宰良好操作规范　生猪

GB/T 20575—2019 鲜、冻肉生产良好操作规范

GB/T 20938—2007 罐头食品企业良好操作规范

GB/T 20940—2007 肉类制品企业良好操作规范

GB 20941—2016 食品安全国家标准　水产制品生产卫生规范

GB/T 20942—2007 啤酒企业良好操作规范

GB/T 22637—2008 天然肠衣加工良好操作规范

GB 8956—2016 食品安全国家标准 蜜饯生产卫生规范

GB 12693—2010 食品安全国家标准　乳制品良好生产规范

GB 12694—2016 食品安全国家标准 畜禽屠宰加工卫生规范

GB 12695—2016 食品安全国家标准 饮料生产卫生规范

GB 12696—2016 食品安全国家标准 发酵酒及其配制酒生产卫生规范

GB 17404—2016 食品安全国家标准 膨化食品生产卫生规范

GB 17405—1998 保健食品良好生产规范

GB 23790—2010 食品安全国家标准　粉状婴幼儿配方食品良好生产规范

GB/T 23531—2009 食品加工用酶制剂企业良好生产规范

GB/T 23542—2009 黄酒企业良好生产规范

GB/T 23543—2009 葡萄酒企业良好生产规范

GB/T 23544—2009 白酒企业良好生产规范

GB/T 23887—2009 食品包装容器及材料生产企业通用良好操作规范

GB/T 23498—2009 海产品餐饮加工操作规范

GB 21710—2016 食品安全国家标准 蛋与蛋制品生产卫生规范

出口速冻方便食品生产企业注册卫生规范

出口面糖制品加工企业注册卫生规范

出口饮料生产企业注册卫生规范

出口糖类加工企业注册卫生规范

出口速冻果蔬生产企业注册卫生规范

出口肠衣加工企业注册卫生规范

出口茶叶生产企业注册卫生规范

屠宰和肉类加工企业卫生管理规范

水产品生产企业卫生注册规范

出口罐头生产企业注册卫生规范

出口脱水果蔬生产企业注册卫生规范

█████ **课堂测试**

**一、选择题**

1. 关于 GMP，下列哪项说法不正确？（　　　）

A. GMP 即是良好操作规范

B. GMP 一般是由政府制定颁布的主要用于食品生产与加工企业的一种卫生管理法规或质量保证制度

C. GMP 的具体内容和文件形式国内外一致

D. GMP 是食品生产加工企业应满足的基本卫生标准

2. 污物（加工后的废弃物）存放应远离生产车间，且不得位于生产车间主风向的（　　　）。

A. 上方　　　　　　B. 下方　　　　　　C. 南方　　　　　　D. 北方

3. 工厂设计时，锅炉房应设在厂区的（　　　）。

A. 南面　　　　　　B. 北面　　　　　　C. 上风处　　　　　D. 下风处

4. 下列关于食品企业选址要求不正确的是（　　　）。

A. 要选择地势干燥、交通方便、有充足的水源的地区

B. 厂区周围不得有粉尘、有害气体、放射性物质和其他扩散性污染源

C. 生产区建筑物与外缘公路或道路应有防护地带

D. 厂区可以设于受污染河流的下游

5. 食品生产车间内的灭鼠方法不包括下列哪一项？（　　　）

A. 鼠夹　　　　　　B. 粘鼠板　　　　　C. 挡鼠板　　　　　D. 灭鼠药

6. 下列哪些操作可能产生交叉污染？（　　　）

A. 生的和煮熟或即食产品加工活动的适当隔离

B. 食品处理或加工区域和设备适当清洗和消毒

C. 储藏中的产品的适当隔离或保护

D. 员工处理完垃圾桶，然后处理产品

7. 食品加工厂的人员流动应（　　　）。

A. 与原料进口一致　　　　　　　　B. 从高洁净区向低洁净区

C. 从低洁净区向高洁净区　　　　　D. 与成品出口一致

8. 防虫设施包括（　　　）。

A. 门帘　　　　　　B. 纱窗　　　　　　C. 暗道　　　　　　D. 以上都是

9. 食品加工企业生产区域的洗手用水龙头不应该选择（　　　）。

A. 手动式开关　　B. 脚踏式开关　　C. 膝动式开关　　D. 自动式开关

10. 屠宰厂或肉联厂选址时，不得靠近城市水源的上游，并应位于城市居住区夏季风向最大频率的（　　　）。

A. 上风侧　　　　B. 左风侧　　　　C. 右风侧　　　　D. 下风侧

## 二、填空题

1. 食品加工车间进入车间前的车间入口设施应有：_____、_____、_____、_____、_____，进入洁净区前有时还要经过_____。

2. 对食品加工企业而言，洗手消毒设施包括_____、_____、_____和_____，此四者缺一不可。

3. 食品企业卫生标准通用规范的标准号是_____。

4. 屠宰厂应位于城市居民居住区夏季风向最大频率的_____。

5. 食品生产企业区道路应_____或_____。

6. 食品车间工作场所对照度有要求，检验岗位照度应不低于_____，生产车间的照度不低于_____。

7. 有大量水蒸气或热量产生的区域应有_____，防止产生冷凝水。

8. GMP 是指_____。

9. 消毒液主要分为季胺类_____和_____。

## 三、判断题

1. （　　）加工车间地角应呈圆弧形，窗台与水平呈35°角。

2. （　　）灭蝇灯应直接面对门、窗，以便吸引虫蝇，防止进入车间。

3. （　　）在食品生产车间除卫生和工艺必需，不得存放和使用任何药剂，以免导致对正在加工的食品造成污染。

4. （　　）除传统工艺的特殊需要，食品加工车间内禁止使用木质器具。

5. （　　）直接食用的食品应当使用无毒、清洁的包装材料或餐具包装。

6. （　　）厂区内应主要通过物理的方法灭鼠，如鼠夹、鼠笼、粘鼠板、挡鼠板等，必要时车间内也可使用灭鼠药。

7. （　　）肉联厂选址时，不得靠近城市水源的上游。

8. （　　）从事生制品加工的工人的工作服和从事熟制品加工的工人的工作服可在一起清洗。

9. （　　）食品生产车间内的洗手设施一般应采用手动式水龙头。

10. （　　）食品加工过程中会使用一些清洁剂、润滑油、燃料和杀虫剂，可能会造成食品的污染。

11. （　　）上岗前和每年度从事食品加工的员工应进行健康检查，并建立员工健康档案。

12. （　　）苍蝇、蟑螂、鸟类和啮齿类动物带一定种类病源菌，因此虫害的防治对食品加工是至关重要的。

13. （　　）屠宰厂选址应位于城市居住区夏季风向最大频率的下风侧。

14. （　　）水的流向由非清洁区流向清洁区。

15. （　　）与食品接触的表面的清洁度可以不考虑工作服的清洁度。

16. （　　）手的清洁、消毒和厕所设备的维护与卫生保持与食品的安全没有关系。

17. （　　）对于雇员的健康与卫生控制以及对虫害的防治均会影响食品的卫生和安全；

18. （　　）食品生产企业加工后的废弃物存放应远离生产车间，且不得位于生产车间上风向。

19. （　　）卫生间可以设在加工车间外部，但卫生间不能与生产车间门口相对。

20. （　　）有毒化学物质的标记、贮存和使用将直接影响食品的卫生与安全。

21. （　　）化学品贮存和使用记录必须保存，而购置记录可以不需要保存。

22. （　　）食品容器可使用竹制品、纤维。

23. （　　）清洁区、非清洁区使用的工作服可一起清洗。

24. （　　）为了提高生产效率，员工可穿工作服、鞋靴上卫生间。

25. （　　）公司要有固定的场所或区域，对工器具进行清洗消毒。

26. （　　）灭鼠尽量使用灭鼠药。

27. （　　）食品企业的纸篓应是闭式、脚踏式。

## 四、简答题

1. 简述生产质量安全食品的必要条件？
2. 简述食品加工车间的设备布局要求？

# 项目五

## OPRP方案和 HACCP计划的制定

1. 能说出 OPRP 方案和 HACCP 计划等食品安全控制措施组合的作用；
2. 能说出危害、危害分析、关键控制点及关键限值等概念；
3. 能进行食品安全危害分析；
4. 能确定食品生产流程中的监控点和监控限值；
5. 能提出预防潜在危害的措施；
6. 能正确记录和保存供审查和解决问题使用的文件数据信息；
7. 能在食品加工、制备及供应阶段，制定 OPRP 方案和 HACCP 计划，保护食品免受污染。

案例导入

### 感恩节午餐会：许多员工难以感恩？

某公司感恩节午餐会后，至少有 40 名职员病倒。病人最明显的症状是：腹泻、腹痛、全身疼痛、寒战及发烧。

根据当地管理机构调查，感恩节午餐是由当地一家食品经营企业提供的。据该公司从业人员描述，他们在 11 月 17 日将 4 只 8.16~9.07kg 的火鸡放进步入式冷藏库中解冻，20 日进行加工。火鸡加工时，尽管有自动温度计测量产品的温度，但没有例行监控温度的变化情况。火鸡烹调好后立即被包上铝箔放进冷藏库。感恩节那天，工人取出冷藏库中的火鸡，重新加热、切片，然后用保温设备运送到公司的午餐会上。据确认，没有对食品冷却和再加热过程进行例行的温度监控。

### 知识要求

前提方案（PRP）是在整个食品链中为保持卫生环境所必需的基本条件和活动。PRP的严格程度与产品的安全性具有一定的相关性，达到一定程度后将无法提高产品的安全水平。组织应通过系统的危害分析，制定针对具体食品安全危害的控制措施或控制措施组合。主要是操作性前提方案（operational prerequisite program，简称OPRP）和危害分析及关键控制点（Hazard Analysis and Critical Control Point，简称HACCP）计划。

OPRP是为控制食品安全危害在产品或产品加工环境中引入和（或）污染或扩散的可能性，通过危害分析确定的必不可少的前提方案。同传统的SSOP存在相关性和差异性。OPRP同SSOP一样，都包括对卫生控制措施（SCP）的管理。但传统的SSOP是为实现GMP的要求而编制的操作程序，不依赖危害分析，不强调在危害分析后才开始编制，也不强调特别针对某种产品。而OPRP是在危害分析后确定的、控制食品安全危害引入的可能性和（或）食品安全危害在产品或加工环境中污染或扩散的可能性的措施，强调针对特定产品的特定操作中的特定危害。

HACCP体系是一个国际上广为接受的以科学技术为基础的体系，通过识别对食品安全有威胁的特定的危害物，并对其采取预防性的控制措施，来减少生产有缺陷的食品和服务的风险，从而保证食品的安全。HACCP体系是一种控制食品安全危害的预防性体系，但不是一种零风险体系，该体系强调食品供应链上各个环节的全面参与，采取预防性措施，而非传统的依靠对最终产品的测试与检验，来避免食品中的物理、化学和生物性危害物，或使其减少到可接受的程度。实施HACCP的目的是对食品生产、加工进行最佳管理，确保提供给消费者更加安全的食品，以保护公众健康。

### 任务一

## 危害分析的预备

危害分析是在收集信息、数据和其他内、外部沟通中所获取信息的基础上进行的。丰富的信息是实施有效地危害分析的前提。因此，必须认真做好分析前的预备工作。

## 一、 任命食品安全小组组长， 组建食品安全小组

### （一） 任命食品安全小组组长

组织的最高管理者应任命一名具有一定权威的高层或中层管理者为食品安全小组组长（如管理者代表、质量或生产的主管领导、质量主管等），最高管理者应给予食品安全小组组长充分的支持并授予相应的权力。组长应具备以下方面的职责、权限和能力。

（1）组成和管理食品安全小组，组织其工作；

（2）确保食品安全小组成员的相关培训和教育，具备组织食品安全小组开会、分析处理食品安全事故的能力；

（3）确保建立、实施、保持和更新食品安全管理体系，具备组织食品安全小组编写和修订食品安全管理体系文件的能力；

（4）有能力向组织的最高管理者提供食品安全管理体系运行的准确信息，为最高管理者的管理决策提供技术支持；

（5）经授权亲自负责食品安全管理体系有关事宜的外部联络或通过内部沟通及时从指定外部联络人员处获取与食品安全管理体系有关事宜的最新信息。

### （二） 组建食品安全小组

食品安全小组是食品安全管理体系的组织核心，它承担着食品安全管理体系的建立、实施、保持和更新的重要职责，特别是体系策划和更新的过程，需要有经验的专业人员参与。小组成员应具备多学科知识，以及建立与实施食品安全管理体系的经验。这些知识和经验包括但不限于组织的食品安全管理体系范围内的产品、过程、设备和食品安全危害。

（1）小组成员的组成　一个常规的食品生产组织的食品安全小组，通常应包括与食品安全管理相关过程有关的所有部门的人员，如：负责环境卫生和对外沟通的行政管理人员、负责原料和基地食品安全质量控制的采购管理人员、负责加工过程控制的生产管理人员和关键工序操作人员、负责产品及过程验证的品控人员、负责产品后续服务过程中与客户沟通的销售管理人员、负责设备维护的设备管理人员等。

（2）小组成员的专业结构　食品安全小组应由对组织的产品、管理过程、设备和食品安全危害等相关技能熟悉，并具备生产、卫生、质量保证、食品微生物学、工程学和检验等专业知识的各部门人员组成。此外，还应包括直接从事日常加工活动的人员，他们更熟悉操作过程的变化和限度，他们的参与能使其产生主人翁的自豪感，并主动参与 HACCP 计划的实施。

（3）小组的对外沟通　食品安全小组根据需要可与外部进行沟通，沟通工作可由组织指定的食品安全小组长或小组成员实施，对外沟通的人员需相对保持稳定。

（4）小组人员的职责　当组织明确固定岗位人员为食品安全小组成员时，可

以将食品安全小组成员职责与此岗位职责一并描述，组织不宜多处重复对岗位职责进行描述。

（5）小组的外部支持　食品安全小组应能够全面了解组织产品的安全性要求，并能够寻找有利的控制措施实施有效地控制；若组织没有能力去识别、分析食品安全危害，无法对整个控制措施及管理过程进行策划时，可以通过短期或长期聘请外部人员作为食品安全小组的能力补充，聘请的人员应该明确其职责与义务并实施管理，确保其能够为组织提供所需要的技术支持。

（6）小组成员的培训　人力资源充分的组织可以根据组织自身的要求确定食品安全小组组织结构，明确各组员的任职要求，只要满足相应条件的人员，就有资格成为食品安全小组成员。但是许多组织只能够根据现有岗位人员别无选择的组成自己的食品安全小组，并不能完全满足要求，所以组织要通过培训，以保证食品安全小组成员的能力。组织应该保存食品安全小组人员的相关学历等资料或培训记录以确认其能力。

（7）其他事项　对于缺乏专业技术管理人员的组织，这类组织建立管理体系通常都是来自外部人员的指导。这样的组织可以将管理体系的策划与分析改进由外部专家来完成，食品安全小组重点关注体系执行能力和效果。组织应要求外部专家按照一定周期以及在体系发生重大变更、发生食品安全事故、外部有新的需求时，能够及时与食品安全小组成员共同完善组织食品安全管理体系。但是，完全由外部人员帮助建立的 HACCP 计划可能会缺乏组织内部员工的支持。

## 二、 危害分析预备信息收集

### （一）原料、辅料以及与产品接触的材料特性

原辅料是终产品的重要组成。原辅料的特性可能直接构成组织终产品的重要特性，认识组织的原辅料特性对控制终产品安全危害十分重要。源头控制是目前食品安全管理的核心。动物产品中农兽药残留及重金属超标、PVC 包装袋氯乙烯单体和乙基己基胺（DEHA）的危害，不合格磷酸盐添加剂铅砷的超标等都会给终产品带来不可消除的危害。组织宜对现用的每一种原辅料进行详细的调查并记录，信息应足以满足危害分析的需求，通常包括以下方面信息。

（1）化学、生物和物理特性　如 $A_w$、pH、菌落总数等。

（2）配制辅料的组成　为了满足食品感官、储存等不同要求应了解其可能含有的加工助剂及添加剂成分。

（3）产地　如不同区域的动物可能会有不同的动物疫病的风险，不同地区农产品会有重金属含量的差异。

（4）生产方法　调查原料供应商产品加工方式（如热处理、冷冻、盐渍、烟熏等）及其质量控制能力，认识其产品不同的质量水平。如动物原料有的供应商经过金属探测工序降低了原料中金属危害的风险水平，有的供应商则配置了 X 光

探测仪全面降低各种杂质危害风险，有的供应商可能没有进行任何控制，不同原料在组织使用时需要经过不同的预处理或加工工艺控制。

（5）包装和交付方式、贮存条件和保质期　对原辅料的保质期、包装形式、储存条件与前处理要求等信息的了解可以确保原辅料的预期使用避免危害的引入。超过保质期的原辅料可能会因为其特性的改变引入不可预知的危害，不合理的贮藏可能导致产品霉变产生霉菌毒素或被污染物污染，不同的包装形式可能具有不同产品防护能力。

（6）其他　使用或生产前的预处理、与采购材料和辅料预期用途相适宜的有关食品安全的接收准则或规范等相关信息。

案例：酿造酱油特性描述如表 5-1 所示。

表 5-1　　　　　　　　　　　酿造酱油特性描述表

| 产品名称 | 酿造酱油 | |
| --- | --- | --- |
| 生产企业 | JYOU 公司 | TIAOWEI 公司 |
| 企业地址 | ABC | CBA |
| 食品添加剂 | 苯甲酸、焦糖色素 | 山梨酸、焦糖色素 |
| 产品成分 | 氨基酸、水、盐 | |
| 性状/特性 | 液态、呈鲜艳的深红褐色，不混浊，无沉淀，无霉花浮膜，酱香浓郁，味鲜，咸淡适中，无异味 | |
| 包装与贮藏 | 50kgPVC 桶，阴凉干燥处存储，尽量避免与空气的接触，保质期 3 个月 | |
| 产品安全标准 | GB 18186—2000《酿造酱油》GB 2717—2018《食品安全国家标准 酱油》 | |
| 使用情况 | 使用后立即加盖封口，开封后与空气接触使用不超过 2 天 | |
| 采购情况 | 从合格供方采购，存在少量临时市场采购 | |
| 验收准则 | 合格供方的合格证，感官检验红褐色，不混浊，无沉淀，无霉花浮膜，无异味 | |

组织应了解目前使用的原辅料安全质量水平，危害分析前应确认其所有原辅料验收的方法与准则，查询采购原辅料产品强制性质量与卫生标准，了解原辅料现有控制能力。

与食品原辅料一样与食品接触的材料同样可能污染加工中的产品，不安全的食品接触材料可能会导致食品生物的、物理的、化学的危害，如竹木表面可能会滋生微生物导致产品受到病菌污染，磨损的材料会形成物理性污染；使用没有防护的铁罐会与食盐、柠檬酸等化学物发生反应导致罐体腐蚀。认识组织食品接触面可以充分认识组织产品可能面临的危害。

当以上信息发生变更时，要求能够及时在体系中进行信息的更新与沟通，经过确认和危害分析活动可能会导致针对食品安全危害的控制措施及时更新。

**（二）终产品特性**

终产品是组织所有危害控制措施的结果。组织生产出满足顾客需求的产品应具有的特性包括：方便顾客安全储存、食用或再加工的标识或说明，能够有效保护产品的包装形式、产品的成分和食品安全标准。危害分析前组织应对终产品所有的这些特性进行确认。确认的信息应能满足危害分析的要求，通常包括以下方面。

（1）产品名称或类似标识；

（2）成分；

（3）与食品安全有关的化学、生物和物理特性；

（4）预期的保质期和贮存条件；

（5）包装；

（6）与食品安全有关的标识和（或）处理、制备及使用的说明书；

（7）分销方式。

案例：蘑菇罐头产品特性描述如表 5-2 所示。

表 5-2　　　　　　　　　　　蘑菇罐头产品特性描述

| 产品名称 | 蘑菇罐头 |
| --- | --- |
| 产品组成 | 蘑菇、水、盐、柠檬酸、维生素 C |
| 添加物名称 | 盐、维生素 C、柠檬酸 |
| 性状 | 片菇、整菇 |
| 特性 | 成品汤汁的 pH4.8~6.5，水分活度 $A_w$ 大于 0.85，由于经密封和高温高压杀菌，容易贮藏，不易变质 |
| 贮藏条件 | 常温干燥卫生的库房中保存，保质期 1 年 |
| 包装与标签 | 马口铁罐；外包装采用纸箱或托盘；标签满足 GB 7718—2011《食品安全国家标准 预包装食品标签通则的要求》 |
| 消费对象 | 国内外食品企业和食品零售商及普通大众、高危人群也可食用（病人、年老体弱者等），运输与销售过程无特殊要求，避免物理性罐体损伤 |
| 预期用途 | 清水漂洗后作烹饪用原料 |
| 产品安全标准 | GB 7098—2015《食品安全国家标准 罐头食品》 |

人们对食品安全性的认识在不断地提高，过去认为安全的产品可能会随着我们对食品安全知识的不断探索，随着科学技术的进步而变为不安全。顾客的要求也在不断地变化，新技术新材料不断地应用等多种因素都会导致组织产品安全性标准和要求在不断地改变中。组织的食品安全管理体系要能不断地及时进行调整以适应新的要求，这就需要组织能及时获取终产品最新信息并进行更新。

**（三）确定产品的预期用途**

产品的安全性是相对的并与其预期用途相对应。预期用途和终产品的安全标准相适应，如婴儿食品不同于一般食品的标准，出口产品不同于国内销售产品的标准，直接食用产品不同于需要再加工产品的标准。因此，组织应考虑终产品的预期用途和合理的预期处理，以及非预期但可能发生的错误处置和误用，并将其在文件中描述，其详略程度应足以实施危害分析。

组织同一类别产品可能会两种或两种以上的不同预期用途。食品安全小组应充分认识其不同的食品安全特性要求，识别其终产品的消费群体，尤其关注特殊的易感消费群体，如对牛乳、大豆等特殊的过敏人群，对糖的摄入有严格限制的糖尿病人等。

对产品的预期用途应准确识别并进行描述，如蘑菇罐头生产组织的两种不同产品的产品描述为：①出口日本调味蘑菇片，是供一般公众开袋即食；②火锅店配菜用蘑菇，是在漂洗后加热食用。

### （四）绘制加工过程的流程图

流程图指对某个具体食品加工或生产过程的所有步骤进行的连续性描述。加工流程图可以用简单的方框或符号描述从原料接收到产品储运的整个加工过程，以及有关配料等辅助加工步骤。加工流程图是 HACCP 计划的基本组成部分，是危害分析的关键。流程图没有固定的模式，但无论哪种格式都要能保证加工过程的流程图按顺序每一步骤都表示出来，不得遗漏。

适宜时，流程图应包括：

（1）操作中所有步骤的顺序和相互关系；

（2）源于外部的过程和分包工作；

（3）原料、辅料和中间产品投入点；

（4）返工点和循环点；

（5）终产品、中间产品和副产品放行点及废弃物的排放点。

蘑菇罐头加工流程图如图 5-1 所示。

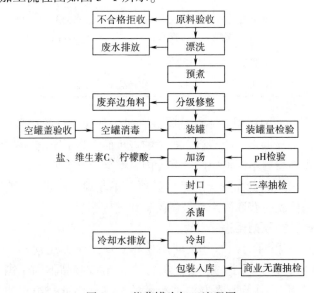

图 5-1　蘑菇罐头加工流程图

流程图是危害分析的主要线索，通过加工流程可以对产品加工全过程进行系统分析从而识别评价食品安全危害可能的出现、增加或引入的环节。流程图应描述出全面的工艺过程，危害分析时除关注其工艺过程同时还应关注其相关的环境因素。一个完整的流程图可以帮助食品安全小组实施全面的危害分析从而不会有细节的遗漏，如屠宰加工副产品的分包加工如果没有进行严格控制可能对加工环境造成严重的污染，食品安全小组应通过流程图对这一环节可能存在的危害予以识别并进行分析。

流程图的精确性对危害分析的准确性和完整性是非常关键的。在流程图中列出的步骤必须在加工现场被验证，如果疏忽某一步骤将有可能导致遗漏显著的安全危害。HACCP小组必须通过亲自在现场观察生产全过程，确定其是否与流程图完全一致，如果有误或配方调整、设备变更、操作控制条件改变，需要对原流程图偏离的地方加以修改调整并记录在案，以保证流程图的准确性和完整性。

### （五）工艺过程描述

流程图是为了能够充分识别产品现有的工艺过程之间的关系，是过程的简单描述方式，过程控制的具体方法及其严格程度需要通过详细的过程描述来实现。应描述现有的控制措施、过程参数及其实施的严格程度或影响食品安全的程序，其详略程度足以实施危害分析。

应描述可能影响控制措施的选择及其严格程度的外部要求（如来自执法部门和顾客）。现有的控制措施是否满足外部要求的控制措施需要进行分析比较得出，通常专业规范或顾客会对一些控制措施有明确的规定，如低温肉制品的法规要求的加工环境温度，出口罐头食品顾客要求的杀菌强度等，如表5-3所示。

表5-3　　　　　　　　　　　蘑菇罐头主要工艺过程描述

| 工艺过程 | 描　　述 |
| --- | --- |
| 蘑菇验收 | 收购的鲜菇应及时送达加工厂，品管部负责对原料质量进行抽样检验。验收应确认从收购到进厂时间不应超过4h，每一筐应标明采收时间、种植户编号、大棚编号，根据产品规格、重量、色泽划分原料等级（参照《蘑菇验收规程》） |
| 预煮 | 预煮温度95~98℃，时间9~10min，预煮液酸度为0.1%~0.2%，每煮30min蘑菇补充1kg柠檬酸，用流动水冷却10min至蘑菇中心温度35℃以下 |
| 空罐消毒 | 空罐用自动洗罐机82℃以上的水清洗、消毒备用。剔除卷边损伤的空罐及废次品空罐 |
| 装罐 | 根据规定的装罐量要求手工装罐。现场品管员上班前及下班后进行电子台秤校准并做好校准记录，生产中按3%抽样量流动抽查各小组装罐量并做好记录（参照《计量校准控制程序》） |

续表

| 工艺过程 | 描　述 |
|---|---|
| 封口 | 封口前先校车。封口时真空度要求：0.035～0.050MPa。每 2h 测量三率各大于 50％。擦罐人员检查每一罐无封口缺陷（参照《封口工序作业指导书》） |
| 杀菌 | 封口至杀菌时间不超过 1h；杀菌前先测定初始温度，做好记录。根据所测温度判断是否符合杀菌工艺规程中的规定的最低温度，并控制杀菌时间（参照《杀菌工序作业指导书》） |

每一次体系策划的结果都是下一次体系更新基础，体系运行中可能伴随使用的产品预期用途、产品质量标准、原料、工艺、设备、顾客要求、法规等多种现状的改变，相关信息应及时进行更新。

## 任务二

# 食品危害分析

食品安全危害分析与预防控制措施是 HACCP 原理的基础。危害分析是针对产品、工序或工厂特异性，根据加工过程的每个工序分析是否产生了食品安全危害，并叙述相应的控制措施。危害分析不能分析出过多的危害而失去重点。危害分析主要包括三个方面：一是识别出可能的食品安全危害和可接受水平；二是结合组织在食品链中所处的位置根据顾客的、法规的及组织的危害控制要求，对识别出的食品危害根据危害的可接受水平进行风险评估，确定需要由组织控制的危害；三是根据危害的风险性评估的结果，制定相适应的控制措施组合实现危害的有效控制。

危害分析是否全面取决于食品安全小组对组织产品危害信息的掌握，丰富的信息是实施有效的危害分析前提，包括外部和内部的信息。外部信息包括同类产品危害发生的历史数据、国内外病理学的最新研究成果、法规等强制要求以及国外法规最新要求、顾客的特殊要求和当前社会关注等信息，应特别注意来自供方的危害信息。

就食品中化学危害而言，科学的危害分析包括经典的动物毒性实验研究到最新的分子生物学技术等多种方法。内容包括不同毒性的分析如神经毒性、生殖和发育毒性、免疫毒性、食品过敏、激素平衡等多方面。针对危害水平的评估也是建立在以大量数据为基础的数学方法和统计学技术上的，并包括了不同人群及种族的差异，如以数学模型模拟剂量与反应关系实现危害水平的科学评估。目前，CAC 食品法典委员会、FAO/WHO 联合食品添加剂专家委员会（JECFA）、国际生命科学学会（ILSI）等国际食品安全相关研究机构，以及各国政府都在进行广泛的研究食品中不同化学物的危害水平。企业应关注与组织相关的食品安全危害分析的最新信息。

当组织无法获取针对组织生产的产品的权威危害分析时，也可以在经验数据基础进行组织现有水平的危害分析。经验是历史数据的积累，很多情况可能没有可见的具体数据，依据经验的判断通常是实施最初危害分析的一个重要手段，可以通过以后的数据对其科学性实施进一步确认与验证。

## 一、食品安全危害识别

食品安全危害识别要求全面。食品安全小组可以采用集中讨论的方式进行，以预备步骤所收集的信息、数据和其他内外部沟通中所获取的信息为基础，小组成员根据自身掌握的专业知识和经验，采用头脑风暴法全面识别所有已认知的潜在的食品安全危害。危害的识别包括食品中所含有的对健康有潜在不良影响的生物、化学或物理的因素或食品存在状况。

在按照流程进行危害分析时不能孤立的只对工艺参数本身进行分析。危害可能来自普遍存在的生产设备、设施和（或）服务和周边环境等相关辅助过程。危害识别除参照工艺流程图外，还要关注设备布置图、人员流动图、物体流动图、气体流动图、供水网络图等，同时对水及空气处理、清洁管理、物资的采购管理、设备维护等环节进行分析。

### （一）物理危害的识别

（1）来自原辅料的　如植物产品收获、晾晒等初加工过程中可能带有的泥土、砂石、玻璃、铁块等。动物原料在养殖、捕获等过程中可能引入的针头、鱼钩等，以及原辅料的标签及包装物、虫害尸体等。

（2）来自工器具、设备设施的使用　如断裂的刀片、设备磨损的金属物、塑料容器破损的边角、传输带磨损的胶皮、破碎的玻璃器物、设备老化的漆皮锈渣、碰碎的瓷片、脱落的墙皮、清洗设备用金属丝或纤维物等。

（3）来自设备设施的维护过程　设备维修中遗留的垫圈及工具、电焊的焊渣、电线的断头及绝缘胶布等。

（4）来自人员不规范行为　头发、首饰品、烟头、创可贴等。

（5）来自不规范的工艺控制　产生的结晶体、形成焦煳物质、辐射杀菌放射物质残留等。

（6）来自包装物污染　玻璃瓶的玻璃渣、清洁不干净的回收使用包装物、污染物残留等。

### （二）生物危害的识别

1. 引入的生物危害

（1）来自原料本身　动物的疫病、寄生虫、致病菌等危害性细菌、病毒等。

（2）来自加工过程及环境的染污致病菌等危害性细菌、病毒等　空气中微生物污染、不洁食品接触面的污染（如刀具、台面、管道及设备等）、操作人员污染（手、毛发、工作服、吐沫等）、进入生产现场的虫鼠、生产用水污染（传送、清洁、冷却等用水）、不同清洁条件的产品和工具相互交叉污染等。

（3）动物疫病的产生与扩散　如不规范操作导致动物应急反应以及不良圈养环境导致待宰动物生病或进一步传染其他动物。

2. 增加的生物危害

不利的环境条件及产品状态会导致微生物的快速繁殖。

（1）环境温度控制不当导致产品温度的失控　如加工环境温度、贮藏库温度、冷藏车温度、冷柜等温度失控。

（2）工艺控制不当导致产品温度的失控　如热灌装时产品温度过低、果汁加工过程温度过高、冷却后产品温度高于控制温度。

（3）不利温度状态下加工时间过长　如肉制品出炉后包装加工时间过长、罐头封口到杀菌时间过长、杀菌后产品冷却时间过长等。

（4）水分活度（回潮率、盐度、糖度）失控　如干燥工艺失控导致水分活度没有达到控制要求、空气湿度的变化导致产品的回潮。

3. 残留的生物危害

杀菌条件控制不当杀菌不充分，产品不能安全保存与食用。

（1）抑制剂（柠檬酸、臭氧、防腐剂等）添加不足　pH 测试仪不准确导致柠檬酸添加量不足、辅料不合格导致防腐剂浓度过低、臭氧机工作不良导致产品臭氧含量不足等。

（2）影响杀菌的因素控制不良　如罐头杀菌前品温、封口到杀菌的间隔时间、pH、最大固容量、杀菌过程时间与温度等多个因素控制不良。

**（三）化学危害的识别**

1. 来自原辅料

（1）生物体本身自然含有的天然毒素　如毒菇类中含有的剧毒物质、金枪鱼的组胺、坚果中的过敏物质、贝类体中的贝类毒素等。

（2）产品污染产生的毒素　如蘑菇污染产生金黄色葡萄球菌肠毒素、谷物霉变产品黄曲霉毒素等。

（3）动植物中药物残留　如植物产品农药残留、动物产品的农兽药残留等。

（4）包装物可溶化学物　如 PVC 材料中氯乙烯单体和乙基己基胺等。

2. 消毒液、护色剂等助剂残留

如使用高浓度消毒液处理蔬菜导致次氯酸液、过氧化氢等残留，焦亚硫酸钠护色处理新鲜蘑菇导致二氧化硫残留，啤酒中甲醛残留等。

3. 食品添加剂不合理使用

如肉制品亚硝酸盐超标准使用、使用非食品添加剂苏丹红色素等。

4. 来自设备设施维护过程中的润滑油污染等

清洗剂处理不净、非食品级润滑油的不规范使用等。

5. 杀虫剂等化学物污染

车间内使用杀虫剂污染产品等。

蘑菇罐头的危害识别如表 5-4 所示。

**表 5-4　　　　　　　　　　　蘑菇罐头的危害识别**

| 工序 | 危害 | 危害描述 | 危害评价 | 控制措施 |
|---|---|---|---|---|
| 蘑菇验收 | 生物危害 | 原料生长过程中可能含有肉毒芽孢杆菌或其他致病菌，酵母菌或霉菌 | | |
| | | 原料筐未消毒重复使用，可能使产品污染致病菌 | | |
| | | 采收前人员未洗手可能使产品污染致病菌 | | |
| | | 采收到工厂的产品处理时间没有得到监控导致时间过长，致病菌多代繁殖 | | |
| | 物理危害 | 产品根部带有的泥土 | | |
| | | 部分竹筐脱落的竹片并叉入蘑菇体中 | | |
| | | 装蘑菇的编织袋脱落的纤维 | | |
| | | 采收人员脱落的头发 | | |
| | 化学危害 | 环境杀虫可能的农药污染 | | |
| | | 喷洒的水可能的农药、重金属污染 | | |
| | | 土壤及秸秆组成的培养土可能的农药、重金属污染 | | |

## 二、　确定终产品的食品安全可接受水平

食品安全可接受水平指食品安全危害出现后，对人体健康不产生影响，可以为大众所接受的值，绝对的食品安全是不存在。食品的危害控制是通过食品链全过程控制来实现的。组织的终产品安全性是相对的，危害的可接受水平与组织在食品链中位置相关，取决于其在食品链中所承担的食品安全控制的责任。同一组织生产的同一产品，由于顾客对产品的预期用途不同，产品也会有不同危害可接受水平。满足法规、顾客及组织要求的产品才是合格的安全产品。

很多组织或顾客不以适用的强制性法律法规标准作为产品的安全质量标准，此时就应以高于法规的标准作为组织危害控制要求。

当产品没有国家标准等强制性标准要求时，组织的食品安全管理体系可参照同类产品的安全标准或是通过科学的风险评估手段来确定产品安全标准或要求。可以通过相同产品的安全事故报道、科研机构的研究成果、顾客调查或是经验确

定产品的安全标准或要求。

食用菌罐头的产品安全国家标准如表 5-5 所示。

表 5-5 食用菌罐头卫生标准

| 项目 | 指标 |
| --- | --- |
| 污染物限量 | 按 GB 2762—2017 规定 |
| 真菌毒素限量 | 按 GB 2761—2017 规定 |
| 食品添加剂 | 按 GB 2760—2014 规定 |
| 食品营养强化剂 | 按 GB 14880—2012 规定 |
| 微生物 | 符合罐头食品商业无菌要求 |

如果产品出口应收集进口国的产品安全法规和标准，如出口日本产品应关注其产品标准以及日本政府《食品中残留农业化学品肯定列表制度》对农兽残的标准要求。"肯定列表"制度涵盖的农业化学品包括杀虫剂（农药）、兽药和饲料添加剂，对农业化学品拟订了"一律限量"、"豁免物质"以及"临时最大残留限量"的标准。"肯定列表"制度规定的农业化学品标准涉及我国对日出口的绝大部分食品、农产品。出口日本食品生产组织应特别关注。

## 三、 食品安全危害评价

组织应对每种已识别的食品安全危害进行危害评价。评价食品安全危害的风险程度，以确定需消除危害或是将危害降至规定的可接受水平。

食品链中组织的食品安全危害评价应根据组织食品安全危害造成不良健康后果的严重性及其发生的可能性，对识别的食品安全危害进行风险评价。最好的办法是通过定性的描述或一个可以量化的数据来完成。

通常科学的危害分析是由食品毒理学家、微生物学家、医生或其他专业人士等负责，对包括流行病学研究、动物毒理学研究、体外试验等数据进行系统分析，以最终评价不同食品安全危害的风险程度。组织可以通过聘请专家、收集相关的食品安全危害数据，或是依据经验以及较严格的危害控制认识与要求实现危害的风险评价，通过食品危害的严重性和可能性评价，进而确认相关的危害风险程度。

### （一） 危害发生的严重性评价

食品危害的严重性与其对顾客产生的影响即危害程度直接相关，同时食品危害可能与组织影响程度紧密相关。

组织可将危害程度定性地分为灾难性危害、严重危害、中度危害、轻微危害、可忽略危害。组织也可以将危害程度粗略地只分为严重危害（包括灾难性危害）、中度危害、轻微危害（包括可忽略危害）。可以将食品安全对组织的影响程度分为严重影响、一般影响、轻微影响（或不影响），并以严重性指数 ($S$) 来综合描述危害的严重性。

严重性指数（$S$）是指危害一旦发生顾客及组织不可接受程度的等级描述。如巧克力产品沙门菌污染水平与严重性指数的关系如表 5-6 所示。

表 5-6　　　　　　　　　　　　　巧克力危害指数评价

| 污染程度（CFU/100g） | 0 | ≤10 | 100～1000 | 1000～10000 | ≥10000 |
|---|---|---|---|---|---|
| 危害表现 | 无 | 无 | 体弱人群有腹泻可能、证据不充分 | 体弱者产生腹泻，有案例发生 | 一般人群产生严重腹泻等严重反应，有案例发生 |
| 危害程度 | 无 | 轻微危害 | 中度危害 | 严重危害 | 灾难性危害 |
| 严重性指数（$S$） | $S1$ | $S2$ | $S3$ | $S4$ | $S5$ |

通常危害严重性指数与危害直接产生的后果的严重性直接相关。然而在某些情况下，危害对消费者的影响程度虽然是中度或轻微的，由于在一特定条件下可能会给组织带来十分严重的影响，一些本不严重的危害可能成为组织不可接受的危害，并需要组织实施严格的控制。

为了更有效评估危害程度（$Q$）、食品安全影响程度（$N$）与严重性指数（$S$）的关系，可以利用下列矩阵图的方法对其三者关系进行描述。危害的程度（$Q$）与食品安全影响程度（$N$）的值利用矩阵图得出严重性指数 $S$，如表 5-7 所示。

表 5-7　　　　　　　　　危害的程度与食品安全影响程度矩阵图

| 危害的程度 ／ 食品安全影响程度 | 轻微危害（包括可忽略危害） | 中度危害 | 严重危害（包括灾难性危害） |
|---|---|---|---|
| 轻微影响或不影响 | $S1$ | $S2$ | $S3$ |
| 一般影响 | $S2$ | $S3$ | $S4$ |
| 严重影响 | $S3$ | $S4$ | $S5$ |

如蘑菇罐头的金黄色葡萄球菌肠毒素，就其对消费者可能造成的危害性而言是严重危害，由于其出口美国的特殊历史因素与目前安全质量要求，通关时一经检出全部产品将被扣留，给企业造成巨大的经济损失，金黄色葡萄球菌肠毒素对出口企业而言具有严重影响。由于内销过程中缺乏监管，多年来从未有类似的质量安全事故在国内报道或对企业产生不利影响。因此，对于内销企业其影响程度将大大降低。

严重性指数是一个相对的危害程度的描述，与组织设计的方法相对应，不同组织及不同的评估标准可能会有不同的评估结果，但针对一特定组织使用同一评估标准是具有实际的评价意义的。

**（二）危害发生的可能性评价**

危害发生的可能性除了与其真实发生的频次或是概率相关，同时与识别危害发生的能力相关。

组织可将危害发生的可能性分别定性为频繁发生、经常发生、偶然发生、很少发生或不可能发生。以可能性指数来描述危害发生的可能性。可能性指数（$L$）是指可确定的危害发生的频次或是概率的级别描述，如表5-8所示。

表5-8　　　　　　　　　　　　危害发生的可能性评价

| 芦笋毒死蜱残留超标（大于$5×10^{-6}$）/（频次/1000批） | 0 | 0~2 | 3~10 | 11~30 | >30 |
|---|---|---|---|---|---|
| 可能性描述 | 不可能发生 | 很少发生 | 偶然发生 | 经常发生 | 频繁发生 |
| 可能性指数（$L$） | L1 | L2 | L3 | L4 | L5 |

当能够准确识别危害发生时危害的可能性指数与其发生的频次或概率直接对应，如组织出口日本产品实施每批农药残留检测，根据产品的质量控制目标和常规控制水平制定出可能性判断准则。

当识别危害的能力较小时，发生的频次可能远大于被识别的频次。不同的数据来源对可能性评价具有不同的判断水平，如残留超标数据通过顾客反馈与自身抽样检测数据的不同评价如表5-9所示。

表5-9　　　　　　　　　　　　残留超标的不同评价

| 进口商反馈残留超标/1000批 | 0 | 1 | 1~5 | 5~10 | 10以上 |
|---|---|---|---|---|---|
| 组织自检残留超标/1000批 | 0 | 0~10 | 10~30 | 30~100 | 100以上 |
| 可能性描述 | 不可能发生 | 很少发生 | 偶然发生 | 经常发生 | 频繁发生 |
| 可能性指数（$L$） | L1 | L2 | L3 | L4 | L5 |

当无法实现全部产品的监控获取完整的可能性数据时，组织应制定评估不同数据来源的可能性指数（$L$）标准并持续更新，当数据有多种来源时应通过加权计算的方法，评估其可能性指数。如蘑菇罐头的毛发危害的可能性评价如表5-10和表5-11所示。

表 5-10 可能性评价

| 样　本 | 数据源 | 权重 |
|---|---|---|
| | 5%抽样玻璃瓶外观察样品发现毛发根数（A） | 1 |
| 每 100 万罐 | 顾客直接电话投诉次数（B） | 5 |
| | 经销商投诉次数（C） | 10 |

表 5-11 加权值的计算

| 可能性加权值（A+5B+10C） | 0 | 0~5 | 6~20 | 21~50 | 大于 50 |
|---|---|---|---|---|---|
| 可能性描述 | 不可能发生 | 很少发生 | 偶然发生 | 经常发生 | 频繁发生 |
| 可能性指数（L） | L1 | L2 | L3 | L4 | L5 |

组织在体系建立初期可能因为没有完整的基础数据可以使用而更多地依靠经验来对危害的严重性及可能性进行判断。经验同样是历史数据的积累，很多情况可能没有可见的具体数据，依据经验对危害严重性指数及可能性指数进行直接的判断也是实施最初危害分析的一个重要手段，组织应通过以后的数据对其科学性实施确认和验证。

（三）危害发生的风险程度评价

食品安全危害发生的风险程度与危害发生的可能性和严重性相关，可以用风险值（P）描述危害的风险程度。风险值是指食品暴露于特定危害时对健康产生不良影响的概率（可能性指数 L）与严重程度（严重性指数 S）之间形成的函数，如表 5-12 所示。

表 5-12 风险值

| 严重性指数<br>可能性指数 | S1 | S2 | S3 | S4 | S5 |
|---|---|---|---|---|---|
| L1 | P1 | P1 | P2 | P3 | P4 |
| L2 | P1 | P2 | P2 | P3 | P4 |
| L3 | P2 | P2 | P3 | P4 | P4 |
| L4 | P3 | P3 | P4 | P4 | P5 |
| L5 | P4 | P4 | P4 | P5 | P5 |

不同风险的危害需要组织给予不同的重视程度，通常组织会对不同风险程度的食品危害采取相应的对策与措施如表 5-13 所示。

表 5-13 控制不同风险的食品安全危害对策

| 风险值 P | 5 | 4 | 3 | 2 | 1 |
|---|---|---|---|---|---|
| 容许程度 | 绝不容许 | 重大的 | 中度的 | 可容许的 | 可忽略的 |
| 可能的对策与措施 | 高度重视、投入所有资源进行控制与改进 | 高度重视、实施系统改进 | 重视、加强管理提高控制能力 | 重视、提高员工意识 | 不重视、不予特殊关注 |

通过组织对产品风险程度的评估，组织可以确定哪些危害应该由组织重点控制、哪些危害由组织实施一般控制、哪些危害目前可以不予关注。也就是说组织通过危害识别找出所有食品安全潜在的危害（组织可形成潜在的危害清单），通过终产品的安全风险评估进一步明确应由组织实施控制的食品安全危害（组织可形成危害的控制清单）。

组织可在终产品危害分析的基础上，进一步分析与其相关的加工环境、工艺过程，并根据危害分析的结果制定相应的危害控制措施，实现产品的安全控制。

### （四）过程失控的风险评价

当组织通过对终端产品的风险分析识别出需要控制的危害后，如何采取有效措施加以控制是组织应加以考虑的核心问题。这就需要组织首先应在风险分析的基础上，科学的评价组织产品加工过程失控的可能性，以及过程失控对终产品危害控制影响的严重性，进而确定组织对各食品安全相关控制过程的控制要求。

过程失控的风险度评价是控制措施选择与确定的依据。风险度评价的方法可参考终产品风险评估的方法，分别对过程失控的可能性和严重性进行评估，进而确定过程失控的风险度。

过程失控的严重性：是指本过程失控对终产品危害控制的影响程度。

过程失控的可能性：是指一般工序引入、增加危害的频次或概率，以及危害控制工序失控导致危害的残留或不能有效消除导致超出可接受水平的频次或概率。

如蘑菇切片工序，如果出现刀片断裂不能及时在本工序发现，由于后面还有金属探测工序，所以其对食品安全是不影响的，也不会对消费者产生危害，本工序金属异物危害控制的严重性指数为 $S1$。由于切片机使用一年还没有发生刀片损伤，但顾客反应其他工厂使用同样设备曾有发生刀片损伤事件，所以评价其可能性为很少发生，其金属异物危害控制的可能性指数为 $L2$。由此得出切片工序失控的风险度为 $P1$。

再如金属探测工序，如果失控对终产品安全影响程度是严重影响，不能消除的金属危害后工序也无法消除，对消费者来说是严重危害，可评价金属控制工序危害控制的严重性指数为 $S5$。由于使用的金属控制设备日常监控中每天都发现有来自原料及设备磨损等原因的金属物，近 3 个月设备不稳定的次数明显增加每周都有返工现象出现，经过近 3 年设备偏离历史数据的统计，评价其可能性指数为 $L4$。

由此得出金属探测工序失控的风险值为 $P5$。

可用加工工序危害分析单对上述分析过程进行记录如表 5-14 所示。

表 5-14                                 危害分析单

| 工序 | 危害 | 危害描述 | 危害评价 | | | 控制措施 |
| --- | --- | --- | --- | --- | --- | --- |
| | | | $S$ | $L$ | $P$ | |
| 切片 | 物理危害 | 产品中可能的硬性杂质在快速切片过程中导致刀片损伤 | 1 | 2 | 1 | |
| 金属探测 | 物理危害 | 可能设备传感器运行状态不稳定导致不能有效探测到产品中的金属物 | 5 | 4 | 5 | |

危害分析在同一工序中应对同一危害的不同原因或途径分别进行危害评价，如蘑菇原料采收工序如表 5-15 所示。

表 5-15                             蘑菇采收工序的危害评价

| 工序 | 危害 | 危害描述 | 危害评价 | | | 控制措施 |
| --- | --- | --- | --- | --- | --- | --- |
| | | | $S$ | $L$ | $P$ | |
| 蘑菇采收 | 生物危害 | 原料筐未消毒重复使用可能使产品污染致病菌 | 3 | 2 | 2 | |
| | | 采收前人员没有洗手可能使产品污染致病菌 | 4 | 2 | 3 | |
| | | 采收到工厂产品处理时间没有监控，时间过长导致致病菌多代繁殖 | 4 | 4 | 4 | |

组织应对每一原料、辅料、助剂、添加剂等以及加工过程和重要环境因素进行系统的危害分析，分别评价每一因素可能引入或是增加危害的风险程度，并通过风险程度的评估结果实现控制措施的选择。

## 任务三

## 危害控制措施的选择和制定

食品生物的、物理的、化学的危害以及食品本身存在状况引发的危害，通常是通过组织的管理活动共同加以控制（控制措施组合）。危害控制措施组合包括操作性前提方案（OPRP）和关键控制点（CCP）。OPRP 和 CCP 都是针对特定的危害进行控制而设计的，它们的区别在于工序危害控制的风险度不同，也就是说 OPRP 的危害控制的风险度要低于 CCP 控制的风险度。

### 一、控制措施的选择

控制措施的选择有两种不同的方法：一是逻辑判断的方法；二是工序风险评估

方法。以上方法可根据组织在食品链中的类型、规模和管理水平等进行选择。

## （一）逻辑判断方法

食品安全危害的控制效果与控制措施有密切的相关性。相关性越强，控制措施越可能属于 CCP 点；控制措施对危害水平和危害发生频率的影响方面，影响越大，控制措施越可能属于 CCP 点；控制措施所控制的危害对消费者健康影响的严重性方面，影响越严重，控制措施越可能通过 CCP 点控制。如杀菌工序、金属探测工序与危害控制效果的相关性均较强。

控制措施是否受控应能够被有效监视，通过及时监视以便能够立即采取纠正和纠正措施。监视的需要越迫切，控制措施越可能通过 CCP 点控制。如杀菌工序、金属探测工序需要被及时监视。

相对其他控制措施，该控制措施在系统中的位置。如果本步骤不加以控制，后工序就没有其他的控制措施可以将危害降低到可接受水平，那么该控制措施越可能通过 CCP 点控制，如杀菌工序、金属探测工序等。

控制措施是否有针对性地建立并用于消除或显著降低危害水平。如果是专门设计，控制措施就越可能通过 CCP 点控制。如杀菌工序、金属探测工序等。

当两个或更多措施作用的组合效果优于每个措施单独效果的总和时，单一控制措施并不直接体现危害控制能力，应充分考虑各要素的稳定性及影响程度（风险度），这些控制措施有可能通过 OPRP 或 HACCP 计划进行管理。

对于已确定的风险较高的危害是通过 CCP 点控制还是 OPRP 控制的判别可利用图 5-2 和图 5-3 的方法进行选择。

CCP 判断树如图 5-3 所示，是确定关键控制点非常有用的工具。在判断树中，针对每一种高风险危害设计了一系列的逻辑问题，HACCP 小组按顺序回答判断树中的问题，便能决定某一步骤是否是 CCP。但需注意的是，判断树不能代替专业知识。

问题 1：对已确定的显著危害，是否有相应的控制措施？

如果回答"是"，则进入问题 2。

如果回答"否"，则回答是否有必要在该步控制此危害。如果回答"否"，则不是 CCP；如果回答"是"，则表示该点必须加以控制，而现有步骤、工序不足以控制此危害，应修改或调整此工艺步骤或重新改进产品设计，包括预防措施。另外，只有危害，而没有预防措施，不是 CCP，需要改进。

问题 2：采取的预防措施是否能消除危害或将危害降低到可接受水平？

如果回答"是"，还应考虑该步是否是控制危害的最佳步骤；如果是，则是 CCP。

如果回答"否"，进入问题 3。

问题 3：危害是否有可以增加到不可接受水平？

如果回答"否"，则不是 CCP。

如果回答"是"，进入问题 4。

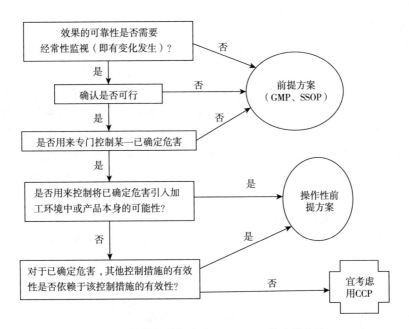

图 5-2　操作性前提方案（OPRP）的选择方法

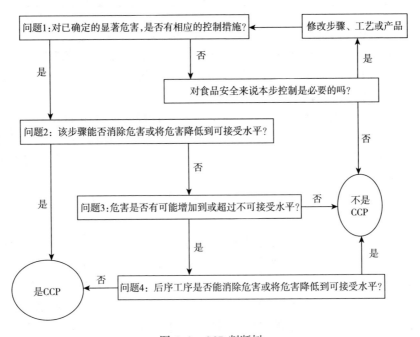

图 5-3　CCP 判断树

问题 4：后序工序是否能消除危害或将危害降低到可接受水平？

如果回答"否"，是 CCP。

如果回答"是"，则不是 CCP。

判断树的逻辑关系表明，如有高风险危害，必须在整个加工过程中用适当 CCP 加以预防和控制；CCP 点须设置在最佳、最有效控制点上，如 CCP 可设在后序的步骤/工序上，前面的步骤/工序不作为 CCP，但后序的步骤/工序上如果没有 CCP，那么该前步骤/工序就必须确定为 CCP。显然，如果某个 CCP 上采用的预防措施有时对几种危害都有效，那么该 CCP 可用于控制多个危害。应用判定树的逻辑推理方法，确定 HACCP 系统中的关键控制点（CCP），对判定树的应用应当灵活，必要时也可使用其他的方法。凡是由 HACCP 小组识别的所有 CCP 都必须采取预防措施，并且该措施不能被加工过程中其他措施取代。

**（二）过程风险度评估方法**

组织可以依据危害分析的结果对控制措施进行分类，如表 5-16 所示。

表 5-16　　　　　　　　　　　　　　风险度评价方法

| 工序风险值 P | 1 | 2 | 3 | 4 | 5 |
| --- | --- | --- | --- | --- | --- |
| 失控容许程度 | 可忽略的 | 可容许的 | 中度的 | 重大的 | 绝不容许 |
| 控制措施 | 不予关注 | OPRP 控制或不予关注 | OPRP 控制 | CCP 控制或 OPRP 控制 | CCP 控制 |

通过表 5-14 和表 5-15 可以判断金属探测工序、蘑菇的原料采收时限控制是关键控制点，应加强工序控制能力。更多情况下，危害分析的结果是对管理能力改进的要求，通过对工序过程的分析，识别危害关键控制环节，加强管理提高组织危害控制的能力。

当组织没有金属探测时，顾客又对金属危害有特别的控制要求，组织加强现有工艺过程控制，对切片工序实施最严格的控制手段，但仍然无法有效降低危害到可接受水平，此时只能通过增加高能磁棒或购置金属探测仪等改进前提方案的措施来实现危害控制。

## 二、控制措施的制定

组织在控制措施制定过程中应明确的内容，如表 5-17 所示，包括：控制什么危害、控制程序（由谁控制、如何控制、控制参数）、监视程序（由谁监视、监视什么、如何监视、监视频次、记录的要求）、纠偏程序（明确对不符合发生后的产品的处置、过程恢复的要求及相关人员权限、制定纠正措施的要求、记录的要求）、验证程序（对过程记录的验证、对危害控制效果的验证、对监控装置的有效性验证）。

**表 5-17**　　　　控制措施表

| (1) 过程名称 | (2) 控制的危害 | (3) 控制措施的类别与方法 | (4) 对象 | (5) 方法 | (6) 频率 | (7) 人员 | (8) 纠偏行动 | (9) 记录 | (10) 验证 |
|---|---|---|---|---|---|---|---|---|---|
| | | | | 监控程序 | | | | | |
| 蘑菇的漂洗 | 生物危害：表面致病菌及一般微生物<br><br>物理危害：泥沙、杂质<br><br>化学危害：表面农药 | OPRP<br>1. 加压自来水管冲淋装置正常水压保持水龙头全开，水自然流淌，蘑菇经过全部漂洗路线进入初加工车间；<br>2. 每间隔20s以上倒入一标准箱原料，局部蘑菇池内蘑菇与水比例为1：（1.5～2） | 1. 水压正常<br>2. 无死水区<br>3. 蘑菇无堆积<br>4. 进入车间蘑菇无附着泥土 | 观察 | 随时 | 漂洗工序操作工 | 1. 水压不足时减少投入原料量，采用人工翻动的方式使蘑菇在池与池之间流动；恢复水压<br>2. 车间内发现清洗不净的产品，通知本车间主管或现场品管人员监督下用水冲淋 | 蘑菇漂洗记录 | 下工序观察，车间主管每天下午各巡查两次，每周检查一次，蘑菇漂洗记录 |
| 杀菌 | 致病菌及一般微生物 | CCP<br>1. CL 杀菌初温≥50℃<br>2. CL 杀菌恒温温度≥121℃，时间见《恒温时间表》，设定恒温温度为121～122℃自动恒温控制（严格执行《杀菌规程》） | 1. 测第一笼第一罐初温<br>2. 观察恒温温度、时间 | 温度测量观察温度计及自动记录 | 入锅前每 5min 观察连续自动监控 | 杀菌工 | 1. 通知现场主管《杀菌温度偏差表》进行调整<br>2. 由现场主管决定延长杀菌时间或其他处置<br>3. 隔离商业无菌大抽样做杀菌实验<br>4. 查找原因<br>5. 同责并培训人员（严格执行《杀菌过程紧急处理程序》） | 初温测试记录、杀菌过程记录、纠偏记录、校准记录、釜热分布测试记录 | 组长每天检查记录，每笼抽样做商业无菌实验，每半年测杀菌釜热分布，每半年校准温度计、压力表 |

控制措施表应简单、直接、明了，便于分割成各工序的现场指导文件，对简单表格不能充分描述的复杂过程的控制措施，最好形成单独的控制措施文件。

## 任务四

### 关键限值的确定及监测控制

#### 一、 关键限值确定的科学性

对关键控制点实施有效控制，首先应制订满足危害控制要求的关键限值（CL值）。关键限值是可接受与不可接受的判定值，经过关键限值的有效控制确保终产品的安全危害不超过已知的可接受水平。关键限值的确定通常要通过科学实验或从科学刊物、法规标准、专家及科学研究等渠道收集信息。CL值的科学性应予以确认，如表5-18所示。

表 5-18　　　　　　　　　　　　关键限值确定实例

| 危害 | CCP | 关键限值（CL） |
|---|---|---|
| 致病菌的杀灭 | 巴氏消毒 | ≥72℃；≥15s 将牛乳中致病菌杀死 |
| 致病菌的繁殖 | 干燥 | 干燥条件：≥93℃；≥120min；风速≥0.057m³/min，半成品厚度≤1.3cm（达到水活度≤0.85，以控制被干燥食品中的致病菌） |

如细菌和酵母菌等的营养细胞在70~80℃的温度范围加热10min左右即被杀死，其中包括一般的腐败菌和致病菌类。酵母菌的芽孢和霉菌等的营养细胞需经90℃左右的较长时间加热才能杀死。对耐热性最强的细菌芽孢，只有115~125℃的高温才有杀菌效果。鱼、虾、贝类等属于低酸性食品（pH在5.5~6.5），需进行115~121℃的高温杀菌。杀菌工序的关键限值应根据不同的目标菌的杀菌要求制定。

组织在新产品的开发过程或根据以往的经验最初选用一个保守的CL，然后再经过确认与验证不断完善。

经验的数据也是可以应用的。如某公司将苹果的烂果率控制在10%的时候都可以保证产品的棒曲霉毒素控制在30μg/kg以下，历史上发生过超出30μg/kg安全限值的情况都是烂果大于10%时生产的产品，为了保险组织可将关键限值制定在烂果率小于5%。

基于主观信息（如对产品、加工过程、处置的视觉检验等）的关键限值，应有指导书、规范和（或）教育及培训的支持。如蔬菜加工企业，消毒工序用比色法测量消毒液浓度，目光评价检测样品与标准样品的色度，组织应通过不同人员对比、滴定法比对等方法定期校正不同操作人员视觉差异，保证所制定的关键限值（CL值）满足控制要求。

## 二、 关键限值的可测量性

关键限值的可测量性应体现出快速、准确和方便的原则。例如，需对鱼饼进行油炸（CCP），以控制致病菌，油炸肉饼可以有 3 种 CL 的选择方案。

选择 1：CL 定为"无致病菌检出"；

选择 2：CL 定为"最低中心温度 66℃；最少时间 1min"；

选择 3：CL 定为"最低油温 177℃；最大饼厚 0.64cm；最少时间 1min"。

显然，在选择 1 中所采用的 CL（微生物限值）是不实际的，通过微生物检验确定 CL 是否偏离需要较长时间，CL 不能被及时监控。此外，微生物污染带有偶然性，需大量样品检测结果方有意义。微生物取样和检验往往缺乏足够的敏感度和现实性；在选择 2 中，以油炸后的鱼饼中心温度和时间作为 CL，就要比选择 1 更灵敏、实用，但在选择 2 中也存在着缺陷——难以对比进行连续监控；在选择 3 中，以最低油温、最大饼厚和最少油炸时间作为油炸工序（CCP）的 CL，确保了鱼饼油炸后应达到的杀灭致病菌的最低中心温度和油炸时间，同时油温和油炸时间能得到连续监控（油温自动记录仪/传送网带速度自动记录仪）。显然，选择 3 是最快速、准确和方便的，是最佳的 CL 选择方案。

微生物污染在食品加工中是经常发生的，但设一个微生物限度作为生产过程中的 CCP 的关键限值是不可行的，微生物限度很难快速监测，确定偏离限值的试验可能需要几天时间，并且样品可能需要很多才会有意义，所以设立微生物关键限值可能不是最佳选择。由于微生物的生长需要养分、水分、合适的时间/温度、合适的酸碱度等因素，所以可以通过温度、酸度、水分活度、盐度等来控制微生物的污染。表 5-19 是一些关键限值示例。

表 5-19 关键限值示例

| 危　害 | 关键控制点 | 关键限值 |
|---|---|---|
| 金属碎片 | 金属检测 | 金属碎片不超过 0.5mm |
| 酸化食品中的肉毒杆菌 | 配汤 | pH 小于 4.6 |
| 食品的过敏原 | 标签设计 | 标签符合法规要求并包含所有的成分 |
| 组胺（小于 $25 \times 10^{-6} \mu g/kg$） | 贮藏 | 金枪鱼贮藏温度 0~5℃ |

## 三、 关键控制点的监视

通过对可测量的关键限值的监视可以证实关键控制点处于受控状态。组织应建立关键控制点的监视系统，针对关键限值进行有计划的测量或观察，策划关键限值的监视程序。

（1）在适当的时间范围内提供结果的测量或观察 时间范围的长短应考虑过程控制的稳定性以及失控后纠偏成本的大小；时间间隔越短过程控制成本越高，但发生关键限值偏离的受影响的产品越少。时间间隔长短应保证受影响产品能够追溯并处置。

（2）所用的监视装置应该是适宜的 监视装置对关键限值的测量值应满足设定的测量精度要求，如精度为 1 的常规的 pH 试纸不能对精度为 0.1 的产品酸度进行监视。

（3）所用的监视装置计量结果应该是准确的 应对监视的设备或方法采用适当的方法进行校准。基于主观信息（如对产品、加工过程、处置的视觉检验等）的关键限值可采用观察能力的校准，如蔬菜加工企业的消毒工序用比色法测量消毒液浓度，目光评价检测样品与标准样品的色度。组织可通过不同人员对比、滴定法比对等方法定期校正不同操作人员视觉差异，保证所制定的关键限值（CL值）满足控制要求。对于不涉及生产安全和贸易结算等数据监视设备，除国家强制进行周期计量校准外，组织可以根据过程控制的要求制定监视设备的校准的程序或指导书，如可以采用可追溯到国家标准的砝码每天对用于计量最大装罐量的电子秤进行定量校准。

组织根据危害分析制定控制措施组合，通过 OPRP 方案和 HACCP 计划对危害实施控制。但无论 OPRP 方案还是 HACCP 计划，组织都不能够保证其持续满足规定的控制要求，需要不断进行改进。当出现不符合时，组织应有相应的控制措施，应对受影响的产品进行分析评估，采取策划的纠正和纠正措施，以保证不安全产品不会被非预期的使用或是被最终的消费者食用，并避免不合格的再次发生。

## 任务五

# CCP 失控的处置与 HACCP 计划的确认和验证

## 一、 CCP 失控的处置

当监控结果表明某一 CCP 偏离 CL 时，必须立即采取纠偏措施。HACCP 小组需要将纠偏措施的具体步骤标注在 HACCP 计划表上，这样可以减少采取纠偏时可能发生的混乱或争论。

### （一）纠偏的内容

当监测结果指出一个关键控制点失控时，HACCP 系统必须允许立即采取纠正措施，而且必须在偏离导致安全危害之前采取措施。纠正措施包括四方面：

（1）利用监测的结果调整加工方法以保持控制；

（2）如果失控，必须处理不符合要求的产品；

（3）确定或改正不符合要求的产品；

（4）保留纠正措施的记录。

**（二）纠偏的步骤**

纠偏行动一般包括以下三步。

第一步，纠正、消除产生偏离的原因，将 CCP 返回到受控状态下。一旦发生偏离 CL，应立即报告，并立即采取纠偏措施，采取纠偏越快，加工偏离 CL 的时间就越短，恢复正常生产就越快，重新将 CCP 处于受控之下，而且受到影响的不合格产品就越少。

纠偏措施尽量包括在 HACCP 计划中，而且使工厂的员工能正确地进行操作。应分析产生偏离的原因并予以改正或消除，以防止再次发生。

第二步，隔离、评估和处理在偏离期间生产的产品。对于加工出现偏差时所生产的产品必须进行确认和隔离，并由专家或授权人员，或通过实验（物理、化学、生物）确定这些产品的处理方法。处理方法如下。

（1）销毁不合格产品　销毁不合格产品是最有效的措施。如果产品不能再返工，并且其中有害物质的危险性很高，只能采取这一措施。

（2）重新加工　如果再加工能有效控制产品中的危害，那么就可以采取这一措施。但必须确保返工过程中不能产生新的危害，而且质量上与未返工的合格产品一致。

（3）直接将废次品制成要求较低的产品　如动物饲料或加工成另一种产品，新产品的加工过程必须能有效控制危害。采用此法需要考虑是否存在热稳定性毒素以及控制过程过敏性物质的含量。

（4）取样检测后放行产品　如果决定利用抽样检测的方法来判断产品中是否存在危害，必须严格按照取样原则抽取样品，同时了解所采用的抽样方法能检出危害的概率。

（5）放行　采取这一措施时，绝不能忽视产品的安全性，在充分认识到销售具有危险性食品对工厂带来的影响及承担的法律责任。

第三步，重新评估 HACCP 计划。确认实施的 HACCP 计划与生产实际的差距；确认在初始阶段可能忽视掉的危害；决定所采取的纠偏行动是否能有效地修正偏差；确认制定的 CL 值以及采取监控活动是否适当；确认是否存在可应用的新技术来尽可能地降低危害的发生；决定新的危害是否必须在 HACCP 计划中得到确认。

## 二、 HACCP 计划的确认和验证

HACCP 计划的宗旨是防止食品安全危害，确认是通过严谨、科学、系统的方法确认 HACCP 计划是否有效，验证是通过必要的检查或检测方法得到需要的数据或客观事实，然后再与规定要求比较以后的评判活动。建立确认和验证程序不但能确定 HACCP 计划是否可行，是否按预定计划运作，而且还可确定 HACCP 计划是否需要修改和再确认。所以，验证是 HACCP 计划实施中最复杂的程序之一，也是必不可少的程序之一。验证的内容主要包括以下三个方面的内容。

## （一）HACCP 计划的确认

HACCP 计划确认的主要目的是证明 HACCP 计划的所有要素都有科学依据，从而有根据地证实只要有效地实施 HACCP 计划，就可以控制影响食品安全的潜在危害。

确认过程必须结合基本的科学原则，运用科学数据，依靠专家意见，在生产中观察或检测等方法进行。

HACCP 计划确认的对象是 HACCP 计划的每一环节，通常由 HACCP 小组或受过适当培训且经验丰富的人员来完成确认工作。

任何一项 HACCP 计划在实施之前都必须确认。HACCP 计划实施后，如果有以下情况时应进行再次确认：改变原料，改变产品或加工，验证数据出现相反的结果，重复出现偏差，有关危害和控制手段的新信息，分销方式或消费形式发生变化，或根据生产中的观察结果，有必要再次确认时。

## （二）HACCP 计划的验证

HACCP 计划的验证包括对 CCP 的校准、监控和纠偏措施记录的监督复查，以及针对的取样和检测。

### 1. 校准

CCP 监控设备的校准是成功实施 HACCP 计划的基础。如果监控设备没有经过校准，那么监控过程就不可靠，也就是从记录中最后一次可接受的校准开始，CCP 便失去了控制。另外，校准频率也受设备灵敏度的影响。

### 2. 校准记录的复查

设备校准记录的复查内容涉及校准日期、校准方法以及校准结果。所以，校准记录应妥善保存并加以复查。

### 3. 针对性的取样检测

如果原料接受是 CCP，相应的控制限值是供应商证明，需要监控供应商提供证明。检查供应商提供的证明与原料控制限值是否一致，常通过针对性取样检测来检查。

### 4. CCP 记录的复查

每一个 CCP 至少有两种记录——监控记录和纠偏记录。监控记录是为 CCP 处于控制之中，在安全参数范围内运行提供的证据；纠偏记录是企业以安全、合适的方式处理发生的偏差提供的证据。因此，这两种记录都是十分重要，管理人员必须定期复查，验证 HACCP 计划是否被有效实施。

## （三）OPRP 方案的确认与验证

需要对制定的 OPRP 方案进行确认和验证，以确保制定的 OPRP 方案有效实施。通常在 OPRP 方案首次运行时需对 OPRP 方案进行确认和验证；此后每年需进行确认和验证一次。当出现以下情况时需要重新对制定 OPRP 方案进行确认和验证。

（1）当原料或原料来源、产品配方、加工方法或产品的分销系统、用途或成品的消费方式等发生变化时；

（2）发现有关危害或控制手段的新信息（原来依据的信息来源发生变化）；

（3）重复检查出现同样的偏差；

（4）生产中观察到异常情况。

确认和验证的方法包括对 OPRP 方案文件进行评审；对照 OPRP 方案策划的要求进行现场检查等。

### 能力要求

### 实训1　危害分析及关键控制点的确定

#### 一、实训目的

1. 掌握危害分析的种类及分析方法，并了解控制措施；
2. 掌握利用判断树确定工艺过程的 CCP。

#### 二、实训原理

危害分析是建立 HACCP 体系的基础；而关键控制点的确定是食品安全风险能否有效控制的关键。CCP 通过利用 CCP 判断树进行确定。其核心是针对某个工序中危害评价得到的显著危害按照 CCP 判断树进行四个问题的回答，从而判断该工序是否为关键控制点。

#### 三、实训内容

1. 酱鸭加工工艺流程图如图 5-4 所示。

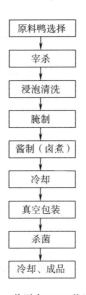

图 5-4　酱鸭加工工艺流程图

2. 对酱鸭加工过程中可能产生的危害进行分析，正确填写《危害分析工作单》。

3. 结合 CCP 判断原则，运用判断树确定 CCP，并将判断结果填入下表。

| 工序 | 危害 | 问题 1 | 问题 2 | 问题 3 | 问题 4 | 是否为 CCP |
|------|------|--------|--------|--------|--------|------------|
|      |      |        |        |        |        |            |

### 实训 2　HACCP 计划表的编制

#### 一、实训目的

运用 HACCP 的方法和原理，制定酱鸭产品的 HACCP 计划。

#### 二、实训原理

HACCP 计划表的填写是在危害分析和确定关键控制点的基础上，进一步确定关键限值、确定监控措施、纠偏措施，确定应保存的记录和验证程序等 HACCP 原理的集中体现形式。HACCP 计划表是指导 HACCP 体系实施的直接依据。

#### 三、实训内容

根据实训 1 的危害分析和关键控制点的确定，运用 HACCP 基本原理进一步确定 CL，并建立起监控程序和纠偏措施，正确填写 HACCP 计划表。

### 相关链接

1. GB/T 27341—2009 危害分析与关键控制点（HACCP）体系 食品生产企业通用要求

本标准规定了食品生产企业危害分析与关键控制点（HACCP）体系的通用要求，使其有能力提供符合法律法规和顾客要求的安全食品，适用于食品生产（包括配餐）企业 HACCP 体系的建立、实施和评价，包括原辅料和食品包装材料采购、加工、包装、贮存、装运等。

2. GB/T 19838—2005 水产品危害分析与关键控制点（HACCP）体系及其应用指南

本标准提出水产品加工企业 HACCP 体系的建立、实施和保持的基本要求，适用于水产品加工企业 HACCP 体系的建立、实施和管理，也可作为外部验证的技术依据。

3. GB/T 27342—2009 危害分析与关键控制点（HACCP）体系 乳制品生产企业要求

本标准规定了乳制品生产企业危害分析与关键控制点（HACCP）体系的通用要求，使其有能力提供符合法律法规和顾客要求的安全食品，适用于乳制品生产企业 HACCP 体系的建立、实施和评价，包括原辅料和食品包装材料采购、加工、包装、贮存、装运等。

4. 相关刊物

（1）《食品安全导刊》杂志由中国商业联合会、北京肉类食品协会主办，是国家新闻出版总署正式批准的，一本全面关注食品安全技术、知识的专业期刊。

（2）《中国食品质量报》是国务院"食品药品放心工程"指定宣传媒体，国家食品药品监督局政策法规宣传主流媒体，国资委系统行业指导报，中国食品工业协会机关报。

（3）《Journal of Food Safety》为 SCI 收录期刊。

（4）《Food Control》为 SCI 收录期刊。

### 课堂测试

**一、选择题**

1. 下列哪项不适宜作为关键限值指标？（　　）

A. 微生物　　　　B. 温度　　　　　C. 酸碱度　　　　D. 相对密度

2. 在油炸鸡腿的 HACCP 计划中，其 CCP 油炸操作的监控对象和方法应该是（　　）。

A. 鸡腿的色泽、香味　　　　　B. 用油的种类和用量

C. 观察鸡腿的内部是否有血丝　　D. 油炸锅的操作温度和时间控制

3. 前提方案［PRP（s）］可以包括以下哪项具体实施？（　　）

A. 良好操作规范（GMP）　　　B. 工艺操作规程

C. 交叉污染的预防措施　　　　　D. 以上都正确

4. 当发现有不符合要求的产品产生时，首先选择方案是（　　）。

A. 隔离和标示，并进行安全评估　　B. 重复检验产品

C. 重新加工　　　　　　　　　　　D. 销毁产品

5. 关于 CCP 的下列说法，不正确的是？（　　）

A. 关键限值（CL）是确保 CCP 有效控制危害所必须满足的底线

B. 在 HACCP 体系中，至少要在生产流程图中设立两个 CCP

C. 生产过程中的小步骤也可视做控制点，但只有部分作为 CCP

D. 是生产过程中的点、步骤或程序可对此处采取预防控制措施

6. 在开发 HACCP 计划时，最关键的一步是？（　　）

A. 建立双核查方案的验证和监督流程

B. 定位关键控制点

C. 对材料和加工过程的危害分析进行管理

D. 选择好的虫害控制器

## 二、填空题

1. 食品安全危害的风险评价是通过_____评价和_____评价，进而确认相关的危害风险程度。

2. HACCP 系统的七大原理包括：_____、_____、_____、_____、_____、_____、建立验证程序。

3. 食品安全危害能被控制的，能预防、消除或降低到可以接受水平的点、步骤或过程称为_____。

4. 整个食品链中为保持卫生环境所必需的基本条件和活动称为_____。

## 三、判断题

1. （　）由于高温灭菌能消除细菌危害，因此，如产品最后有高温灭菌工序，此前的工序就不必控制细菌的繁殖和污染。

2. （　）只要食品品种及其加工工艺相同，其 CCP 点的数量和位置一定相同。

3. （　）交叉污染可以用 HACCP 计划进行控制。

4. （　）食品生产者发现其生产的食品不符合食品安全标准应当立即停止生。

5. （　）HACCP 计划是控制食品安全危害的预防性措施，不是零风险。

6. （　）操作性前提方案和 HACCP 的区别是，后者是通过危害分析来确定的，前者不是。

## 四、简答题

1. 实施危害分析的预备步骤有哪些?

2. 简述 HACCP 的七个原理?

# 项目六

# 食品质量安全管理体系的建立与实施

## 知识能力目标

1. 能说出食品质量安全管理体系标准的内容；
2. 能说出食品质量安全管理体系建立与实施的流程；
3. 能收集原辅材料及与食品接触材料特性信息并准确填写信息调查表；
4. 能够为某一食品企业编制食品质量安全管理体系文件。

## 案例导入

××市质量技术监督管理局工作人员对××公司生产的饼干进行抽检后发现：该公司生产的饼干中糖精钠含量达 0.2mg/kg，而 GB 2760—2014《食品安全国家标准 食品添加剂使用标准》允许添加量为 0.15mg/kg。于是工作人员扣留了该批饼干产品，并对该公司处以相应的罚款。

经过调查发现，在该公司配料环节，配料员仅凭感觉进行配料，问他为什么不进行称量，得到的回答是："我是配料老员工了，我们主管配方的厂长将配料的方法告诉我，我就进行配料，为了保密配方，我们不做称量记录，几年来，我还没有配错过料。"该公司早在 2008 年就通过了 ISO 22000 食品安全管理体系认证，且公司 HACCP 计划上明确表示，配料是关键控制点，要控制食品添加剂的使用量，每槽料配料时都要记录食品添加剂的添加情况，主管每天要审查配料记录。但该工序没有按要求进行操作，导致糖精钠含量超标。

### 知识要求

国际标准化组织（International Organization for Standardization 简称 ISO）成立的宗旨是在全世界范围内促进标准化及有关活动的开展，以便国际物资交流和服务，并扩大知识、科学、技术和经济领域的合作。

近年来，随着工业化和城市化的迅速发展，大量的农用化学品和工业"三废"，对人类赖以生存的环境造成了污染，伴随产生了粮食、蔬菜、畜产品有毒有害物质的积累，最终造成了食用者健康的伤害。食品质量与安全问题已成为全球所关注的焦点之一。

为了消除问题的根源，许多国家都对食品安全实施 HACCP 体系的强制管理，并制定出若干标准和法规来保障食品安全。但由于食品安全法规的增多和技术标准的不统一，使得食品制造商难以应对。为满足各方面的要求，在丹麦标准协会的倡导下，通过国际标准化组织的协调，将相关的国家标准在国际范围内进行整合，最终形成了统一的国际食品安全管理体系（ISO 22000）。该体系建立在 HACCP、GMP、SSOP 基础上，同时整合了 ISO 9001 标准的部分要求。

ISO 22000 并不是 HACCP 体系与 ISO 9001 要求的简单组合，而是一种风险管理工具，能使实施者合理的识别将要发生的危害，并制定出一套全面有效的计划，来防止和控制危害的发生。

为了便于 ISO 22000 和 ISO 9001 标准在我国实施，我国颁布了 GB/T 22000《食品安全管理体系 食品链中各类组织的要求》和 GB/T 19001《质量管理体系 要求》，这两个国家标准分别等同采用了 ISO 22000 和 ISO 9001 国际标准。

为了区别和整合 ISO 9000 质量管理理体系文件和 ISO 22000 食品安全管理体系文件，我们把两个文件划分为四个模块如图 6-1 所示。

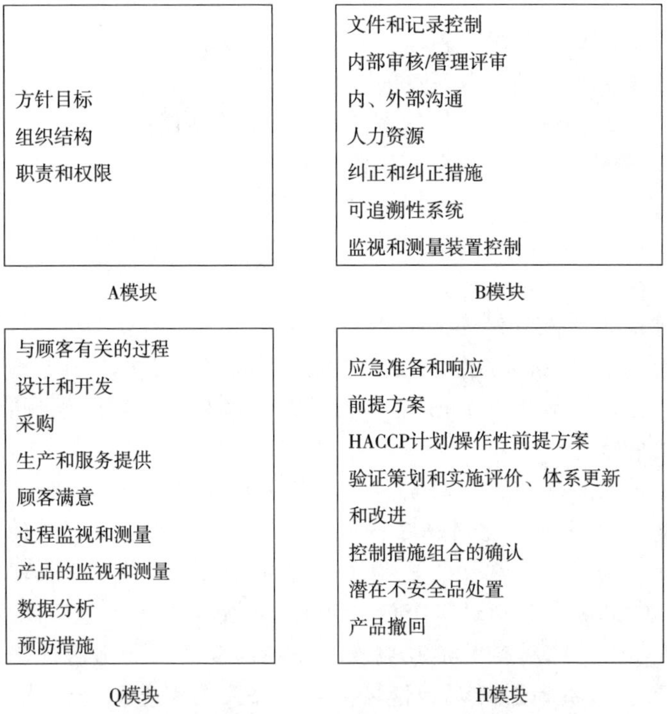

其中 A、B、Q 模块组成质量管理体系文件，A、B、H 模块组

| A模块 | B模块 |
|---|---|
| 方针目标<br>组织结构<br>职责和权限 | 文件和记录控制<br>内部审核/管理评审<br>内、外部沟通<br>人力资源<br>纠正和纠正措施<br>可追溯性系统<br>监视和测量装置控制 |

| Q模块 | H模块 |
|---|---|
| 与顾客有关的过程<br>设计和开发<br>采购<br>生产和服务提供<br>顾客满意<br>过程监视和测量<br>产品的监视和测量<br>数据分析<br>预防措施 | 应急准备和响应<br>前提方案<br>HACCP计划/操作性前提方案<br>验证策划和实施评价、体系更新和改进<br>控制措施组合的确认<br>潜在不安全品处置<br>产品撤回 |

图 6-1　食品质量和安全管理体系文件模块分类图

成食品安全管理体系文件；A、B、Q、H 共同构成食品质量安全管理体系。

# 食品质量安全管理体系的确立

为了保证食品质量和食品安全，最高管理者应进行食品质量安全管理体系的策划。策划活动应规定必要的运行过程和相关资源符合法律法规要求，并能实现目标要求。策划结果是通过经验、已证实的案例和本组织及业内组织的历史记录等，满足产品质量要求及与产品有关的食品安全危害得到识别、评价和控制，以避免组织的产品直接或间接伤害消费者。组织应有一套策划机制，以便在产品、工艺、设备、人员等变更后仍能完成策划的任务，不致产生负面影响，仍能保持体系完整性和持续性。

## 一、 制定食品质量安全方针和目标

编制食品质量安全管理体系文件时首先应制定组织的质量安全方针和目标，确定组织质量安全工作的宗旨和方向。质量安全方针和目标应在最高管理者直接领导下，采用过程方法进行制定。

质量安全方针是由组织最高管理者正式发布的关于质量安全方面的全部意图和方向，而质量安全目标则提出的实现质量安全方针的具体要求。

制定质量安全目标时，不仅要制定组织总的质量安全目标，还要在相关职能和层次上分解质量安全目标，目标还应包括满足产品要求的内容。

最高管理者应确保食品质量安全方针：

(1) 与组织在食品链中的作用相适宜；

(2) 既符合法律法规的要求，又符合与顾客商定的对食品安全的要求；

(3) 在组织的各层次得以沟通、实施并保持；

(4) 在持续适宜性方面得到评审；

(5) 充分体现沟通；

(6) 由可测量的目标来支持。

**示例：某食品企业质量安全方针目标**

方针：保持有效沟通，持续更新管理体系，确保产品安全、安心、美味。

目标：①原料农残自检合格率=100%；②成品农残批合格率=100%；③成品质量批合格率=100%；④成品品尝不合格=0；⑤设备、设施完好率≥98%；⑥顾客投诉质量次数<5 次/年、顾客投诉食品安全次数=0。

## 二、 明确组织机构及人员职责与权限

最高管理者应确定组织的机构，规定各部门和岗位人员的职责和权限，这对指导和控制组织内与食品质量安全有关活动的协调统一，保证食品质量安全的实现至关重要。

职责和权限的内容应进行相互沟通，员工只有了解了自己在组织中的职责和权限，才能有正确的行动，才能为实现食品质量安全做出相应的贡献。

所有员工都有责任汇报与食品质量安全管理体系有关的问题，但应明确规定发生问题时应向谁汇报。

相关的指定人员是指由组织任命负责处理问题的人员。在发生问题接到有关报告后，应在规定的职责和权限内采取适当措施，并记录结果。

## 三、 成立食品质量安全小组

首先应建立食品质量安全小组，并任命质量主管及食品安全小组组长，一般由同一人担任，以方便工作。

食品安全小组长应由组织最高管理者任命，小组长应由与本组织食品安全密切相关的中层以上的管理人员担任，如：管理者代表、生产副总、质量主管等。食品安全小组长应获得最高管理者的充分支持，并获得相应的授权。其权限、职责和能力参见项目五中的任务一。

食品质量安全管理小组的成员应由具有丰富经验的、专业的、与食品质量安全相关的人员组成，如负责原料控制的采购人员、负责环境卫生的行政人员、负责过程控制的生产人员、负责产品及过程验证的品管人员、负责售后服务与顾客沟通的销售人员、负责设备维修与保养的设备管理人员等。食品质量安全小组是食品质量安全管理体系的组织核心，承担体系的策划、建立、实施、保持和更新。

## 四、 搜集食品质量安全相关法律法规和标准

食品质量安全管理小组应充分搜集与所加工食品相关的最新法律法规和相关标准，确保企业的安全管理体系和安全标准符合这些强制性规定。

## 五、 前提方案的建立

前提方案是企业根据自身条件和所处的食品链的位置，以及产品所涉及食品质量安全要求的国家法律、行政法规、部门规章和涉及健康安全的国家技术标准制定的，适于本企业的必须的基本条件和活动，即基础设施的保障能力、卫生设施的保养与维护等方案。企业建立、实施和保持前提方案［PRP（s）］，以助于控制：①食品质量安全危害通过工作环境进入产品的可能性；②产品的生物、化学和物理污染，包括产品之间的交叉污染；③产品和产品加工环境的食品质量安

全危害水平。

前提方案［PRP（s）］应满足如下要求：

①与组织在食品质量安全方面的需求相适宜；

②与运行的规模和类型、制造和（或）处置的产品性质相适宜；

③无论是普遍适用还是适用于特定产品或生产线，前提方案都应在整个生产系统中实施；

④并获得食品质量安全小组的批准；

⑤公司应识别与以上相关的法律法规要求。

前提方案决定于企业在食品链中的位置及类型，等同术语如：良好农业操作规范（GAP）、良好兽医操作规范（GVP）、良好操作规范（GMP）、良好卫生操作规范（GHP）、良好生产操作规范（GPP）、良好分销操作规范（GDP）、良好贸易操作规范（GTP）。前提方案包括 GMP，但不限于 GMP 内容，同时，必须认清企业所处食品链的位置，这是建立前提方案的关键。

根据 GB/T 22000 标准，企业前提方案一般包含以下几方面的内容。

①建筑物和相关设施的布局和建设；

②包括工作空间和员工设施在内的厂房布局；

③空气、水、能源和其他基础条件的提供；

④包括废弃物和污水处理的支持性服务；

⑤设备的适宜性，及其清洁、保养和预防性维护的可实现性；

⑥对采购材料（如原料、辅料、化学品和包装材料）、供给（如水、空气、蒸汽、冰等）、清理（如废弃物和污水处理）和产品处置（如贮存和运输）的管理。

⑦交叉污染的预防措施；

⑧清洁和消毒；

⑨虫害控制；

⑩人员卫生；

⑪其他适用的方面。

应对前提方案的验证进行策划和设计，策划和设计结果最终形成可操作的文件，发布前，根据文件控制的要求得到食品质量安全小组的确认和批准，必要时应对前提方案进行更新。

## 六、 组织外部信息的沟通

为确保在整个食品链中能够获得充分的食品质量安全方面的信息，组织应制定、实施和保持有效的措施，以便与下列各方进行沟通。

（1）供方与分包商 沿食品链的沟通，旨在确保知识分享，以便有效地进行危害识别、评定和控制，使供方和合同方共同关注食品质量安全问题，有利于其提供的产品或服务更好的满足组织的要求。

（2）顾客　特别在产品信息（包括预期用途、特定储存要求以及保质期等信息的说明）、问询、合同或订单处理及其修改，以及顾客反馈信息（包括抱怨）等方面进行沟通。旨在沟通相互接受的食品质量安全水平，但顾客要求应服从于危害分析。

（3）立法和执法部门　应获得来自立法与监管部门的食品质量安全要求。旨在进行信息收集和应用，提高组织管理体系的有效性。

（4）与食品质量安全管理体系的有效性或更新有关的其他组织。

外部沟通应提供组织的产品在食品质量安全方面的信息，这些信息可能与食品链中其他组织相关。这种沟通尤其适用于那些需要由食品链中其他组织控制的已知的食品质量安全危害。

## 七、 组织内部信息的沟通

内部沟通旨在确保组织内进行的各种运作和程序都能获得充分的相关信息和数据，保证信息传递的正确性，有助于提高组织的工作效率；同时有利于组织对食品质量安全危害的识别与控制。

内部沟通可依据不同情况采取不同的方式，如会议、培训、传真、内部刊物、备忘录、电子邮件、纪要、口头等形式，取决于组织的规模、性质、人员素质等。

内部沟通的内容包括产品开发与投放，原料、辅料质量信息，生产系统和设备，顾客及外部相关方的问询、抱怨和要求，人员资格水平和职责的预期变化，新的法律法规的要求，突发或新的食品质量安全危害及其处理方法的新知识等。

内部沟通的关键角色是食品质量安全小组。其最应清楚组织需要的信息沟通。食品质量安全小组应确保食品质量安全管理体系的更新需要的信息并确保相关信息作为管理评审的输入。

## 任务二

# 食品质量安全管理体系文件的编制

## 一、 食品质量安全管理体系文件的构成

前提方案只能满足生产出安全食品的基本条件，但仅具备这些基本条件，并不能有效保证企业生产出符合质量和安全的食品。组织应通过危害分析，并根据该组织产品特性制定具体的食品质量安全控制措施，即操作性前提方案（OPRP）和 HACCP 计划。制定操作性前提方案和 HACCP 计划的建立与实施详见项目五。

除了操作性前提方案（OPRP）和 HACCP 计划外，GB/T 22000 标准还明确提出要制定以下文件：①形成文件的食品质量安全方针和相关目标的声明；②本准则要求的形成文件的程序和记录；③组织为确保食品质量安全管理体系有效建立、

实施和更新所需的文件。

一般而言，食品质量安全管理体系文件可包括食品质量安全管理手册、程序文件、工作规程（作业指导书）、食品质量安全记录等。文件和文件之间可以分开，也可以合并（如手册和程序文件之间合并或程序文件与工作规程合并等）；当文件分开时，有相互引用的内容，可附引用内容的条目。

**（一）食品质量安全管理手册**

食品质量安全管理手册是阐明组织食品质量安全方针、食品质量安全目标，并描述食品质量安全管理体系的文件，属于纲领性文件。

手册应体现出标准中的各项要求，但并不一定非常详细的描述某项活动和某一部门如何满足标准要求的规定，只要引出下一层次文件即可。

一般手册中至少应包括以下内容：

（1）颁布令；

（2）企业简介；

（3）适用范围；

（4）食品质量安全方针；

（5）食品质量安全目标；

（6）组织机构；

（7）手册的使用指南或编制、修订、管理；

（8）职责和权限：尤其需要明确食品质量安全小组组长、食品质量安全小组成员、外部沟通人员、CCP 监控人员、潜在不安全产品处置人员与食品质量安全体系运行有密切相关的岗位人员的职责和权限；

（9）标准中其他各项要求：如有相应程序文件规定，可直接引用程序文件名称；

（10）程序文件目录；

（11）其他所需附件。

**（二）程序文件和工作规程文件**

程序文件是为完成某项活动而规定的办法和途径的文件。程序文件主要包括两大方面：一是管理性文件（包括形成程序文件之外的其他管理性文件如规定、办法、准则、制度等），二是行政性文件和技术性文件［包括标准、技术条件、检定规程、工艺规范、检验规范（准则）、图纸、作业指导书、HACCP 计划书、设备操作规范等］。

工作规程（作业指导书）是指对具体的作业活动做出规定的文件。工作规程（作业指导书）和程序文件的区别在于程序文件描述的通常是跨职能部门的活动，涉及体系中某个过程的整个活动；而工作规程（作业指导书）往往只应用于某一部门，只涉及一项独立的具体活动。

程序文件和工作规程的编制要遵循"5W1H"原则，即由谁做、为什么做、何时何地做、做什么、如何做，以及如何控制，形成什么记录报告以及相应的签发手续。

程序文件和工作规程的格式可包括：目的（明确该文件所要达到的目的）、适用范围（具体应用于哪些领域或环节）、职责（明确该程序的具体责任部门或人）、程序内容（明确该程序的具体操作要点）、相关法律法规。

根据标准，要求形成文件的程序包括：

（1）文件控制；

（2）记录控制；

（3）操作性前提方案（也可以是指导书或计划的形式）；

（4）不合格品的处置；

（5）纠正措施；

（6）纠正；

（7）潜在不安全产品的处置；

（8）召回；

（9）内部审核。

（10）管理评审；

（11）内部沟通、外部沟通；

（12）应急准备和响应；

（13）人力资源管理；

（14）前提方案（PRP）；

（15）操作性前提方案（OPRP）；

（16）HACCP 计划；

（17）可追溯系统；

（18）监视和测量的控制；

（19）控制措施组合的确认；

（20）验证策划和实施评价、更新和改进。

作业指导书可根据组织具体情况需要而定。

### （三）食品质量安全记录

食品质量安全记录是为证明满足要求的程度或为体系运行的有效性提供客观证据的文件，也是体系文件的一个组成部分。

根据标准，要求形成记录的有：

（1）原辅料验收记录；

（2）过程检验记录；

（3）产品检验记录；

（4）文件更改的原因与证据；

（5）在食品链中进行沟通的信息以及来自主管部门的所有与食品质量安全有关的要求；

（6）管理评审记录；

（7）规定专家职责和权限的协议；

（8）教育、培训、技能和经验；

（9）对基础设施进行的维修改造；

（10）实施危害分析所需的相关信息；

（11）食品质量安全小组所要求的知识和经验；

（12）经过验证的流程图；

（13）所有合理预期发生的食品质量安全危害以及确定危害可接受水平的证据和结果；

（14）食品质量安全危害评价所采用的方法和结果；

（15）控制措施评价的结果；

（16）监视要求和方法；

（17）监视结果；

（18）预备信息、前提方案文件和 HACCP 计划的更改；

（19）验证策划；

（20）可追溯性信息；

（21）纠正措施；

（22）纠正不合格的性质及其产生原因和后果的信息，不合格批次的可追溯性信息；

（23）对召回方案有效性的验证；

（24）当测量设备失效时，对以往测量结果有效性的评价和相应措施；

（25）策划验证的结果；

（26）验证活动分析的结果和由此产生的活动；

（27）食品质量安全管理体系的更新活动。

记录的编制应与程序文件和工作规程的编制同步进行，以便使记录和程序文件或工作规程协调一致，接口清晰，可操作性强。记录的设计应方便记录的实施，确保记录时准确快捷记录过程控制信息。尽可能在一张记录上体现一个岗位或活动的内容，紧密关联的记录应记录在一张记录上，如单项验证、评价记录。当记录需要简单重复同一内容时，如可能将其设计在印好的表单中以划勾确认的方式进行记录为宜，如消毒液的配制记录。需要明确每一张记录表单的目的，避免无人关心的记录存在。填写后的记录应具有可追溯性，妥善保存。

随着信息化的发展，也可采用电子记录，简化手写记录。但应该定期备份，以防数据丢失。

## 二、 食品质量安全管理体系文件的编制

### （一）体系文件编制的要求

在编制质量安全管理体系文件时，应体现标准的思路、方法、结构和内容要

求，一套符合标准要求的质量安全管理体系文件应注意达到如下要求：

（1）建立食品质量安全管理体系文件要以七项质量管理原则为指导思想。要以顾客为关注焦点，实施持续改进，加强领导作用，实施全员参与。

（2）体系文件的制定应积极采用过程方法。应以过程为基础，采用过程方法去确定过程、识别过程、分析过程的顺序及其相互关系，按过程确定所需要的文件和记录，按过程控制要求来编制文件，把文件和过程活动紧密相连，文件应确保过程输出的有效性。并应加强过程文件的应用。按过程方法建立质量安全管理体系，是 GB/T 22000 和 GB/T 19001 标准的核心内容，应体现在体系文件编制的过程中。

（3）必须联系组织的实际。应强调体系文件的适用性和可操作性。标准对文件明示要求较少，文件选择方法上具有很大的灵活性，其目的就是要有利于组织在编制体系文件时联系实际。组织应调查研究，总结经验，找出问题和不足，对照标准要求，结合实际的需求来编制文件。

（4）要以制定最少量的文件对体系实施有效地控制。文件要求简练，尤其应防止重复，要求文件应进行简化和合并，不能出现质量管理文件和食品质量安全管理文件各自独立的现象。文件不是越多越好，而是要少而精。当然这要结合不同组织的情况来确定，文件应确保体系有效地运行和控制。

（5）应体现文件具有增值效应，有利于促进评价质量安全管理体系有效性和持续改进。形成文件的本身并不是目的，它应是一项增值的活动。所以在编制体系文件时，要注重文件在实施应用中的有效性。

（6）要确保文件本身的可控性。标准十分强调体系文件要加以控制，所以在文件编制时，应采取相应措施，如进行编目、规定文件制定审批、发放、控制、更改程序，严格加以控制。体系文件得到有效控制，体系才可能正常的运行和实施。

（7）体系文件的编制在文字上应做到简练、准确，易于理解，方便使用。

**（二）体系文件编制的步骤**

食品质量安全管理体系文件的编制的基本步骤如下。

1. 成立体系文件编制小组

首先选定人员成立体系文件编制小组。体系文件的编制应由组织最高管理者亲自领导，因为文件涉及组织的质量安全方针目标、组织机构、职责权限、职能分配及体系的整个结构。管理者代表（或食品质量安全小组组长）应负责日常具体的组织领导，质管部门为负责体系文件编制的主管职能部门。为方便组织实施，管理者代表或质管部门领导应成为体系文件编制小组的组长。

成员数量可由组织规模大小来确定。大中型组织最好建立以质管部门为主、由各中层部门领导参加的文件编制小组，采取上下结合、分工合作的方式进行。对小型组织，本身规模很小、中层干部兼职很多，可以选择几个熟悉业务文字能力强的人员组成。

文件应该由参与过程和活动的人员制定，这样有利于建立和培养一支以中层干部为骨干的食品质量安全保障队伍，体现参与感和责任感，把编制体系文件作为学习和熟悉理解食品质量安全标准的过程，为今后贯彻实施体系管理作好准备。体系文件编制成员的技能和素质是提高体系文件编制质量的根本要素。

2. 积极、认真地开展培训活动

要编写体系文件必须首先要理解和熟悉 GB/T 22000 和 GB/T 19001 标准。可对标准编写人员要开展培训活动，重点培训以下内容：GB/T 22000 和 GB/T 19001 标准的基本指导思想，即质量管理七项原则；标准的内容要求；过程方法的应用；如何实施质量安全管理体系及过程的策划；体系文件的内容、要求及编制方法。培训不仅仅是学习标准的内容和要求，更重要的是要解决两个问题，一是要提高认识转变观念，二是要解决体系文件编写的方法问题。要以过程为基础，从过程方法入手，去识别过程、策划过程，从而去编制所需要的文件。

3. 食品质量安全管理体系过程的策划

质量安全管理体系文件要以过程为基础，以体系的过程模式为基本结构，通过过程的识别、分析来确定所需要的文件和记录。文件和记录既要反映过程的要求又要达到能对过程实施控制，以利于体系的有效运行，为此要编制体系文件首先应对过程及其体系进行策划。

体系过程的策划应在质管部门的统一组织下，由各职能部门进行。首先要进行调查研究识别过程，分析过程并确定过程。在过程策划的基础上，进一步进行质量安全管理体系的策划，设计和确定组织质量安全管理体系的结构。按 GB/T 19001 标准四大板块和 GB/T 22000 标准四大要素确定过程组成，设置哪些机构，职能如何分配，要提出组织的行政机构结构图、质量安全管理体系结构图及各职能部门的质量安全职责分配表（简称二图一表）。这是体系策划的一个结果，也是编制体系文件的前提。如果组织机构职能分工不能最后确定，则组织的体系文件是无法制定的。

在组织机构职能分配确定的前提下，可以进一步来核实各职能部门有关过程所需的文件和记录。此时各职能部门应按分工的内容，将策划结果和目前现有情况与 GB/T 19001 和 GB/T 22000 标准所规定的要求进行对比分析，找出本部门的差距和问题，确定过程所需的体系文件和记录的目录，经质管部门汇总讨论分析论证，最后确定组织需要制定地体系文件和记录表格。

4. 制定体系文件编制的实施计划

在上述策划分析基础上，编写小组要研究提出组织体系文件的结构形式，确定除质量安全方针、质量安全目标、质量安全手册外，应制定哪些程序文件和质量安全作业文件及质量安全记录。主要要确定程序文件的形式及数量，如加强程序文件，简化手册；或减少甚至不制定程序文件，细化手册；确定要多少管理性文件、技术性文件、质量安全记录。确定体系文件、记录总目录清单后应制定一份"体系文件编制计划表"，确定文件名称、编制责任部门及责任人、起草人、统稿人（或审核人）及编制进度。文件制定最好是由相应地职能部门自行负责，综合性文件由质管部门起草，专项性文件由各职能部门起草，因为本部门最热悉本部门工作，有利于加深对标准的理解，有利于贯彻实施。

5. 体系文件的起草

首先要清理原有文件，在体系过程策划的基础上，按计划要求进行编制，起草中要按 GB/T 19001 和 GB/T 22000 标准对过程的控制要求，结合本组织实际总结以往的经验来进行。

文件起草可分为两大阶段。首先制定质量安全方针、质量安全目标及质量安全手册和程序文件，然后再制定相应质量安全作业文件和有关记录表格。起草体系文件要突出标准所具有的特点。可以先制定初稿，经讨论协调修改后提出征求意见稿，在广泛征求各职能部门意见基础上形成报批稿。

6. 体系文件的审核批准

完成体系文件报批稿后，应呈送相应领导审核。质量安全手册应报请最高管理者批准，程序文件和质量安全作业文件可由管理者代表或食品质量安全小组组长批准。

文件批准后，应发布实施。实施前应由质管部门统一进行编号，要做到文件编目的唯一性，由文件分管部门分发，并由人力资源部门开展体系文件的培训。

7. 体系文件的改进和完善

体系文件的编制同样应实施 PDCA 动态循环。随着体系运行、内审及管理评审中所发现存在的问题，应及时修改体系文件。体系文件应在不断修改、补充中得到完善，在体系运行中发挥应有的作用，文件修改应按有关规定程序执行。

## 任务三

# 食品质量安全管理体系的实施、评审与改进

一、 食品质量安全管理体系的实施

食品质量安全管理体系的实施是指执行食品质量安全管理体系文件并达到预期目标的过程，是把质量安全体系中规定的职能和要求，按部门、岗位加以落实，并严格执行。

食品质量安全管理体系文件正式发布以后，企业应采取多种形式对全体员工进行全方位宣传和培训，培训是组织食品质量安全管理体系试实施阶段的首要工作，通过宣贯培训应使组织的所有部门和人员都理解食品质量安全管理方针的内涵，了解食品质量安全管理体系文件所规定的内容、熟悉本部门或岗位的职责和

权限并掌握与本岗位有关的食品质量安全控制活动的程序。

组织应对照文件的要求逐级落实、检查实施、反复审核并修正，使组织的一切食品质量安全活动都严格遵照体系文件的规定来执行。体系文件的实施过程也是对文件适宜性、有效性和可操作性的检查过程，由于组织的传统思想、认识程度以及习惯做法的影响，很可能在运行中会出现一些偏离标准和文件规定的现象，为此，组织必须对各项程序、过程、方法、资源和人员等进行连续监视、检查和验证，及时反馈体系实施过程中暴露的问题并采取行之有效的纠正措施加以纠正。通过实施检查和测量、内部审核以及管理评审这样一整套自我约束、自我检查和自我完善的机制，组织就能够在机构协调、产品实现、资源配置、安全控制、信息管理等诸方面不断提高、不断改进，最终实现持续稳定地向顾客和相关方提供质量可靠的产品或服务的目标。

## 二、 食品质量安全管理体系的评审

### （一）食品质量安全管理体系的内部审核

1. 内部审核的目的

每间隔一段时间，组织应对建立的食品质量安全管理体系进行内部审核。审核的目的是为获得审核证据并对食品质量安全管理体系运行情况进行客观的评价。

审核的原因主要有以下几个方面。

（1）食品质量安全管理体系准则的要求；

（2）增强满足食品质量安全要求的能力，旨在顾客满意和符合法律法规的要求；

（3）在接受外部审核前，及时采取纠正和预防措施；

（4）推动本企业的食品质量安全管理体系持续改进。

2. 内部审核时机

内部审核一般选在以下时间节点。

（1）第三方审核前；

（2）第二方审核前；

（3）组织获证后，满1年之前或有必要时；

（4）组织文件规定的其他内部审核情况。

3. 内部审核步骤

（1）审核的启动，包括指定审核组长；确定审核目的、范围和准则；选择审核组员；

（2）文件评审的实施，包括评审相关管理体系文件、记录，并确定其针对审核准则的适宜性和充分性；

（3）现场审核的准备，包括编制审核计划，审核组工作分配，准备工作文件；

（4）现场审核的实施，包括举行首次会议，在审核中进行沟通，搜集和验证信息，形成审核文件，准备审核结论和举行末次会议；

（5）审核报告的编制、批准和分发；

（6）不符合项整改和验证。

内审结束后，对内审文件进行归档，并查找不符合项产生的原因，采取纠正措施，并对纠正措施进行验证。

**（二）不符合项的形成与处理**

在审核过程中，审核组发现的任何不合格情况，都应以不符合项报告的方式提交受审核部门，并以此做出对组织食品质量安全管理体系有效性评价的结论。

审核组应分析总结审核过程中的观察结果，根据所发现问题的性质、程度、范围等方面确定其问题的严重性。

1. 不符合的判断

原则上，凡符合但不限于下列之一的问题确定为不符合项。

（1）不满足适用法规标准的某一条目或其中的某些规定的问题；

（2）影响系统及其运作、生产或加工过程和产品的质量问题，潜在的安全危害问题；

（3）产生与顾客要求不符合的产品；

（4）反复发生或普遍存在而无改进和采取积极措施的问题；

（5）有必要采取相应的纠正措施才能解决的问题。

对于不符合项，审核组以不符合项报告的形式正式向相应部门提出，相关部门应根据所开具的不符合项报告，执行纠正措施程序，分析原因，并采取必要的纠正措施。审核组应在适当的时限内跟踪并验证其纠正情况。

2. 不符合项报告内容

不符合报告应包括下列内容。

（1）受审核方名称；

（2）不符合事实描述；

（3）不符合判据及条款号；

（4）不符合性质的判定；

（5）审核员签名及开具日期；

（6）受审核方代表确认及签名；

（7）要求完成纠正日期。

3. 不符合项描述要求

对不符合事实的描述应满足以下内容。

（1）准确地描述客观事实，包括时间、地点、人物，何种情况等；

（2）使其具有可重查性和可追溯性；

（3）语言简明精炼，概括不符合的核心问题；

（4）观点、结论要从描述的事实中自然流露，不要光写结论，不写事实；

（5）尽可能使用规范术语（如要求或体系文件术语）；

（6）开具的不符合报告必须有一定的深度，确实是影响管理体系正常运行和产品安全质量的问题。

表6-1为不符合项报告参考格式。

**表6-1**　　　　　　　　　　　　　**不符合项报告**

| 受审核方：生产部 | 审核日期：2016 年 3 月 10 日 |
|---|---|
| 审核依据：■ GB/T 22000、GB/T 19001　■ 食品质量安全管理体系文件 | |
| 审核组长：李三 | 审核员：张四 |

不符合项描述：公司《关键控制点纠偏措施程序》规定，"加工车间对偏离关键限值的产品应放在红色箱子里，由检验科对该产品的最终处理做出决定。"

在油炸工序审核时发现，A 油炸锅中的鱼肉在油炸过程中，油炸时间不够和油温偏低，不能满足关键限值规定的时间和温度要求，但油炸后的鱼肉产品却放在正常作业的白色箱子里。

以上事实不符合 GB/T 22000 标准中 7.10.3.1 条款 "可能受不符合影响的所有批次产品应在评价前处于组织的控制之中" 和 GB/T 19001 标准中 8.7.1 条款 "组织应通过下列一种或几种途径处置不合格输出：b）隔离、限制、退货或暂停对产品和服务的提供" 的要求

不符合项性质：一般不符合项

审核员签字/日期：张四 2016.3.10　　被审核方签字/日期：李三 2016.3.10

---

分析原因：

作业员不熟悉有关程序文件要求，未按规定作业

被审核方签字/日期：李二　2016.3.12

---

不符合项纠正措施：纠正措施完成时间（最多不得超过 1 个月）：15 个工作日

1. 对此三块鱼肉作废弃处理。

2. 因作业员不熟悉程序文件要求，由车间组织对作业员的培训，并确保所有作业员了解有关文件规定，不再发生类似情况。

被审核方签字/日期：李二 2016.3.15

---

纠正措施有效性评价（请针对纠正措施逐条验证）：

纠正措施已完成，且运行有效

审核员签字/日期：张四 2016.3.20

### （三）纠正与纠正措施

纠正是为了消除已发现的不合格所采取的措施。纠正措施是为消除不合格的原因并防止再发生所采取的措施。不论是审核、评审，还是顾客意见、顾客抱怨、工作运行检查等，出现不符合项是正常的，一个有效运行的食品质量安全管理体系应具备经常识别、发现自身的不合格，纠正、预防不合格，不断的制定和落实目标，实现持续改进的功能。不怕问题的发生，就怕出现问题后没反应，不采取措施纠正。

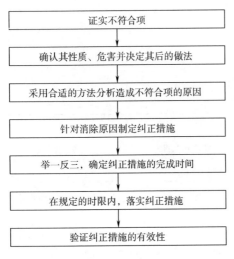

图 6-2　不符合项处理步骤图

食品质量安全管理体系发现不符合项后应按以下步骤进行处理，如图 6-2 所示。

1. 分析不符合产生原因

食品质量安全小组根据开具的不符合项报告，召开食品质量安全会议，对不符合项产生的原因进行分析，并形成相应的文件。

分析方法可采用头脑风暴法、树状图法、鱼骨图、直方图、控制图、方差分析等。调查分析，找出导致不符合的原因。

2. 纠正措施的制定

出现不符合项的责任部门，在分析原因后，应制定纠正措施。纠正措施一般包括以下几点。

（1）立即纠正不合格，并尽可能采取措施，降低影响，减少损失；

（2）举一反三，制定为消除原因而需采取的措施；

（3）将措施落实到部门，责任到人，落实到位；

（4）规定纠正措施完成的时限。

纠正措施可能会引起文件的修改、过程的确认，活动的重新策划等，开始一个新的 PDCA 循环，实现体系的持续改进。所以纠正措施是持续改进的重要方法之一。

3. 纠正措施的验证

为了消除不符合的原因，防止不合格的再次发生，能否达到预防目的，要通过验证来证实。

（1）措施是否制定的合适、可行；

（2）措施落实的情况，通过验证来监视落实过程，必要时进行调整；

（3）措施落实的效果，进行评价。

验证要记录并提供客观证据，应将有关信息传递到相关部门和人员。

纠正措施的验证是必须的，是证实食品质量安全管理体系运行的有效性、充分性的手段和方法。措施落实的效果是审核方所关注的，也是受审核方食品质量安全管理体系运行能力的客观反映。

三、 食品质量安全管理体系的管理评审

管理评审是最高管理者的重要职责，对食品质量安全管理体系的适应性、充分性、有效性按策划的时间间隔进行评价，旨在识别食品质量安全管理体系及质量安全方针目标有无变更的需要，以进一步改进，满足相关方需要。管理评审的对象是组织的食品质量安全管理体系，通常以会议形式进行，该项活动应由最高管理者亲自主持。

管理评审的频次由组织策划的结果、体系变化的需求等决定，特别是组织连续发生食品质量安全事故或被顾客投诉或质疑体系的有效性时，应考虑进行管理评审。通常一年进行一次管理评审。

1. 评审输入

为了做好管理评审，要为管理评审提供充分的和准确的信息，这是有效实施管理评审的前提条件。管理评审输入应包括但不限于以下信息：

（1）审核结果（包括内审、第三方审核和顾客审核的结果）；

（2）顾客反馈（满意/不满意程度测量/调查结果，抱怨与投诉，与顾客沟通的结果）；

（3）过程业绩及产品符合性（包括与前期对比）；

（4）预防和纠正措施状况（包括针对重大不合格事项、顾客意见采取的纠正措施和预防措施）及实施效果验证；

（5）由于各种原因而引起的产品、过程或体系的改进的建议，这些原因可能是：法律法规的变化，新技术、新工艺、新设备的开发等；

（6）以往管理评审的跟踪措施；

（7）各种改进的建议。

2. 评审输出

评审输出是管理评审活动的结果，组织应根据管理评审找出食品质量安全管理体系与预期目标的差距和可能的不适应，制定相应的解决措施并加以实施，以实现持续改进。

管理评审输出应包括以下几个方面的决定和措施：

（1）食品质量安全管理体系改进需求，包括危害分析、OPRP 方案、HACCP 计划等内容的改进；

（2）食品质量安全方针和相关目标的修订需求；

（3）对资源的需求；

（4）是否需要对食品质量安全管理体系按照要求进行重新策划。

## 四、 食品质量安全管理体系的改进

### （一）持续改进

持续改进是组织运行管理体系永远的追求，组织所有的沟通、确认、验证、分析或评价等活动都要求组织不应只会做，还应懂得思考，通过这些思考活动去解决发现的问题或是预防潜在问题的发生，不断提高组织对食品质量安全危害的识别与控制能力。

持续改进食品质量安全管理体系的有效性，最高管理者应确保组织开展以下活动：沟通、管理评审、内部审核、单项验证结果的评价、验证活动结果的分析、控制措施组织的确认、纠正措施和食品质量安全管理体系更新。

## （二）体系更新

最高管理者应充分认识到只有持续更新已建立的管理体系才能够实现管理体系的持续有效。随着科技的进步，人们对食品质量安全的认识在改变，生活水平的提高使得顾客对食品质量安全的要求也在不断地提高。国家的法律法规在不断完善，原料也会随着客户、市场、季节等原因发生改变，工艺、设备、人员等诸多的可变因素都要求管理体系随之改变。组织定期对体系建立过程的输入信息，以及已建立的管理体系进行评审是必要的。

更新活动应体现在体系运行过程中，与食品质量安全管理体系全部管理活动相关，更新应是及时的。只要发现变化，发现不适应就应该及时进行更新。为此，食品质量安全小组应按策划的时间间隔评价食品质量安全管理体系，特别应考虑评审危害分析、已建立的操作性前提方案和 HACCP 计划的有效性。

评价和更新活动应基于：

（1）内部和外部沟通信息的输入；

（2）与食品质量安全管理体系适宜性、充分性和有效性有关的其他信息的输入；

（3）验证活动结果分析的输出；

（4）管理评审的输出。

体系更新活动应以适当的形式予以记录和报告，作为管理评审的输入。更新不一定就是改进，改进必然包括更新。

 能力要求

### 实训　案例分析

阅读以下案例，判断其中的不符合部分，并提出改进措施。

案例 1：某食品企业主要产品为膨化食品，以 GB/T 22000 标准确定了大米的验收为关键控制点，关键限值为农药残留（DDT、六六六）和黄曲霉毒素的含量限值，监控方法为验收员每批查看供货方提供的大米检测报告中农残（DDT、六六六）和黄曲霉毒素含量是否符合关键限值的要求。审核员来到供应部，查看 2004年大米进料情况，2004 年 3、6 月各进一批（No. D0311、No. D0312），问主管有关大米进料质量要求时，主管回答："我们进大米把关是严格的"。审核员要求提供2004 年二批大米的检测报告，主管说："合格供方仅一家质量比较好，在评价时很慎重，这家大米一贯都没什么问题"。接着拿一文件夹说"资料都在这"，审核员看到，其中只有大米试用报告及 2003 年二份有关农残（DDT、六六六）和黄曲霉毒素的检测报告。

案例 2：审核供应部时查阅该公司 HACCP 计划书，规定白糖进货验收是 CCP，发现 2003 年 11 月 3 日购进的白糖随批检验报告全部为英语。原料白糖进货验收人员说自己中学毕业不认识英语，但这批原料是进口的，肯定合格。审核员查阅该公司 HACCP 计划书，规定白糖进货验收是 CCP 点，由进货验收人员核对每批产品的随批检验报告中重金属是否合格。

案例 3：某食品企业生产珍珠奶茶饮料，以 GB/T 22000 为标准建立了工厂的食品安全管理体系。审核员在查看配料和添加剂的贮存仓库时发现，配料和添加剂均放置于垫板上，其中甜蜜素、焦糖液、淀粉等包装袋上的标签已经没有了，无法查看到产品的生产日期和保质期限，仓管员及品管检验员说：原箱标签已丢失。审核员问："如何确在原料在保质期内使用？"检验员回答："使用前仓管员会请我过去肉眼检验一下，一般都没问题。"

案例 4：审核员在对某肉制品的加工车间审核时发现，在该车间人员通道处摆放了 5 个货架，上面摆着出炉不久待冷却的香肠，通道处人来人往，香肠上方不时有苍蝇飞舞。车间主任对此回答是生产旺季，冷却间部够用，临时利用通道。至于苍蝇，他认为加工车间处于消毒的过程，苍蝇并不带菌。

## 相关链接

1. 食品质量与安全管理相关格言

食品质量是生产出来的，而不是检验出来的。——请你转变观念

没有工作质量，就没有产品质量，提供优质的产品是回报客户最好的方法。——质量是企业的生命

违章操作等于自杀，违章指挥等于杀人，违章不纠正等于帮凶。——违章操作的代价

企业第一位的不是创造利润，而是创造顾客。

花大量时间让顾客满意。

2. 戴明博士的品质 14 点管理原则

第一条　要有一个改善产品和服务的长期目标，而不是只顾眼前利益的短期观点。为此，要投入和挖掘各种资源。

第二条　要有一个新的管理思想，不允许出现交货延迟或差错和有缺陷的产品。

第三条　要有一个从一开始就把质量造进产品中的办法，而不要依靠检验去保证产品质量。

第四条　要有一个最小成本的全面考虑。在原材料、标准件和零部件的采购

上不要只以价格高低来决定对象。

第五条　要有一个识别体系和非体系原因的措施。85%的质量问题和浪费现象是由于体系的原因，15%的是由于岗位上的原因。

第六条　要有一个更全面、更有效的岗位培训。不只是培训现场操作者怎样干，还要告诉他们为什么要这样干。

第七条　要有一个新的领导方式，不只是管，更重要的是帮，领导自己也要有个新风格。

第八条　要在组织内有一个新风气。消除员工不敢提问题、提建议的恐惧心理。

第九条　要在部门间有一个协作的态度。帮助从事研制开发、销售的人员多了解制造部门的问题。

第十条　要有一个激励、教导员工提高质量和生产率的好办法。不能只对他们喊口号、下指标。

第十一条　要有一个随时检查工时定额和工作标准有效性的程序，并且要看它们是真正帮助员工干好工作，还是妨碍员工提高劳动生产率。

第十二条　要把重大的责任从数量上转到质量上，要使员工都能感到他们的技艺和本领受到尊重。

第十三条　要有一个强而有效的教育培训计划，以使员工能够跟上原材料、产品设计、加工工艺和机器设备的变化。

第十四条　要在领导层内建立一种结构，推动全体员工都来参加经营管理的改革。

3. 相关刊物

（1）《食品安全导刊》杂志由中国商业联合会、北京肉类食品协会主办，是国家新闻出版总署正式批准的，一本全面关注食品安全技术、知识的专业期刊。

（2）《中国食品质量报》是国务院"食品药品放心工程"指定宣传媒体，国家食品药品监督局政策法规宣传主流媒体，国资委系统行业指导报，中国食品工业协会机关报。

（3）《戴明论质量管理》是2003年07月海南出版社出版的图书，本书第一部分指出如何转型，如何在最高管理层领导下提高质量和生产力。戴明博士提出了提出十四项管理要点及七种恶疾的疗法，并以丰富的实例从顾客、员工、管理层及政府的角度进行探讨如何克服质量大敌。第二部分对现代管理制度的诸多缺失痛下针砭，从而提出"渊博知识体系"作为彻底改弦更张的理论根据。渊博知识体系涵盖系统的概念、对变异的知识、知识的理论、心理学等四大层面。

**课堂测试**

## 一、选择题

1. 针对特定产品、合同或项目的质量管理体系的过程和资源作出规定的文件是（　　）。

　　A. 质量目标　　　B. 质量计划　　　C. 质量手册　　　D. 程序文件

2. 一个组织的最高管理者主持对本组织的质量管理体系的充分性、适宜性和有效性进行的评审是（　　）。

　　A. 第一方审核　　B. 第二方审核　　C. 第三方审核　　D. 管理评审

3. 每次内审的审核结果应作为（　　）过程的输入。

　　A. 设计和开发　　B. 管理体系策划　C. 管理评审　　　D. 产品实现

4. 最高管理者应（　　）。

　　A. 以增强顾客满意为目标

　　B. 创造良好的内部环境使员工满意

　　C. 确定组织质量方针和目标，并定期评价质量管理体系有效性

　　D. 以上全都是

5. 组织应根据供方（　　）评价和选择供方。

　　A. 产品质量好坏　　　　　　　　B. 价格便宜

　　C. 按组织的要求提供产品的能力　　D. 服务周到

6. 质量改进的重点是对（　　）的改进。

　　A. 产品　　　　　B. 体系　　　　　C. 过程　　　　　D. 人员

7. 企业实施质量体系认证的依据是（　　）。

　　A. ISO 9004 标准　　　　　　　　B. ISO 9001 标准

　　C. ISO 9000 标准　　　　　　　　D. ISO 19011 标准

8. 产品要求可以由（　　）规定。

　　A. 顾客　　　　　　　　　　　　B. 组织对顾客要求的预测

　　C. 法规　　　　　　　　　　　　D. 以上都是

9. ISO 9001：2015 标准是（　　）。

　　A. 质量管理体系　要求　　　　　B. 质量管理体系　业绩改进指南

　　C. 质量管理体系　基础和术语　　D. 质量管理体系 审核指南

10. 质量目标应（　　）。

　　A. 是可测量的　　B. 都是量化的　　C. 是能达到的　　D. 以上都是

11. 下列哪一项描述是正确的？（　　）

　　A. HACCP 是 ISO 9000 的基础　　B. ISO 9000 是 HACCP 的基础

　　C. GMP、SSOP 是 HACCP 的基础　　D. HACCP 是 GMP，SSOP 的基础

12. 食品安全管理体系的范围包括（　　）。

A. 产品或产品类别

B. 产品和加工

C. 产品、加工和场地

D. 体系中涉及的产品或产品类别、加工和生产场地

13. 不属于食品安全管理体系公认的关键要素？（　　）

A. 相互沟通　　　B. 人员培训　　　C. 体系管理　　　D. HACCP 原理

14. 召回方案有效性验证的办法包括（　　）。

A. 模拟召回　　　B. 实际召回　　　C. 验证性实验　　D. 以上都是

15. （　　）任命有权限启动召回的人员和负责执行召回的人员。

A. 最高管理者　　　　　　　　　B. HACCP 小组组长

C. HACCP 小组　　　　　　　　　D. 技术质量部门

16. 下列说法正确的是（　　）。

A. GB/T 22000 标准不要求组织将与食品安全相关的使用的法律法规的要求纳
　　入到食品安全管理体系

B. GB/T 22000 标准是法律法规的最低要求应用

C. GB/T 22000 标准对于所有在食品链中期望建立食品安全管理体系的组织的
　　所有要求都是通用

D. 以上说法都对

17. 食品安全管理体系标准中的突发事件可能是指（　　）。

A. 火灾　　　　　　B. 中毒　　　　　　C. 洪水　　　　　　D. 以上都是

18. GB/T 22000 标准规定了（　　）。

A. 质量管理

B. 食品安全管理体系——食品链中各类组织的要求

C. 质量管理体系　要求

D. 实施质量管理体系的指南

19. 当发现有不符合要求的产品产生时，首先选择方案是（　　）。

A. 隔离和标示，并进行安全评估　　B. 重复检验产品

C. 重新加工　　　　　　　　　　　D. 销毁产品

20. 质量管理八项原则的核心和灵魂是（　　）。

A. 领导作用　　　　　　　　　　　B. 以顾客为关注焦点

C. 全员参与　　　　　　　　　　　D. 持续改进

21. ISO 9001：2015 标准规定了（　　）。

A. 质量管理体系术语　　　　　　　B. 选用 ISO 9000 族标准的途径

C. 质量管理体系要求　　　　　　　D. 实施质量管理体系的指南

22. ISO 9001：2015 标准鼓励在质量管理中采用（　　）方法。

A. 过程　　　　　B. 控制　　　　　C. 统计　　　　　D. 监督

23. 企业实施质量体系认证的依据是（　　　）。

A. ISO 9004：2000 标准　　　　　B. ISO 9001：2015 标准

C. ISO 9000：2005 标准　　　　　D. ISO 19011：2002 标准

24. 食品安全方针是由（　　　）制定的。

A. 最高管理者　　B. 管理者代表　　C. 安全小组组长　　D. 品控员

25. 食品安全管理体系文件包括（　　　）。

A. 安全管理手册　　　　　　　　B. 程序文件

C. 记录　　　　　　　　　　　　D. 以上都是

26. GB/T 22000 标准适用于食品链中任何方面和任何规模的、希望通过实施食品安全管理体系以稳定提供安全产品的所有组织，其不适用于（　　　）组织。

A. 食品添加剂生产企业　　　　　B. 运输和仓储经营者

C. 零售分包商　　　　　　　　　D. 卫生主管部门

27. （　　　）是阐明所取得的结果或提供所完成活动的证据文件。

A. 文件　　　　　B. 记录　　　　　C. 资料　　　　　D. 程序

28. PRP 是指（　　　）。

A. 控制点　　　　　　　　　　　B. 操作性前提方案

C. 前提方案　　　　　　　　　　D. 关键控制点

29. 前提方案可以包括以下哪项内容？（　　　）

A. 良好操作规范（GMP）　　　　B. 工艺操作规程

C. 人员培训　　　　　　　　　　D. 以上都正确

## 二、填空题

1. 食品生产加工企业对用于生产加工食品的原材料、食品添加剂、包装材料和容器等必须实施_____制度。

2. 国家建立_____制度。食品生产经营者发现其生产或经营的食品不符合食品安全标准，应当立即停止生产和经营，召回已经上市销售的食品，通知相关生产经营者和消费者，并记录召回和通知情况。

3. 食品生产者采购食品原料、食品添加剂、食品相关产品，应当查验供货者的_____和_____文件。

4. 食品标识应当清晰地标注食品的_____、保质期，并按照有关规定要求标注_____。

5. GB/T 22000 食品安全管理体系纳入了下列公认的四个关键原则_____、_____、_____、_____。

6. 食品质量安全管理体系文件包括_____、_____、_____、_____。

7. 质量安全方针和质量安全目标应在_____直接领导下，采用_____进行制订。

8. 质量安全方针需要由可测量的_____来支持。

9. 程序文件包括_____和_____两大方面。

10. _____是组织运行管理体系永远的追求。

## 三、判断题

1. （　）GB/T 22000 只是 HACCP 七项原理与 ISO 9001 要求的简单组合。

2. （　）保存期是指推荐的最终食用期。

3. （　）若产品的设计难度大，成熟性差，产品的相关特性多，对安全性要求高，应选择涉及较少质量体系要素的质量保证模式。

4. （　）GB/T 22000 只是在 ISO 9001 标准中加入食品行业某些特定内容后形成的。

5. （　）食品生产经营企业应当制定食品安全事故处置方案。

6. （　）食品生产者发现其生产的食品不符合食品安全标准应当立即停止生产。

7. （　）企业发生不合格就应采取纠正措施。

8. （　）一旦怀疑或查出食品原料、加工过程、成品存在食品安全、质量隐患，应立即封存，并注明标签，通过产品追溯体系严格将分歧格品区分开，严禁与合格品混淆。

9. （　）食品生产过程只要按照策划要求实施了就不必保持记录。

10. （　）组织建立了食品质量安全管理体系就能确保食品安全。

11. （　）食品加工流程发生变化的，应当重新制定 HACCP 计划。

12. （　）曾患过病毒性肝炎疾病的人不得从事食品生产经营工作。

13. （　）更新不一定就是改进，改进必然包括了更新。

14. （　）食品安全管理体系的最终要求是能够有效的控制需组织控制的食品危害。

15. （　）GB/T 22000：2006 是等同采用了 ISO 22000：2005。

16. （　）验证就是检查体系实施的记录。

17. （　）食品质量安全管理体系的建立和实施一般包括体系的确立、体系文件的编制、体系的实施运行和体系改进提高四个阶段。

18. （　）质量目标应是可测量的，并与质量方针保持一致。

19. （　）GB/T 22000 标准不适用于如设备、清洁剂、包装材料以及其他与食品接触材料的供应商。

20. （　）仅在食品安全管理体系建立、实施和更新时，最高管理者有责任提供资源。

21.（ ）ISO 9001：2015 标准不是产品标准而是管理标准。

22.（ ）ISO 9001：2015 标准鼓励在质量管理中采用过程方法。

23.（ ）ISO 9001 和 ISO 9004 都遵守相同的质量管理七项原则。

24.（ ）持续改进的关键是改进的"持续"，改进的目标是永无止境并不断提高的。

25.（ ）2015 版标准的过程模式图将"管理职责"、"资源管理"、"产品实现"、"测量、分析、改进"形成闭环，体现了 PDCA 循环思想。

26.（ ）产品实现是实现产品要求的一组有序的过程和子过程。

27.（ ）文件的特征是可审批性和可修订性。

28.（ ）质量计划相当于质量策划。

29.（ ）审核证据必须是书面化的文件或记录。

30.（ ）持续改进就是对产品的设计不断的更新。

31.（ ）公认的产品类别有：硬件、软件、服务、流程性材料。

32.（ ）对从事影响质量活动人员能力的判断应从教育、培训、技能和经历上考虑。

33.（ ）纠正措施和预防措施都是为了对发现的不合格的原因采取措施。

34.（ ）组织的食品安全方针应符合与顾客商定的食品安全要求和法律法规要求。

## 四、简答题

1. 食品质量安全管理体系的建立和实施分为哪四个阶段？

2. 最高管理者应确保组织开展哪些活动保持食品质量安全管理体系的有效性？

3. 编制食品质量安全管理体系文件的步骤有哪些？

4. 食品安全管理体系需要进行验证的内容包括哪些？

# 项目七

# 食品生产许可证的申请

知识能力目标

1. 能说出食品企业获得生产许可证的程序及必要性；
2. 能正确填写认证申请表；
3. 能正确编制 SC 文件；
4. 能根据 SC 现场审查表和相关产品的审查细则对食品企业进行审查；
5. 能对食品企业不符合 SC 要求的情况作出判断；
6. 能就不符合情况提出改进措施。

## 案例导入

2014 年 9 月 4 日，龙艳从河北聚精采电子商务股份有限公司北京分公司（以下简称聚精采公司）经营的电子商务网站"采采网"购买了香菊礼盒 20 盒，单价 436 元，黑加仑葡萄干 10 罐，单价 130 元，总价 10020 元。其中，香菊礼盒为纸箱包装，内外包装均未标注食品生产许可证号；黑加仑葡萄干为玻璃瓶包装，标签上标注有保质期，但无论是玻璃瓶体还是标签的任何部位，均未打印或标注具体生产日期。法庭辩论终结前，聚精采公司未能证明香菊礼盒实际获得了食品生产许可证，亦未能提交证据证明香菊礼盒实质上是安全的并符合获得生产许可证的安全生产要求。

龙某起诉主张聚精采公司销售明知是不符合食品安全标准的食品，要求聚精采公司退还货款 10020 元并按照商品价款 10 倍的标准支付赔偿金。

聚精采公司抗辩称涉诉食品仅存在标签瑕疵，并非不符合食品安全标准的食品，且食品的标签瑕疵属于生产者的责任，聚精采公司对该瑕疵此并不"明知"。

北京市朝阳区人民法院审理认为：本案买卖关系是双方当事人的真实意思表示，不违反法律、行政法规的强制性规定，应属合法有效。作为销售者，聚精采公司应保证所销售的食品符合食品安全标准。生产许可证标号、产品标准代号、生产日期等作为食品标签的必要组成部分，应属食品安全标准的内容之一。销售者应保证其售出食品的外包装标注有正确的生产许可证标号、产品标准代号、生产日期。本案中，龙艳购买的香菊礼盒内外包装标签上均未标注生产许可证标号、产品标准代号，黑加仑葡萄干包装标签上未标注生产日期、产品标准代号，故该两款产品均属于不符合食品安全标准的食品。聚精采公司作为销售者，应当知道生产许可证标号、产品标准代号、生产日期等信息均为直接影响食品质量以及安全系数的重要事项，仍然销售未标注该类信息的食品，应属于食品安全法规定的"销售明知是不符合食品安全标准的食品"。龙艳要求聚精采公司退还货款、支付10 倍货款赔偿款的诉讼请求，于法有据，该院予以支持。因此北京市朝阳区人民法院依照《中华人民共和国食品安全法》第二十条、第四十二条、第九十六条，《中华人民共和国合同法》第一百一十一条之规定，判决：一、聚精采公司于判决生效之日起 10 日内退还龙艳货款 10020 元；二、聚精采公司于判决生效之日起 10 日内支付龙艳赔偿款 100200 元。

### 知识要求

随着人民群众生活水平不断提高的同时，食品质量安全问题也日益突出。为减少食品安全事故发生，并将食品安全隐患挡在市场之外，强制实施食品生产许可制度（SC）是一项强有力的保障措施。

所谓生产许可制度，就是国家质量技术监督总局根据食品质量达到安全标准所必须满足的基本要求，从原材料、生产设备、工艺流程、产品标准、检验设备与能力等 10 个方面制定了严格具体的要求，只有同时通过这"十关"审核的企业才允许生产食品，从源头上提高了生产企业进入食品行业的准入门槛。

对已获得生产许可资格的食品企业，生产许可制度还明确制定了巡查、年审、强制检验、监督抽查、回访等后续监管措施，确保获证食品合格率和放心度，一旦发现质量问题，企业只有一次机会整改，再次发现就会面临"死刑"。

# 食品生产许可证的申请

## 一、 食品生产许可证申请程序

《食品生产许可管理办法》（2015 年）规定食品生产许可证申办流程如下：申请—受理—审查—审批证书。

首先，企业按照规定到当地县级以上地方食品药品监督管理部门申领食品生产许可申请书，并认真填写，同时准备相关材料。

然后，企业携带申请书等材料向企业所在地的县级以上地方食品药品监督管理部门申报。

再然后，县级以上地方食品药品监督管理部门组织人员对企业申报的材料进行审查，并根据情况选择是否进行现场核查。

最后，县级以上地方食品药品监督管理部门根据审查情况做出是否可以准予生产许可的决定，并依法颁发食品生产许可证。

## 二、 食品生产许可证的申请

食品生产加工企业凡具有营业执照的，必须单独申请食品生产许可证。隶属于集团公司和经济联合体并有营业执照的分公司或生产厂点，必须独立申请食品生产许可证；没有营业执照的分公司，生产厂点可以由集团公司统一申请食品生产许可证，但是其所有的生产厂点必须在申请书上注明。

申请食品生产许可，应当按照以下食品类别提出：粮食加工品，食用油、油脂及其制品，调味品，肉制品，乳制品，饮料，方便食品，饼干，罐头，冷冻饮品，速冻食品，薯类和膨化食品，糖果制品，茶叶及相关制品，酒类，蔬菜制品，水果制品，炒货食品及坚果制品，蛋制品，可可及焙烤咖啡产品，食糖，水产制品，淀粉及淀粉制品，糕点，豆制品，蜂产品，保健食品，特殊医学用途配方食品，婴幼儿配方食品，特殊膳食食品，其他食品等。

**（一）申请人应具备的条件**

（1）取得国家工商行政管理部门或有关注册机构注册登记的法人资格（或其组成部分）。

（2）已取得相关法规规定的行政许可文件（适用时）。

（3）生产、加工的产品或提供的服务符合中华人民共和国相关法律、法规、安全标准和有关规范的要求。

（4）已按以上基本认证依据和相关专项技术要求，建立和实施了文件化的食品安全管理体系，一般情况下体系需有效运行 3 个月以上。

## （二）申请生产许可证需要提交的材料

一般申请文件清单如表7-1所示。

表7-1　　　　　　　　　申请生产许可证所需的文件清单

| 序号 | 项目 | 部分说明 |
|---|---|---|
| 1 | 授权委托书 | 包括委托人（企业法人）与被委托人（执行具体申请工作的人）身份证复印件 |
| 2 | 食品生产许可申请书封面 | 依据实际结合申请书填写规范填写 |
| 3 | 声明 | 所填写申请书及其他材料内容真实、有效（复印件与原件相符），此页是固定模本无须修改 |
| 4 | 申请人基本情况表 | 同2 |
| 5 | 食品安全管理及专业技术人员表 | 同2 |
| 6 | 产品信息表 | 同2 |
| 7 | 食品生产加工场所信息表 | 同2 |
| 8 | 食品生产许可其他申请材料清单 | 依据实际如实填写，一般不用多交 |
| 9 | 营业执照（复印件） | 复印件上需注明（手写）：与原件一致 |
| 10 | 食品生产加工场所及其周围环境平面图 | 制图单位、比例尺、尺寸标注、方向标、制图人、审核人、物流口、厂区大门位置、厂区占地面积 |
| 11 | 食品生产加工场所各功能区间布局平面图 | 1. 功能间名称（与实际标识牌一致）与面积、可增加进入车间的人流、物流<br>2. 其他要求同生产加工场所及其周围环境平面图 |
| 12 | 工艺设备布局图 | 1. 设备名称与《食品生产主要设备、设施清单》一致。可增加车间内部的人流、物流<br>2. 其他要求同生产加工场所及其周围环境平面图 |
| 13 | 食品生产工艺流程图（每个品种） | 与车间实际流程一致，标注关键控制点（工序）、关键设备、控制标准或技术参数 |
| 14 | 食品生产主要设备、设施清单（设备、设施；检验仪器） | 1. 审核细则要求的必须有，所写必须与实际相符，不得出现现场审核时发现没有主要设备的情况<br>2. 现场审核时注意铭牌与清单一致 |
| 15 | 食品安全管理制度清单及其文本 | 必备的7个制度：进货查验记录管理制度、生产过程控制管理制度、出场检验记录管理制度、食品安全自查管理制度、从业人员健康管理制度、不安全食品召回管理制度、食品安全事故处置管理制度，切实可行 |
| 16 | 试制产品全项检验合格报告 | 按照产品执行标准并结合审查细则进行有资质的第三方检验，一般有产品全项检验报告［重金属、农残、污染物残留、感官、理化、微生物指标、预包装（标签、净含量之类）检测。具体项目可以咨询审查人员］需要原件或者复印件+检验机构检验公章，一般要两份报告即可 |

续表

| 序号 | 项目 | 部分说明 |
|------|------|----------|
| 17 | 产品执行标准文本 | 1. 国标、行标、地标、企标均可<br>2. 如果执行企标需试制产品之前完成备案 |
| 18 | 生产用水检验报告（必要时、原件） | 1. 使用市政自来水厂可以使用自来水厂的官检，但地方不同要求未必一致<br>2. 自备水源需送检，项目多少依据审核要求<br>3. 矿泉水生产企业应提供矿泉水采矿证、取水证、水质检验报告。检验报告要求提供原件，或复印件加盖检验机构印章 |
| 19 | 洁净车间空气洁净度检测报告（细则有要求时、原件） | 乳制品、婴幼儿配方乳粉、瓶（桶）装饮用水应按细则要求提供洁净车间空气洁净度报告，必须是原件 |
| 20 | 产业政策文件（必要时、原件）受理通知书后面 | 乳制品、婴幼儿配方乳粉生产企业、白酒、味精、浓缩苹果汁、玉米淀粉等需要提供经信委提供的产业证明文件 |

申请材料要求页页盖公章，一般在企业名称处，其他通用要求右上角，安全管理制度页数比较多的，可以加盖骑缝章，也可以每页都盖章。

## 任务二

# 食品生产许可认证审核

食品生产许可认证是一种政府行为，是一项行政许可制度。由政府指定的认证机构——市（地）级以上质量技术监督部门，按《食品生产许可审查通则》及相应食品的《审查细则》对食品生产加工企业必备条件进行审查和强制检验。

按照审核的先后顺序，把审核工作分为：文件审核、现场审核以及审核判定及整改措施核查三部分。

### 一、 文件审核

认证部门接受企业递交《食品生产许可证申请书》及有关材料，办理部门收到企业申请材料后，应当立即检查申请材料是否齐全，齐全的予以受理；材料不全的，应明确告知企业所缺材料，退回企业补充，否则不予受理。

企业书面材料审查符合要求的，发给企业食品生产许可证受理通知书；书面审查不符合要求的，通知企业在规定的期限内补正，逾期未补正的，视为撤回申请。

核查组应当对企业标准的合理性进行审查。审查的主要内容是：企业标准是否经过备案，是否符合强制性标准的要求，低于推荐性国家或行业标准要求的指标是否合理。

## 二、现场审查

申请材料经审查，按规定不需要现场核查的，应当按规定程序由许可机关做出许可决定。许可机关决定需要现场核查的，应当组织现场核查。

下列情形，应当组织现场核查。

（1）申请生产许可的，应当组织现场核查。

（2）申请变更的，申请人声明其生产场所发生变迁，或者现有工艺设备布局和工艺流程、主要生产设备设施、食品类别等事项发生变化的，应当对变化情况组织现场核查；其他生产条件发生变化，可能影响食品安全的，也应当就变化情况组织现场核查。

（3）申请延续的，申请人声明生产条件发生变化，可能影响食品安全的，应当组织对变化情况进行现场核查。

（4）申请变更、延续的，审查部门决定需要对申请材料内容、食品类别、与相关审查细则及执行标准要求相符情况进行核实的，应当组织现场核查。

（5）申请人的生产场所迁出原发证的食品药品监督管理部门管辖范围的，应当重新申请食品生产许可，迁入地许可机关应当依照本通则的规定组织申请材料审查和现场核查。

（6）申请人食品安全信用信息记录载明监督抽检不合格、监督检查不符合、发生过食品安全事故，以及其他保障食品安全方面存在隐患的。

（7）法律、法规和规章规定需要实施现场核查的其他情形。

对需要进行现场审核的企业，认证部门应当成立审查组，依照食品生产许可证审查通则和审查细则对企业生产必备条件进行现场审查。核查组成员不少于2人。承担企业现场核查任务的核查人员（专家除外）必须经考试取得核查员资格，核查组长必须经省级市场监督管理局批准，报国家市场监督管理总局备案。企业现场核查工作实行组长负责制，现场审核主要审核食品安全管理制度、记录、图纸等是否与实际相符；生产现场管理是否符合食品生产企业卫生规范要求。企业现场审核程序如表7-2所示。

现场审核需要填写《食品、食品添加剂生产许可现场核查评分记录表》，该表包括生产场所（24分）、设备设施（33分）、设备布局和工艺流程（9分）、人员管理（9分）、管理制度（24分）以及试制产品检验合格报告（1分）等六部分，共34个核查项目。食品、食品添加剂生产许可现场核查评分记录表如表7-3所示。

表 7-2　　　　　　　　　　　　食品企业现场审核流程

| 序号 | 内容 | 说明 |
|---|---|---|
| 1 | 首次会议 | 所有相关人员参加 |
| 2 | 现场评审 | 以 GB 14881 为主要设计的食品、食品添加剂生产许可现场核查评分记录表、厂区及周边环境、设备、功能间、附属设施等及现场照片，主要查验环境卫生是否符合要求，设备一览表是否正确，布局是否合理，工艺是否匹配等 |
| | 文件审核 | 食品加工人员和食品生产卫生管理制度；<br>关键控制环节的监控制度；<br>清洁消毒制度和清洁消毒用具管理制度；<br>食品加工人员健康管理制度；<br>废弃物存放和清除制度；<br>工作服的清洗保洁制度；<br>食品原料、食品添加剂和食品相关产品的采购、验收、运输和贮存管理制度；<br>食品原料仓库应设专人管理及建立管理制度；<br>根据原料、产品和工艺的特点，针对生产设备和环境制定有效的清洁消毒制度；<br>防止化学污染的管理制度；<br>食品添加剂和食品工业用加工助剂的使用制度；<br>清洁剂、消毒剂等化学品的使用制度；<br>应建立防止异物污染的管理制度；<br>建立食品出厂检验记录制度；<br>检验室应有完善的管理制度；<br>建立产品留样制度；<br>建立和执行适当的仓储制度；<br>建立产品召回制度；<br>建立食品生产相关岗位的培训制度；<br>建立记录制度；<br>建立客户投诉处理机制；<br>建立文件的管理制度，化验员的能力、特种作业人员之类的能力 |
| 3 | 末次会议 | 主要人员参加，提出需要整改的项目，生产许可现场核查报告、生产许可现场核查得分及存在的问题表 |

表 7-3　　　　　　　　　　生产许可现场核查评分记录表

一、生产场所（共 24 分）

| 序号 | 核查项目 | 核查内容 | 评分标准 | | 核查得分 | 核查记录 |
|---|---|---|---|---|---|---|
| 1.1 | 厂区要求 | 1. 保持生产场所环境整洁，周围无虫害大量滋生的潜在场所，无有害废弃物以及粉尘、有害气体、放射性物质和其他扩散性污染源。各类污染源难以避开时应当有必要的防范措施，能有效清除污染源造成的影响 | 符合规定要求 | 3 | | |
| | | | 有污染源防范措施，但个别防范措施效果不明显 | 1 | | |
| | | | 无污染源防范措施，或者污染源防范措施无明显效果 | 0 | | |

续表

| 序号 | 核查项目 | 核查内容 | 评分标准 | | 核查得分 | 核查记录 |
|------|----------|----------|----------|------|----------|----------|
| 1.1 | 厂区要求 | 2. 厂区布局合理，各功能区划分明显。生活区与生产区保持适当距离或分隔，防止交叉污染 | 符合规定要求 | 3 | | |
| | | | 厂区布局基本合理，生活区与生产区相距较近或分隔不彻底 | 1 | | |
| | | | 厂区布局不合理，或者生活区与生产区紧邻且未分隔，或者存在交叉污染 | 0 | | |
| | | 3. 厂区道路应当采用硬质材料铺设，厂区无扬尘或积水现象。厂区绿化应当与生产车间保持适当距离，植被应当定期维护，防止虫害滋生 | 符合规定要求 | 3 | | |
| | | | 厂区环境略有不足 | 1 | | |
| | | | 厂区环境不符合规定要求 | 0 | | |
| 1.2 | 厂房和车间 | 1. 应当具有与生产的产品品种、数量相适应的厂房和车间，并根据生产工艺及清洁程度的要求合理布局和划分作业区，避免交叉污染；厂房内设置的检验室应当与生产区域分隔 | 符合规定要求 | 3 | | |
| | | | 个别作业区布局和划分不太合理 | 1 | | |
| | | | 厂房面积与空间不满足生产需求，或者各作业区布局和划分不合理，或者检验室未与生产区域分隔 | 0 | | |
| | | 2. 车间保持清洁，顶棚、墙壁和地面应当采用无毒、无味、防渗透、防霉、不易破损脱落的材料建造，易于清洁；顶棚在结构上不利于冷凝水垂直滴落，裸露食品上方的管路应当有防止灰尘散落及水滴掉落的措施；门窗应当闭合严密，不透水、不变形，并有防止虫害侵入的措施 | 符合规定要求 | 3 | | |
| | | | 车间清洁程度以及顶棚、墙壁、地面和门窗或者相关防护措施略有不足 | 1 | | |
| | | | 严重不符合规定要求 | 0 | | |

续表

| 序号 | 核查项目 | 核查内容 | 评分标准 | | 核查得分 | 核查记录 |
|------|----------|----------|----------|---|----------|----------|
| 1.3 | 库房要求 | 1. 库房整洁，地面平整，易于维护、清洁，防止虫害侵入和藏匿。必要时库房应当设置相适应的温度、湿度控制等设施 | 符合规定要求 | 3 | | |
| | | | 库房整洁程度或者相关设施略有不足 | 1 | | |
| | | | 严重不符合规定要求 | 0 | | |
| | | 2. 原辅料、半成品、成品等物料应当依据性质的不同分设库房或分区存放。清洁剂、消毒剂、杀虫剂、润滑剂、燃料等物料应当与原辅料、半成品、成品等物料分隔放置。库房内的物料应当与墙壁、地面保持适当距离，并明确标识，防止交叉污染 | 符合规定要求 | 3 | | |
| | | | 物料存放或标识略有不足。 | 1 | | |
| | | | 原辅料、半成品、成品等与清洁剂、消毒剂、杀虫剂、润滑剂、燃料等物料未分隔存放；物料无标识或标识混乱 | 0 | | |
| | | 3. 有外设仓库的，应当承诺外设仓库符合1.3.1、1.3.2条款的要求，并提供相关影像资料 | 符合规定要求 | 3 | | |
| | | | 承诺材料或影像资料略不完整 | 1 | | |
| | | | 未提交承诺材料或影像资料，或者影像资料存在严重不足 | 0 | | |

## 二、设备设施（共33分）

| 序号 | 核查项目 | 核查内容 | 评分标准 | | 核查得分 | 核查记录 |
|------|----------|----------|----------|---|----------|----------|
| 2.1 | 生产设备 | 1. 应当配备与生产的产品品种、数量相适应的生产设备，设备的性能和精度应当满足生产加工的要求 | 符合规定要求 | 3 | | |
| | | | 个别设备的性能和精度略有不足 | 1 | | |
| | | | 生产设备不满足生产加工要求 | 0 | | |
| | | 2. 生产设备清洁卫生，直接接触食品的设备、工器具材质应当无毒、无味、抗腐蚀、不易脱落，表面光滑、无吸收性，易于清洁保养和消毒 | 符合规定要求 | 3 | | |
| | | | 设备清洁卫生程度或者设备材质略有不足 | 1 | | |
| | | | 严重不符合规定要求 | 0 | | |

续表

| 序号 | 核查项目 | 核查内容 | 评分标准 | | 核查得分 | 核查记录 |
|---|---|---|---|---|---|---|
| 2.2 | 供排水设施 | 1. 食品加工用水的水质应当符合 GB 5749 的规定，有特殊要求的应当符合相应规定。食品加工用水与其他不与食品接触的用水应当以完全分离的管路输送，避免交叉污染，各管路系统应当明确标识以便区分 | 符合规定要求 | 3 | | |
| | | | 供水管路标识略有不足 | 1 | | |
| | | | 食品加工用水的水质不符合规定要求，或者供水管路无标识或标识混乱，或者供水管路存在交叉污染 | 0 | | |
| | | 2. 室内排水应当由清洁程度高的区域流向清洁程度低的区域，且有防止逆流的措施。排水系统出入口设计合理并有防止污染和虫害侵入的措施 | 符合规定要求 | 3 | | |
| | | | 相关防护措施略有不足 | 1 | | |
| | | | 室内排水流向不符合要求，或者相关防护措施严重不足 | 0 | | |
| 2.3 | 清洁消毒设施 | 应当配备相应的食品、工器具和设备的清洁设施，必要时配备相应的消毒设施。清洁、消毒方式应当避免对食品造成交叉污染，使用的洗涤剂、消毒剂应当符合相关规定要求 | 符合规定要求 | 3 | | |
| | | | 清洁消毒设施略有不足 | 1 | | |
| | | | 清洁消毒设施严重不足，或者清洁消毒的方式、用品不符合规定要求 | 0 | | |
| 2.4 | 废弃物存放设施 | 应当配备设计合理、防止渗漏、易于清洁的存放废弃物的专用设施。车间内存放废弃物的设施和容器应当标识清晰，不得与盛装原辅料、半成品、成品的容器混用 | 符合规定要求 | 3 | | |
| | | | 废弃物存放设施及标识略有不足 | 1 | | |
| | | | 废弃物存放设施设计不合理，或者与盛装原辅料、半成品、成品的容器混用 | 0 | | |
| 2.5 | 个人卫生设施 | 生产场所或车间入口处应当设置更衣室，更衣室应当保证工作服与个人服装及其他物品分开放置；车间入口及车间内必要处，应当按需设置换鞋（穿戴鞋套）设施或鞋靴消毒设施；清洁作业区入口应当设置与生产加工人员数量相匹配的非手动式洗手、干手和消毒设施。卫生间不得与生产、包装或贮存等区域直接连通 | 符合规定要求 | 3 | | |
| | | | 个人卫生设施略有不足 | 1 | | |
| | | | 个人卫生设施严重不符合规范要求，或者卫生间与生产、包装、贮存等区域直接连通 | 0 | | |

续表

| 序号 | 核查项目 | 核查内容 | 评分标准 | | 核查得分 | 核查记录 |
|---|---|---|---|---|---|---|
| 2.6 | 通风设施 | 应当配备适宜的通风、排气设施，避免空气从清洁程度要求低的作业区域流向清洁程度要求高的作业区域；合理设置进气口位置，必要时应当安装空气过滤净化或除尘设施。通风设施应当易于清洁、维修或更换，并能防止虫害侵入 | 符合规定要求 | 3 | | |
| | | | 通风设施略有不足 | 1 | | |
| | | | 通风设施严重不足，或者不能满足必要的空气过滤净化、除尘、防止虫害侵入的需求 | 0 | | |
| 2.7 | 照明设施 | 厂房内应当有充足的自然采光或人工照明，光泽和亮度应能满足生产和操作需要，光源应能使物料呈现真实的颜色。在暴露食品和原辅料正上方的照明设施应当使用安全型或有防护措施的照明设施；如需要，还应当配备应急照明设施 | 符合规定要求 | 3 | | |
| | | | 照明设施或者防护措施略有不足 | 1 | | |
| | | | 照明设施或者防护措施严重不足 | 0 | | |
| 2.8 | 温控设施 | 应当根据生产的需要，配备适宜的加热、冷却、冷冻以及用于监测温度和控制室温的设施 | 符合规定要求 | 3 | | |
| | | | 温控设施略有不足 | 1 | | |
| | | | 温控设施严重不足 | 0 | | |
| 2.9 | 检验设备设施 | 自行检验的，应当具备与所检项目相适应的检验室和检验设备。检验室应当布局合理，检验设备的数量、性能、精度应当满足相应的检验需求 | 符合规定要求 | 3 | | |
| | | | 检验室布局略不合理，或者检验设备性能略有不足 | 1 | | |
| | | | 检验室布局不合理，或者检验设备数量、性能、精度不能满足检验需求 | 0 | | |

三、设备布局和工艺流程（共9分）

| 序号 | 核查项目 | 核查内容 | 评分标准 | | 核查得分 | 核查记录 |
|---|---|---|---|---|---|---|
| 3.1 | 设备布局 | 生产设备应当按照工艺流程有序排列，合理布局，便于清洁、消毒和维护，避免交叉污染 | 符合规定要求 | 3 | | |
| | | | 个别设备布局不合理 | 1 | | |
| | | | 设备布局存在交叉污染 | 0 | | |

续表

| 序号 | 核查项目 | 核查内容 | 评分标准 | | 核查得分 | 核查记录 |
|---|---|---|---|---|---|---|
| 3.2 | 工艺流程 | 1. 应当具备合理的生产工艺流程，防止生产过程中造成交叉污染。工艺流程应当与产品执行标准相适应。执行企业标准的，应当依法备案 | 符合规定要求 | 3 | | |
| | | | 个别工艺流程略有交叉，或者略不符合产品执行标准的规定 | 1 | | |
| | | | 工艺流程存在交叉污染，或者不符合产品执行标准的规定，或者企业标准未依法备案 | 0 | | |
| | | 2. 应当制定所需的产品配方、工艺规程、作业指导书等工艺文件，明确生产过程中的食品安全关键环节。复配食品添加剂的产品配方、有害物质、致病性微生物等的控制要求应当符合食品安全标准的规定 | 符合规定要求 | 3 | | |
| | | | 工艺文件略有不足 | 1 | | |
| | | | 工艺文件严重不足，或者复配食品添加剂的相关控制要求不符合食品安全标准的规定 | 0 | | |

## 四、人员管理（共 9 分）

| 序号 | 核查项目 | 核查内容 | 评分标准 | | 核查得分 | 核查记录 |
|---|---|---|---|---|---|---|
| 4.1 | 人员要求 | 应当配备食品安全管理人员和食品安全专业技术人员，明确其职责。人员要求应当符合有关规定 | 符合规定要求 | 3 | | |
| | | | 人员职责不太明确 | 1 | | |
| | | | 相关人员配备不足，或者人员要求不符合规定 | 0 | | |
| 4.2 | 人员培训 | 应当制定职工培训计划，开展食品安全知识及卫生培训。食品安全管理人员上岗前应当经过培训，并考核合格 | 符合规定要求 | 3 | | |
| | | | 培训计划及计划执行略有不足 | 1 | | |
| | | | 无培训计划，或者已上岗的相关人员未经培训或考核不合格 | 0 | | |
| 4.3 | 人员健康管理制度 | 应当建立从业人员健康管理制度，明确患有国务院卫生行政部门规定的有碍食品安全疾病的或有明显皮肤损伤未愈合的人员，不得从事接触直接入口食品的工作。从事接触直接入口食品工作的食品生产人员应当每年进行健康检查，取得健康证明后方可上岗工作 | 符合规定要求 | 3 | | |
| | | | 制度内容略有缺陷，或者个别人员未能提供健康证明 | 1 | | |
| | | | 无制度，或者人员健康管理严重不足 | 0 | | |

## 五、管理制度（共24分）

| 序号 | 核查项目 | 核查内容 | 评分标准 | | 核查得分 | 核查记录 |
|---|---|---|---|---|---|---|
| 5.1 | 进货查验记录制度 | 应当建立进货查验记录制度，并规定采购原辅料时，应当查验供货者的许可证和产品合格证明，记录采购的原辅料名称、规格、数量、生产日期或者生产批号、保质期、进货日期以及供货者名称、地址、联系方式等信息，保存相关记录和凭证 | 符合规定要求 | 3 | | |
| | | | 制度内容略有不足 | 1 | | |
| | | | 无制度，或者制度内容严重不足 | 0 | | |
| 5.2 | 生产过程控制制度 | 应当建立生产过程控制制度，明确原料控制（如领料、投料等）、生产关键环节控制（如生产工序、设备管理、贮存、包装等）、检验控制（如原料检验、半成品检验、成品出厂检验等）以及运输和交付控制的相关要求 | 符合规定要求 | 3 | | |
| | | | 个别制度内容略有不足 | 1 | | |
| | | | 无制度，或者制度内容严重不足 | 0 | | |
| 5.3 | 出厂检验记录制度 | 应当建立出厂检验记录制度，并规定食品出厂时，应当查验出厂食品的检验合格证和安全状况，记录食品的名称、规格、数量、生产日期或者生产批号、保质期、检验合格证号、销售日期以及购货者名称、地址、联系方式等信息，保存相关记录和凭证 | 符合规定要求 | 3 | | |
| | | | 制度内容有不足 | 1 | | |
| | | | 无制度，或者制度内容严重不足 | 0 | | |
| 5.4 | 不安全食品召回制度及不合格品管理 | 1. 应当建立不安全食品召回制度，并规定停止生产、召回和处置不安全食品的相关要求，记录召回和通知情况 | 符合规定要求 | 3 | | |
| | | | 制度内容有不足 | 1 | | |
| | | | 无制度，或者制度内容严重不足 | 0 | | |
| | | 2. 应当规定生产过程中发现的原辅料、半成品、成品中不合格品的管理要求和处置措施 | 符合规定要求 | 3 | | |
| | | | 管理要求和处置措施略有不足 | 1 | | |
| | | | 无相关规定，或者管理要求和处置措施严重不足 | 0 | | |

续表

| 序号 | 核查项目 | 核查内容 | 评分标准 | | 核查得分 | 核查记录 |
|---|---|---|---|---|---|---|
| 5.5 | 食品安全自查制度 | 应当建立食品安全自查制度，并规定对食品安全状况定期进行检查评价，并根据评价结果采取相应的处理措施 | 符合规定要求 | 3 | | |
| | | | 制度内容略有不足 | 1 | | |
| | | | 无制度，或者制度内容严重不足 | 0 | | |
| 5.6 | 食品安全事故处置方案 | 应当建立食品安全事故处置方案，并规定食品安全事故处置措施及向相关食品安全监管部门和卫生行政部门报告的要求 | 符合规定要求 | 3 | | |
| | | | 方案内容略有不足 | 1 | | |
| | | | 无方案，或者方案内容严重不足 | 0 | | |
| 5.7 | 其他制度 | 应当按照相关法律法规、食品安全标准以及审查细则规定，建立其他保障食品安全的管理制度 | 符合规定要求 | 3 | | |
| | | | 个别制度内容略有不足 | 1 | | |
| | | | 无制度，或者制度内容严重不足 | 0 | | |

六、试制产品检验合格报告（共1分）

| 序号 | 核查项目 | 核查内容 | 评分标准 | | 核查得分 | 核查记录 |
|---|---|---|---|---|---|---|
| 6.1 | 试制产品检验合格报告 | 应当提交符合审查细则有关要求的试制产品检验合格报告 | 符合规定要求 | 1 | | |
| | | | 非食品安全标准规定的检验项目不全 | 0.5 | | |
| | | | 无检验合格报告，或者食品安全标准规定的检验项目不全 | 0 | | |

## 三、 现场核查结论的判定及整改措施的核查

核查项目单项得分无 0 分且总得分率≥85%的，该食品类别及品种明细判定为通过现场核查。

当出现以下两种情况之一时，该食品类别及品种明细判定为未通过现场核查。

（1）有一项及以上核查项目得 0 分的；

（2）核查项目总得分率<85%的。

对于判定结果为通过现场核查的，申请人应当在一个月内对现场核查中发现的问题进行整改，并将整改结果向负责对申请人实施食品安全日常监督管理的食

品药品监督管理部门书面报告。

负责对申请人实施食品安全日常监督管理的市场监督管理部门或其派出机构在许可后三个月内对获证企业开展一次监督检查。对已进行现场核查的企业，重点检查现场核查中发现的问题是否已进行整改。

## 任务三

# 食品生产许可证的使用与管理

## 一、 食品生产许可证的管理

食品生产许可证分为正本、副本。正本、副本具有同等法律效力。食品生产许可证应当载明：生产者名称、社会信用代码（个体生产者为身份证号码）、法定代表人（负责人）、住所、生产地址、食品类别、许可证编号、有效期、日常监督管理机构、日常监督管理人员、投诉举报电话、发证机关、签发人、发证日期和二维码。

副本还应当载明食品明细和外设仓库（包括自有和租赁）的具体地址。生产保健食品、特殊医学用途配方食品、婴幼儿配方食品的，还应当载明产品注册批准文号或者备案登记号；接受委托生产保健食品的，还应当载明委托企业名称及住所等相关信息。

食品生产者应当妥善保管食品生产许可证，不得伪造、涂改、倒卖、出租、出借、转让。食品生产者应当在生产场所的显著位置悬挂或者摆放食品生产许可证正本。

## 二、 食品生产许可证的使用

企业取得食品生产许可证后，需在食品包装或标签上标注食品生产许可证编号。食品生产许可证编号由 SC（"生产"的汉语拼音字母缩写）和 14 位阿拉伯数字组成。数字从左至右依次为：3 位食品类别编码、2 位省（自治区、直辖市）代码、2 位市（地）代码、2 位县（区）代码、4 位顺序码、1 位校验码。

食品生产许可证第 1 位数字代表食品、食品添加剂生产许可识别码，阿拉伯数字"1"代表食品，"2"代表食品添加剂。食品生产者同时生产食品、食品添加剂的，标注主要生产产品的识别码。

第 2、3 位数字糕点布食品生产许可分类目录的公告（2016 年第 23 号），查询网址：http：//www.sda.gov.cn/WS01/CL1600/143140.html。即："01"代表粮食加工品，"02"代表食用油、油脂及其制品，"03"代表调味品，"04"代表肉制品，"05"代表乳制品，"06"代表饮料，"07"代表方便食品，"08"代表饼干，"09"代表罐头，"10"代表冷冻饮品，"11"代表速冻食品，"12"代表薯类和膨化食品，"13"代表糖果制品，"14"代表茶叶及相关制品，"15"代表酒类，

"16"代表蔬菜制品，"17"代表水果制品，"18"代表炒货食品及坚果制品，"19"代表蛋制品，"20"代表可可及焙烤咖啡产品，"21"代表食糖，"22"代表水产制品，"23"代表淀粉及淀粉制品，"24"代表糕点，"25"代表豆制品，"26"代表蜂产品，"27"代表保健食品，"28"代表特殊医学用途配方食品，"29"代表婴幼儿配方食品，"30"代表特殊膳食食品，"31"代表其他食品。食品添加剂类别编号标识为："01"代表一般食品添加剂，"02"代表食品用香精，"03"代表复配食品添加剂。生产不同类别的食品或食品添加剂的，以主要生产的产品为类别编号。

第4~9位行政区划代码。按照 GB/T 2260—2007《中华人民共和国行政区划代码》的规定，其中第4、5位数字为省代码；第6~7位数字为市级行政区划代码；第8~9位为县级行政区划代码。县及县以上行政区划代码可查询国家统计局网站（网址：http://www.stats.gov.cn/tjsj/tjbz/xzqhdm/）。

第10~13位数字为顺序码。按照准予许可事项的先后顺序，依次编写许可证的流水号码。

第14位数字为校验码。用于检验本体码的正确性，采用 GB/T 17710—1999 中的规定的"MOD11，10"校验算法，1位数字。

例如：长沙市岳麓区某小麦粉企业食品生产许可证号"SC10143010405015"各部分所代表的意义如图7-1所示。

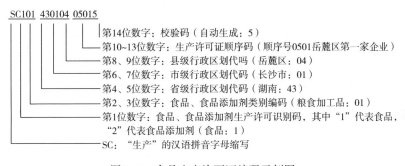

图7-1　食品生产许可证编码示例图

## 三、委托加工实施食品生产许可管理的产品标注

有证企业（委托方）委托另一同种食品有证企业（被委托方）进行生产，委托负责全部食品销售的，可以使用两种标注方式。

（1）食品包装上应当标注委托方的名称、地址和被委托方的名称和食品生产许可证编号。

（2）食品包装上应当标注委托方的名称、地址以及食品生产许可证编号。

无证企业（委托方）委托由所委托食品生产许可证企业（被委托方）进行生

产，委托方负责全部食品销售的，食品包装上应该标注委托方的名称、地址以及被委托方名称和食品生产许可证编号。

任何企业不允许委托无证企业进行食品生产许可证制度管理产品的生产，一经发现，按无证查处。对采用以上标注方式的企业应持委托方和被委托方签署有效合同及企业的食品生产许可证到所在地的省、市（地）级食品药品监督管理部门备案。

### ▆▆ 能力要求

#### 实训1　食品生产许可认证申请书的编制

**一、实训目的**

1. 掌握食品生产许可认证的适用范围和申办程序；
2. 结合食品加工企业现状正确填写申请书。

**二、实训原理**

食品生产许可证申请书由申请企业填写，需要注意的是，填写的企业名称应与工商行政管理部门核发的企业营业执照名称一致；企业的生产设备和出厂检验设备一定要符合《审查细则》的规定。

**三、实训内容**

（1）讲解食品企业申办食品生产许可证的基本流程和基本条件；

（2）结合某一食品企业生产许可证申请书的范本讲解食品生产许可证申请书的基本结构和内容；

（3）根据班级学生人数多少进行分组，每组成员数量以3人为宜，指定一人为小组组长。

（4）让学生选择某一食品种类，并正确填写该种类食品生产企业的生产许可证申请表；

（5）在课堂上组织学生进行汇报和交流；

（6）指导教师进行点评，并提出修改意见；

（7）根据交流结果和教师的修改意见，对申请书进行进一步修改和完善。

#### 实训2　食品生产许可认证程序文件的编写

**一、实训目的**

使学生掌握食品生产许可认证程序文件的编写方法。

## 二、实训原理

食品生产许可认证程序文件是食品生产许可认证质量手册的支持性文件，是食品企业的各职能部门为落实质量手册的要求而规定的实施细则。程序文件就是明确各职能部门、各体系和各项质量活动的5W1H（开展活动的目的 why；做什么 what；何时 when；何地 where；谁 who 来做；应该采取什么材料、设备和文件，如何对活动进行控制和记录 how）。其核心是明确各环节由谁干，干什么，怎么干，如何控制，达到什么程度和要求，需要形成何种记录和报告等，食品生产许可认证程序文件见下例。

---

### 质量管理制度考核办法

一、质检科负责质量管理制度的考核工作，并按企业的"质量管理制度考核表"进行月度考核。

二、被考核对象为企业的有关部门和生产车间，每月5号前对上月情况进行考评。

三、考核内容

1. 生技科

（1）编制的技术文件（产品标准、工艺路线、工艺流程、检验规程等）能否正确指导当月生产？有否因下达的技术文件失误而造成产品质量问题？

（2）各部门、车间使用的文件是否统一？

（3）设备工装能否适应生产需要？是否按设备管理制度做好维护保养工作？

（4）仓库是否认真执行库房管理制度？

2. 质检科

（1）原料、成品检验是否发生错检、漏检情况？

（2）是否认真贯彻执行"三检"制度？

（3）是否严格坚持质量否决权？当月生产产品的质量情况。

（4）在用的检测设备有效性、准确性、适用性。

（5）是否对质量管理要求进行检查？

（6）对文件是否按规定进行管理？

（7）对人员是否按规定进行培训、管理？

3. 供销科

（1）原材料和外购件是否按采购文件采购？是否对供方进行控制？

（2）发出的产品是否开展信息反馈工作？

（3）是否对顾客进行服务，确保顾客满意？

4. 生产车间、班组

（1）是否按工艺文件组织生产？是否有违反工艺纪律的情况发生？

（2）是否做到自检、互检？是否有未检或不合格产品流入下道工序的情况发生？

四、本办法由质检科制订，在征求有关部门和生产车间意见基础上，经厂长批准后实施。

五、相关记录：《质量管理考核表》

---

### 三、实训内容

（1）教师列出需要形成食品生产许可认证程序文件的清单；

（2）学生以 3 人为一组，选择一个食品生产许可认证程序文件编写任务；

（3）教师对具体的程序文件设置的目的、适用范围加以说明；

（4）指导学生确定各职能部门的职责和工作程序；

（5）学生查阅相关资料，撰写相应的程序文件；

（6）学生对自己撰写的程序文件进行汇报与交流；

（7）教师对学生的编制情况进行点评并提出修改意见；

（8）学生完成某一质量活动的食品生产许可认证程序文件的编写。

## 相关链接

**1. 相关网站**

http：//www.sfda.gov.cn/国家食品药品监督管理总局

http：//www.qszt.net/许可证查询网——全国工业产品生产许可证公示网

**2. 相关知识链接**

国家食品药品监督管理总局关于公布食品生产许可分类目录的公告（2016 年第 23 号）

### 食品生产许可分类目录

| 食品、食品添加剂类别 | 类别编号 | 类别名称 | 品种明细 |
|---|---|---|---|
| 粮食加工品 | 0101 | 小麦粉 | 1. 通用（特制一等小麦粉、特制二等小麦粉、标准粉、普通粉、高筋小麦粉、低筋小麦粉、营养强化小麦粉、全麦粉、其他）<br>2. 专用［面包用小麦粉、面条用小麦粉、饺子用小麦粉、馒头用小麦粉、发酵饼干用小麦粉、酥性饼干用小麦粉、蛋糕用小麦粉、糕点用小麦粉、自发小麦粉、小麦胚（胚片、胚粉）、其他］ |
| | 0102 | 大米 | 大米（大米、糙米、其他） |
| | 0103 | 挂面 | 1. 普通挂面 2. 花色挂面 3. 手工面 |
| | 0104 | 其他粮食加工品 | 1. 谷物加工品［高粱米、黍米、稷米、小米、黑米、紫米、红线米、小麦米、大麦米、裸大麦米、莜麦米（燕麦米）、荞麦米、薏仁米、蒸谷米、八宝米类、混合杂粮类、其他］<br>2. 谷物碾磨加工品［玉米碴、玉米粉、燕麦片、汤圆粉（糯米粉）、莜麦粉、玉米自发粉、小米粉、高粱粉、荞麦粉、大麦粉、青稞粉、杂面粉、大米粉、绿豆粉、黄豆粉、红豆粉、黑豆粉、豌豆粉、芸豆粉、蚕豆粉、黍米粉（大黄米粉）、稷米粉（糜子面）、混合杂粮粉、其他］<br>3. 谷物粉类制成品（生湿面制品、生干面制品、米粉制品、其他） |

续表

| 食品、食品<br>添加剂类别 | 类别<br>编号 | 类别<br>名称 | 品种明细 |
|---|---|---|---|
| 食用油、<br>油脂及其<br>制品 | 0201 | 食用植物油 | 食用植物油（菜籽油、大豆油、花生油、葵花籽油、棉籽油、亚麻籽油、油茶籽油、玉米油、米糠油、芝麻油、棕榈油、橄榄油、食用调和油、其他） |
| | 0202 | 食用油脂<br>制品 | 食用油脂制品［食用氢化油、人造奶油（人造黄油）、起酥油、代可可脂、植脂奶油、粉末油脂、植脂末］ |
| | 0203 | 食用动物<br>油脂 | 食用动物油脂（猪油、牛油、羊油、鸡油、鸭油、鹅油、骨髓油、鱼油、其他） |
| 调味品 | 0301 | 酱油 | 1. 酿造酱油　2. 配制酱油 |
| | 0302 | 食醋 | 1. 酿造食醋　2. 配制食醋 |
| | 0303 | 味精 | 1. 谷氨酸钠（99%味精）　　2. 加盐味精　3. 增鲜味精 |
| | 0304 | 酱类 | 酿造酱［稀甜面酱、甜面酱、大豆酱（黄酱）、蚕豆酱、豆瓣酱、大酱、其他］ |
| | 0305 | 调味料 | 1. 液体调味料（鸡汁调味料、牛肉汁调味料、烧烤汁、鲍鱼汁、香辛料调味汁、糟卤、调味料酒、液态复合调味料、其他）<br>2. 半固态（酱）调味料［花生酱、芝麻酱、辣椒酱、番茄酱、风味酱、芥末酱、咖喱卤、油辣椒、火锅蘸料、火锅底料、排骨酱、叉烧酱、香辛料酱（泥）、复合调味酱、其他］<br>3. 固态调味料［鸡精调味料、鸡粉调味料、畜（禽）粉调味料、风味汤料、酱油粉、食醋粉、酱粉、咖喱粉、香辛料粉、复合调味粉、其他］<br>4. 食用调味油（香辛料调味油、复合调味油、其他）<br>5. 水产调味料（蚝油、鱼露、虾酱、鱼子酱、虾油、其他） |
| 肉制品 | 0401 | 热加工<br>熟肉制品 | 1. 酱卤肉制品（酱卤肉类、糟肉类、白煮类、其他）<br>2. 熏烧烤肉制品（熏肉、烤肉、烤鸡腿、烤鸭、叉烧肉、其他）<br>3. 肉灌制品（灌肠类、西式火腿、其他）<br>4. 油炸肉制品（炸鸡翅、炸肉丸、其他）<br>5. 熟肉干制品（肉松类、肉干类、肉铺、其他）<br>6. 其他熟肉制品（肉冻类、血豆腐、其他） |
| | 0402 | 发酵肉制品 | 1. 发酵灌制品　2. 发酵火腿制品 |
| | 0403 | 预制调理<br>肉制品 | 1. 冷藏预制调理肉类　2. 冷冻预制调理肉类 |
| | 0404 | 腌腊肉制品 | 1. 肉灌制品　2. 腊肉制品　3. 火腿制品　4. 其他肉制品 |

续表

| 食品、食品添加剂类别 | 类别编号 | 类别名称 | 品种明细 |
|---|---|---|---|
| 乳制品 | 0501 | 液体乳 | 1. 巴氏杀菌乳　2. 调制乳　3. 灭菌乳　4. 发酵乳 |
| | 0502 | 乳粉 | 1. 全脂乳粉　2. 脱脂乳粉　3. 部分脱脂乳粉　4. 调制乳粉　5. 牛初乳粉　6. 乳清粉 |
| | 0503 | 其他乳制品 | 1. 炼乳　2. 奶油　3. 稀奶油　4. 无水奶油　5. 干酪　6. 再制干酪　7. 特色乳制品 |
| 饮料 | 0601 | 瓶（桶）装饮用水 | 1. 饮用天然矿泉水 2. 包装饮用水（饮用纯净水、饮用天然泉水、饮用天然水、其他饮用水） |
| | 0602 | 碳酸饮料（汽水） | 碳酸饮料（汽水）（果汁型碳酸饮料、果味型碳酸饮料、可乐型碳酸饮料、其他型碳酸饮料） |
| | 0603 | 茶（类）饮料 | 1. 原茶汁（茶汤）2. 茶浓缩液 3. 茶饮料 4. 果汁茶饮料 5. 奶茶饮 6. 复合茶饮料 7. 混合茶饮料 8. 其他茶（类）饮料 |
| | 0604 | 果蔬汁类及其饮料 | 1. 果蔬汁（浆）[原榨果汁（非复原果汁）、果汁（复原果汁）、蔬菜汁、果浆、蔬菜浆、复合果蔬汁、复合果蔬浆、其他]<br>2. 浓缩果蔬汁（浆）<br>3. 果蔬汁（浆）类饮料（果蔬汁饮料、果肉饮料、果浆饮料、复合果蔬汁饮料、果蔬汁饮料浓浆、发酵果蔬汁饮料、水果饮料、其他） |
| | 0605 | 蛋白饮料 | 1. 含乳饮料　2. 植物蛋白饮料　3. 复合蛋白饮料 |
| | 0606 | 固体饮料 | 1. 风味固体饮料　2. 蛋白固体饮料　3. 果蔬固体饮料　4. 茶固体饮料　5. 咖啡固体饮料　6. 可可粉固体饮料　7. 其他固体饮料（植物固体饮料、谷物固体饮料、营养素固体饮料、食用菌固体饮料、其他） |
| | 0607 | 其他饮料 | 1. 咖啡（类）饮料　2. 植物饮料　3. 风味饮料　4. 运动饮料　5. 营养素饮料　6. 能量饮料　7. 电解质饮料　8. 饮料浓浆　9. 其他类饮料 |
| 方便食品 | 0701 | 方便面 | 1. 油炸方便面　2. 热风干燥方便面　3. 其他方便面 |
| | 0702 | 其他方便食品 | 1. 主食类（方便米饭、方便粥、方便米粉、方便米线、方便粉丝、方便湿米粉、方便豆花、方便湿面、凉粉、其他）<br>2. 冲调类（麦片、黑芝麻糊、红枣羹、油茶、即食谷物粉、其他） |
| | 0703 | 调味面制品 | 调味面制品 |

续表

| 食品、食品添加剂类别 | 类别编号 | 类别名称 | 品种明细 |
|---|---|---|---|
| 饼干 | 0801 | 饼干 | 饼干［酥性饼干、韧性饼干、发酵饼干、压缩饼干、曲奇饼干、夹心（注心）饼干、威化饼干、蛋圆饼干、蛋卷、煎饼、装饰饼干、水泡饼干、其他饼干］ |
| 罐头 | 0901 | 畜禽水产罐头 | 畜禽水产罐头（火腿类罐头、肉类罐头、牛肉罐头、羊肉罐头、鱼类罐头、禽类罐头、肉酱类罐头、其他） |
| | 0902 | 果蔬罐头 | 1. 水果罐头（桃罐头、橘子罐头、菠萝罐头、荔枝罐头、梨罐头、其他）<br>2. 蔬菜罐头（食用菌罐头、竹笋罐头、莲藕罐头、番茄罐头、其他） |
| | 0903 | 其他罐头 | 其他罐头（果仁类罐头、八宝粥罐头、其他） |
| 冷冻饮品 | 1001 | 冷冻饮品 | 1. 冰淇淋 2. 雪糕 3. 雪泥 4. 冰棍 5. 食用冰 6. 甜味冰 |
| 速冻食品 | 1101 | 速冻面米食品 | 1. 生制品（速冻饺子、速冻包子、速冻汤圆、速冻粽子、速冻面点、速冻其他面米制品、其他）<br>2. 熟制品（速冻饺子、速冻包子、速冻粽子、速冻其他面米制品、其他） |
| | 1102 | 速冻调制食品 | 1. 生制品（具体品种明细）<br>2. 熟制品（具体品种明细） |
| | 1103 | 速冻其他食品 | 1. 速冻肉制品<br>2. 速冻果蔬制品 |
| 薯类和膨化食品 | 1201 | 膨化食品 | 1. 焙烤型　2. 油炸型　3. 直接挤压型　4. 花色型 |
| | 1202 | 薯类食品 | 1. 干制薯类　2. 冷冻薯类　3. 薯泥（酱）类　4. 薯粉类　5. 其他薯类 |
| 糖果制品 | 1301 | 糖果 | 1. 硬质糖果　2. 奶糖糖果　3. 夹心糖果　4. 酥质糖果　5. 焦香糖果（太妃糖果）　6. 充气糖果　7. 凝胶糖果　8. 胶基糖果　9. 压片糖果　10. 流质糖果　11. 膜片糖果　12. 花式糖果　13. 其他糖果 |
| | 1302 | 巧克力及巧克力制品 | 1. 巧克力<br>2. 巧克力制品 |
| | 1303 | 代可可脂巧克力及代可可脂巧克力制品 | 1. 代可可脂巧克力<br>2. 代可可脂巧克力制品 |
| | 1304 | 果冻 | 果冻（果汁型果冻、果肉型果冻、果味型果冻、含乳型果冻、其他型果冻） |

续表

| 食品、食品<br>添加剂类别 | 类别<br>编号 | 类别<br>名称 | 品种明细 |
|---|---|---|---|
| 茶叶及<br>相关制品 | 1401 | 茶叶 | 1. 绿茶（龙井茶、珠茶、黄山毛峰、都匀毛尖、其他）<br>2. 红茶（祁门工夫红茶、小种红茶、红碎茶、其他）<br>3. 乌龙茶（铁观音茶、武夷岩茶、凤凰单枞茶、其他）<br>4. 白茶（白毫银针茶、白牡丹茶、贡眉茶、其他）<br>5. 黄茶（蒙顶黄芽茶、霍山黄芽茶、君山银针茶、其他）<br>6. 黑茶〔普洱茶（熟茶）散茶、六堡茶散茶、其他〕<br>7. 花茶（茉莉花茶、珠兰花茶、桂花茶、其他）<br>8. 袋泡茶（绿茶袋泡茶、红茶袋泡茶、花茶袋泡茶、其他）<br>9. 紧压茶〔普洱茶（生茶）紧压茶、普洱茶（熟茶）紧压茶、六堡茶紧压茶、白茶紧压茶、其他〕 |
| | 1402 | 边销茶 | 边销茶（花砖茶、黑砖茶、茯砖茶、康砖茶、沱茶、紧茶、金尖茶、米砖茶、青砖茶、方包茶、其他） |
| | 1403 | 茶制品 | 1. 茶粉（绿茶粉、红茶粉、其他）<br>2. 固态速溶茶（速溶红茶、速溶绿茶、其他）<br>3. 茶浓缩液（红茶浓缩液、绿茶浓缩液、其他）<br>4. 茶膏（普洱茶膏、黑茶膏、其他）<br>5. 调味茶制品（调味茶粉、调味速溶茶、调味茶浓缩液、调味茶膏、其他）<br>6. 其他茶制品（表没食子儿茶素没食子酸酯、绿茶茶氨酸、其他） |
| | 1404 | 调味茶 | 1. 加料调味茶（八宝茶、三炮台、枸杞绿茶、玄米绿茶、其他）<br>2. 加香调味茶（柠檬红茶、草莓绿茶、其他）<br>3. 混合调味茶（柠檬枸杞茶、其他）<br>4. 袋泡调味茶（玫瑰袋泡红茶、其他）<br>5. 紧压调味茶（荷叶茯砖茶、其他） |
| | 1405 | 代用茶 | 1. 叶类代用茶（荷叶、桑叶、薄荷叶、苦丁茶、其他）<br>2. 花类代用茶（杭白菊、金银花、重瓣红玫瑰、其他）<br>3. 果实类代用茶（大麦茶、枸杞子、决明子、苦瓜片、罗汉果、柠檬片、其他）<br>4. 根茎类代用茶〔甘草、牛蒡根、人参（人工种植）、其他〕<br>5. 混合类代用茶（荷叶玫瑰茶、枸杞菊花茶、其他）<br>6. 袋泡代用茶（荷叶袋泡茶、桑叶袋泡茶、其他）<br>7. 紧压代用茶（紧压菊花、其他） |

续表

| 食品、食品添加剂类别 | 类别编号 | 类别名称 | 品种明细 |
|---|---|---|---|
| 酒类 | 1501 | 白酒 | 1. 白酒 2. 白酒（液态）3. 白酒（原酒） |
| | 1502 | 葡萄酒及果酒 | 1. 葡萄酒（原酒、加工灌装）<br>2. 冰葡萄酒（原酒、加工灌装）<br>3. 其他特种葡萄酒（原酒、加工灌装）<br>4. 发酵型果酒（原酒、加工灌装） |
| | 1503 | 啤酒 | 1. 熟啤酒 2. 生啤酒 3. 鲜啤酒 4. 特种啤酒 |
| | 1504 | 黄酒 | 黄酒（原酒、加工灌装） |
| | 1505 | 其他酒 | 1. 配制酒（露酒、枸杞酒、枇杷酒、其他）<br>2. 其他蒸馏酒（白兰地、威士忌、俄得克、朗姆酒、水果白兰地、水果蒸馏酒、其他）<br>3. 其他发酵酒［清酒、米酒（醪糟）、奶酒、其他］ |
| | 1506 | 食用酒精 | 食用酒精 |
| 蔬菜制品 | 1601 | 酱腌菜 | 酱腌菜（调味榨菜、腌萝卜、腌豇豆、酱渍菜、虾油渍菜、盐水渍菜、其他） |
| | 1602 | 蔬菜干制品 | 1. 自然干制蔬菜 2. 热风干燥蔬菜 3. 冷冻干燥蔬菜 4. 蔬菜脆片 5. 蔬菜粉及制品 |
| | 1603 | 食用菌制品 | 1. 干制食用菌<br>2. 腌渍食用菌 |
| | 1604 | 其他蔬菜制品 | 其他蔬菜制品 |
| 水果制品 | 1701 | 蜜饯 | 1. 蜜饯类 2. 凉果类 3. 果脯类 4. 话化类 5. 果丹（饼）类 6. 果糕类 |
| | 1702 | 水果制品 | 1. 水果干制品（葡萄干、水果脆片、荔枝干、桂圆、椰干、大枣干制品、其他）<br>2. 果酱（苹果酱、草莓酱、蓝莓酱、其他） |
| 炒货食品及坚果制品 | 1801 | 炒货食品及坚果制品 | 1. 烘炒类（炒瓜子、炒花生、炒豌豆、其他）<br>2. 油炸类（油炸青豆、油炸琥珀桃仁、其他）<br>3. 其他类（水煮花生、糖炒花生、糖炒瓜子仁、裹衣花生、咸干花生、其他） |
| 蛋制品 | 1901 | 蛋制品 | 1. 再制蛋类（皮蛋、咸蛋、糟蛋、卤蛋、咸蛋黄、其他）<br>2. 干蛋类（巴氏杀菌鸡全蛋粉、鸡蛋黄粉、鸡蛋白片、其他）<br>3. 冰蛋类（巴氏杀菌冻鸡全蛋、冻鸡蛋黄、冰鸡蛋白、其他）<br>4. 其他类（热凝固蛋制品、蛋黄酱、色拉酱、其他） |

续表

| 食品、食品添加剂类别 | 类别编号 | 类别名称 | 品种明细 |
|---|---|---|---|
| 可可及焙烤咖啡产品 | 2001 | 可可制品 | 可可制品（可可粉、可可脂、可可液块、可可饼块、其他） |
| | 2002 | 焙炒咖啡 | 焙炒咖啡（焙炒咖啡豆、咖啡粉、其他） |
| 食糖 | 2101 | 糖 | 1. 白砂糖 2. 绵白糖 3. 赤砂糖 4. 冰糖（单晶体冰糖、多晶体冰糖）5. 方糖 6. 冰片糖 7. 红糖 8. 其他糖（具体品种明细） |
| 水产制品 | 2201 | 非即食水产品 | 1. 干制水产品（虾米、虾皮、干贝、鱼干、鱿鱼干、干燥裙带菜、干海带、紫菜、干海参、干鲍鱼、其他）<br>2. 盐渍水产品（盐渍海带、盐渍裙带菜、盐渍海蜇皮、盐渍海蜇头、盐渍鱼、其他）<br>3. 鱼糜制品（鱼丸、虾丸、墨鱼丸、其他）<br>4. 水生动物油脂及制品<br>5. 其他水产品 |
| | 2202 | 即食水产品 | 1. 风味熟制水产品（烤鱼片、鱿鱼丝、熏鱼、鱼松、炸鱼、即食海参、即食鲍鱼、其他）<br>2. 生食水产品（醉虾、醉泥螺、醉蚶、蟹酱（糊）、生鱼片、生螺片、海蜇丝、其他） |
| 淀粉及淀粉制品 | 2301 | 淀粉及淀粉制品 | 1. 淀粉［谷类淀粉（大米、玉米、高粱、麦、其他）、薯类淀粉（木薯、马铃薯、甘薯、芋头、其他）、豆类淀粉（绿豆、蚕豆、豇豆、豌豆、其他）、其他淀粉（藕、荸荠、百合、蕨根、其他）］<br>2. 淀粉制品（粉丝、粉条、粉皮、虾片、其他） |
| | 2302 | 淀粉糖 | 淀粉糖（葡萄糖、饴糖、麦芽糖、异构化糖、低聚异麦芽糖、果葡糖浆、麦芽糊精、葡萄糖浆、其他） |
| 糕点 | 2401 | 热加工糕点 | 1. 烘烤类糕点（酥类、松酥类、松脆类、酥层类、酥皮类、松酥皮类、糖浆皮类、硬皮类、水油皮类、发酵类、烤蛋糕类、烘糕类、烫面类、其他类）<br>2. 油炸类糕点（酥皮类、水油皮类、松酥类、酥层类、水调类、发酵类、其他类）<br>3. 蒸煮类糕点（蒸蛋糕类、印模糕类、韧糕类、发糕类、松糕类、粽子类、水油皮类、片糕类、其他类）<br>4. 炒制类糕点<br>5. 其他类［发酵面制品（馒头、花卷、包子、豆包、饺子、发糕、馅饼、其他）、油炸面制品（油条、油饼、炸糕、其他）、非发酵面米制品（窝头、烙饼、其他）、其他］ |

续表

| 食品、食品添加剂类别 | 类别编号 | 类别名称 | 品种明细 |
|---|---|---|---|
| 糕点 | 2402 | 冷加工糕点 | 1. 熟粉糕点（热调软糕类、冷调韧糕类、冷调松糕类、印模糕类、挤压糕点类、其他类）<br>2. 西式装饰蛋糕类 3. 上糖浆类 4. 夹心（注心）类 5. 糕团类 6. 其他类 |
| | 2403 | 食品馅料 | 食品馅料（月饼馅料、其他） |
| 豆制品 | 2501 | 豆制品 | 1. 发酵性豆制品［腐乳（红腐乳、酱腐乳、白腐乳、青腐乳）、豆豉、纳豆、豆汁、其他］<br>2. 非发酵性豆制品（豆浆、豆腐、豆腐泡、熏干、豆腐脑、豆腐干、腐竹、豆腐皮、其他）<br>3. 其他豆制品（素肉、大豆组织蛋白、膨化豆制品、其他） |
| 蜂产品 | 2601 | 蜂蜜 | 蜂蜜 |
| | 2602 | 蜂王浆（含蜂王浆冻干品） | 蜂王浆、蜂王浆冻干品 |
| | 2603 | 蜂花粉 | 蜂花粉 |
| | 2604 | 蜂产品制品 | 蜂产品制品 |
| 保健食品 | 2701 | 保健食品 | 保健食品产品名称 |
| 特殊医学用途配方食品 | 2801 | 特殊医学用途配方食品 | 1. 全营养配方食品<br>2. 特定全营养配方食品（糖尿病全营养配方食品、呼吸系统病全营养配方食品、肾病全营养配方食品、肿瘤全营养配方食品、肝病全营养配方食品、肌肉衰减综合征全营养配方食品，创伤、感染、手术及其他应激状态全营养配方食品、炎性肠病全营养配方食品、胃肠道吸收障碍、胰腺炎全营养配方食品、脂肪酸代谢异常全营养配方食品，肥胖、减脂手术全营养配方食品） |
| | 2802 | 特殊医学用途婴儿配方食品 | 特殊医学用途婴儿配方食品（无乳糖配方或低乳糖配方、乳蛋白部分水解配方、乳蛋白深度水解配方或氨基酸配方、早产/低出生体重婴儿配方、氨基酸代谢障碍配方、母乳营养补充剂） |
| 婴幼儿配方食品 | 2901 | 婴幼儿配方乳粉 | 1. 婴儿配方乳粉（湿法工艺、干法工艺、干湿法复合工艺）<br>2. 较大婴儿配方乳粉（湿法工艺、干法工艺、干湿法复合工艺）<br>3. 幼儿配方乳粉（湿法工艺、干法工艺、干湿法复合工艺） |

续表

| 食品、食品添加剂类别 | 类别编号 | 类别名称 | 品种明细 |
|---|---|---|---|
| 特殊膳食食品 | 3001 | 婴幼儿谷类辅助食品 | 1. 婴幼儿谷物辅助食品（婴幼儿米粉、婴幼儿小米米粉、其他）<br>2. 婴幼儿高蛋白谷物辅助食品（高蛋白婴幼儿米粉、高蛋白婴幼儿小米米粉、其他）<br>3. 婴幼儿生制类谷物辅助食品（婴幼儿面条、婴幼儿颗粒面、其他）<br>4. 婴幼儿饼干或其他婴幼儿谷物辅助食品（婴幼儿饼干、婴幼儿米饼、婴幼儿磨牙棒、其他） |
| | 3002 | 婴幼儿罐装辅助食品 | 1. 泥（糊）状罐装食品（婴幼儿果蔬泥、婴幼儿肉泥、婴幼儿鱼泥、其他）<br>2. 颗粒状罐装食品（婴幼儿颗粒果蔬泥、婴幼儿颗粒肉泥、婴幼儿颗粒鱼泥、其他）<br>3. 汁类罐装食品（婴幼儿水果汁、婴幼儿蔬菜汁、其他） |
| | 3003 | 其他特殊膳食食品 | 其他特殊膳食食品（辅助营养补充品、其他） |
| 其他食品 | 3101 | 其他食品 | 其他食品（具体品种明细） |
| 食品添加剂 | 3201 | 食品添加剂 | 食品添加剂产品名称（使用 GB2760、GB14880 或卫生计生委公告规定的食品添加剂名称；标准中对不同工艺有明确规定的应当在括号中标明；不包括食品用香精和复配食品添加剂） |
| | 3202 | 食品用香精 | 食品用香精［液体、乳化、浆（膏）状、粉末（拌和、胶囊）］ |
| | 3203 | 复配食品添加剂 | 复配食品添加剂明细（使用 GB 26687 规定的名称） |

注：1. "备注"栏填写其他需要载明的事项，生产保健食品、特殊医学用途配方食品、婴幼儿配方食品的需载明产品注册批准文号或者备案登记号；接受委托生产保健食品的，还应当载明委托企业名称及住所等相关信息。

2. 新修订发布的审查细则与目录表中分类不一致的，以新发布的审查细则规定为准。

3. 按照"其他食品"类别申请生产新食品原料的，其标注名称应与国家卫生和计划生育委员会公布的可以用于普通食品的新食品原料名称一致。

### 课堂测试

**一、单项选择题**

1. 申请人委托他人办理食品生产许可申请的，代理人应当提交授权委托书以及代理人的（　　）。

A. 诚信保证书　　　　　　　　B. 身份证明文件

C. 专业、学历、学位证书　　　D. 以上均正确

2. 申请人申请食品生产许可的，应当提交食品生产许可申请书、营业执照复印件、食品生产加工场所及其周围环境平面图、食品生产加工场所各功能区间布局平面图、食品安全管理制度目录以及法律法规规定的其他材料，不包括以下哪一项？（　　）

A. 工艺设备布局图　　　　　　B. 食品生产工艺流程图

C. 食品生产主要设备设施清单　D. 食品生产相关人员健康证明

3. 申请材料均须由申请人的（　　）签名，并加盖申请人公章。复印件应当由申请人注明"与原件一致"，并加盖申请人公章。

A. 法定代表人或负责人　　　　B. 食品安全质量责任人

C. 体系负责人　　　　　　　　D. 企业董事长

4. 核查组实施现场核查时，应当依据（　　）中所列核查项目，采取核查现场、查阅文件、核对材料及询问相关人员等方法实施现场核查。

A. 《食品、食品添加剂生产许可现场核查报告》

B. 《食品、食品添加剂生产许可现场核查评分记录表》

C. 《现场核查首末次会议签到表》

D. 《食品、食品添加剂生产许可核查材料清单》

5. 现场核查按照《食品、食品添加剂生产许可现场核查评分记录表》的项目得分进行判定。核查项目（　　），该食品类别及品种明细判定为通过现场核查。

A. 单项得分可以有0分项且总得分率≥90%的

B. 单项得分可以有0分项且总得分率≥85%的

C. 单项得分无0分项且总得分率≥85%的

D. 单项得分无0分项且总得分率≥90%的

6. 对于判定结果为通过现场核查的，申请人应当在（　　）内对现场核查中发现的问题进行整改，并将整改结果向负责对申请人实施食品安全日常监督管理的食品药品监督管理部门书面报告。

A. 一个月　　　B. 两个月　　　C. 一周　　　　D. 三个月

7. 负责对申请人实施食品安全日常监督管理的食品药品监督管理部门或其派出机构应当在许可后（　　）内对获证企业开展一次监督检查。对已进行现场核查的企业，重点检查现场核查中发现的问题是否已进行整改。

A. 一个月　　　　B. 两个月　　　C. 一周　　　　D. 三个月

8. （　　）应当制定职工培训计划，开展食品安全知识及卫生培训。上岗前应当经过培训，并考核合格。

A. 法定代表人　　　　　　　　B. 体系负责人

C. 食品安全管理人员　　　　　D. 食品安全质量责任人

9. 从事接触直接入口食品工作的食品生产人员应当（　　）进行健康检查，取得健康证明后方可上岗工作。

    A. 每半年        B. 每年        C. 每两年        D. 每三年

10. 不安全食品召回制度及不合格品管理应当规定生产过程中发现的（　　）中不合格品的管理要求和处置措施。

    A. 原辅料        B. 半成品        C. 成品        D. 以上均正确

## 二、填空题

1. _____、_____、_____、_____等，以营业执照载明的主体作为申请人。

2. 在食品生产许可现场核查时，可以根据_____等要求，核查_____。

3. 核查人员应当自接受现场核查任务之日起_____内，完成对生产场所的现场核查。除可以当场作出行政许可决定的外，县级以上地方食品药品监督管理部门应当自受理申请之日起_____内作出是否准予行政许可的决定。

4. 食品生产许可证分为_____、_____。

5. 许可申请人隐瞒真实情况或者提供虚假材料申请食品生产许可的，由_____以上地方食品药品监督管理部门给予警告。申请人在_____不得再次申请食品生产许可。

6. 《食品生产许可管理办法》已经国家食品药品监督管理总局局务会议审议通过，自_____起施行。

7. 食品生产许可实行_____原则，即同一个食品生产者从事食品生产活动，应当取得一个食品生产许可证。

8. 食品生产许可应当遵循 _____、_____、_____、_____、_____、_____的原则。

## 三、判断题

1. （　）自 2016 年 10 月 1 日起施行的《食品生产许可审查通则》仅适用于食品药品监督管理部门组织对申请人的食品生产许可以及许可变更、延续等的审查工作。

2. （　）申请变更的，应当提交食品生产许可变更申请书、食品生产许可证（正本、副本）、变更食品生产许可事项有关的材料以及法律法规规定的其他材料。

3. （　）申请延续的，应当提交食品生产许可延续申请书、食品生产许可证（正本、副本）、变更食品生产许可事项有关的材料、延续食品生产许可事项有关的材料以及法律法规规定的其他材料。

4. （　）食品生产许可申请书应当使用黑色字迹的笔填写或打印，字迹应当清晰、工整，修改处应当签名并加盖申请人公章。申请书中各项内容填写完整、规范、准确。

5. （　）申请人名称、法定代表人或负责人、社会信用代码或营业执照注册号、住所等填写内容应当与营业执照一致，所申请生产许可的食品类别应当在营业执照载明的经营范围内，且营业执照在有效期限内。

6. （　）申证产品的产品名称、类别名称及品种明细应当按照食品生产许可分类目录填写。

7. （　）申请人应当配备质量安全管理人员及专业技术人员，并定期进行培训和考核。

8. （　）食品生产加工场所及其周围环境平面图、食品生产加工场所各功能区间布局平面图、工艺设备布局图应当按比例标注。

9. （　）参加首、末次会议人员应当包括申请人的法定代表人（负责人）或其代理人、相关食品安全管理人员、专业技术人员、核查组成员及观察员。

10. （　）在人员管理方面，核查申请人是否配备申请材料所列明的食品安全管理人员及专业技术人员；是否建立生产相关岗位的培训及从业人员健康管理制度；从事接触直接入口食品工作的食品生产人员是否取得学历证明。

11. （　）实施食品添加剂生产许可现场核查时，可以根据食品添加剂品种，按申请人生产食品添加剂所执行的食品安全标准核查试制食品添加剂检验合格报告。

12. （　）试制产品检验合格报告不可以由申请人自行检验，需委托有资质的食品检验机构出具。试制产品检验报告的具体要求按审查细则的有关规定执行。

13. （　）《食品、食品添加剂生产许可现场核查报告》应当现场交申请人留存两份。

14. （　）作出准予生产许可决定的，申请人的申请材料及审查部门收集、汇总的相关许可材料还应当送达负责对申请人实施食品安全日常监督管理的食品药品监督管理部门。

15. （　）申请人试生产的产品可以作为食品销售。

16. （　）厂区道路应当采用硬质材料铺设，厂区无扬尘或积水现象。厂区绿化应当与生产车间保持适当距离，植被应当定期维护，防止虫害孳生。

17. （　）原辅料、半成品、成品等物料应当依据性质的不同分设库房或分区存放。清洁剂、消毒剂、杀虫剂、润滑剂、燃料等物料应当与原辅料、半成品、成品等物料分隔放置。库房内的物料应当与墙壁、地面保持适当距离，并明确标识，防止交叉污染。

18. （　）食品加工用水的水质应当符合生活饮用水卫生标准的规定，有特殊要求的应当符合相应规定。食品加工用水与其他不与食品接触的用水应当以完全分离的管路输送，避免交叉污染，各管路系统应当明确标识以便区分。

19. （　）室内排水应当由清洁程度低的区域流向清洁程度高的区域，且有防

止逆流的措施。

20.（　　）生产场所或车间入口处应当设置更衣室，更衣室应当保证工作服与个人服装及其他物品分开放置；车间入口及车间内必要处，应当按需设置换鞋（穿戴鞋套）设施或鞋靴消毒设施；清洁作业区入口应当设置与生产加工人员数量相匹配的手动式洗手、干手和消毒设施。卫生间不得与生产、包装或贮存等区域直接连通。

## 附录一

# GB 14881—2013
《食品安全国家标准
食品生产通用卫生
规范》

## 1 范围

本标准规定了食品生产过程中原料采购、加工、包装、贮存和运输等环节的场所、设施、人员的基本要求和管理准则。

本标准适用于各类食品的生产，如确有必要制定某类食品生产的专项卫生规范，应当以本标准作为基础。

## 2 术语和定义

### 2.1 污染

在食品生产过程中发生的生物、化学、物理污染因素传入的过程。

### 2.2 虫害

由昆虫、鸟类、啮齿类动物等生物（包括苍蝇、蟑螂、麻雀、老鼠等）造成的不良影响。

### 2.3 食品加工人员

直接接触包装或未包装的食品、食品设备和器具、食品接触面的操作人员。

### 2.4 接触表面

设备、工器具、人体等可被接触到的表面。

### 2.5 分离

通过在物品、设施、区域之间留有一定空间，而非通过设置物理阻断的方式进行隔离。

### 2.6 分隔

通过设置物理阻断如墙壁、卫生屏障、遮罩或独立房间等进行隔离。

### 2.7 食品加工场所

用于食品加工处理的建筑物和场地，以及按照相同方式管理的其他建筑物、场地和周围环境等。

### 2.8 监控

按照预设的方式和参数进行观察或测定，以评估控制环节是否处于受控状态。

### 2.9 工作服

根据不同生产区域的要求，为降低食品加工人员对食品的污染风险而配备的专用服装。

## 3 选址及厂区环境

### 3.1 选址

**3.1.1** 厂区不应选择对食品有显著污染的区域。如某地对食品安全和食品宜食用性存在明显的不利影响，且无法通过采取措施加以改善，应避免在该地址建厂。

**3.1.2** 厂区不应选择有害废弃物以及粉尘、有害气体、放射性物质和其他扩散性污染源不能有效清除的地址。

**3.1.3** 厂区不宜择易发生洪涝灾害的地区，难以避开时应设计必要的防范措施。

**3.1.4** 厂区周围不宜有虫害大量孳生的潜在场所，难以避开时应设计必要的防范措施。

### 3.2 厂区环境

**3.2.1** 应考虑环境给食品生产带来的潜在污染风险，并采取适当的措施将其降至最低水平。

**3.2.2** 厂区应合理布局，各功能区域划分明显，并有适当的分离或分隔措施，防止交叉污染。

**3.2.3** 厂区内的道路应铺设混凝土、沥青、或者其他硬质材料；空地应采取必要措施，如铺设水泥、地砖或铺设草坪等方式，保持环境清洁，防止正常天气下扬尘和积水等现象的发生。

**3.2.4** 厂区绿化应与生产车间保持适当距离，植被应定期维护，以防止虫害的孳生。

**3.2.5** 厂区应有适当的排水系统。

**3.2.6** 宿舍、食堂、职工娱乐设施等生活区应与生产区保持适当距离或分隔。

# 4 厂房和车间

## 4.1 设计和布局

**4.1.1** 厂房和车间的内部设计和布局应满足食品卫生操作要求，避免食品生产中发生交叉污染。

**4.1.2** 厂房和车间的设计应根据生产工艺合理布局，预防和降低产品受污染的风险。

**4.1.3** 厂房和车间应根据产品特点、生产工艺、生产特性以及生产过程对清洁程度的要求合理划分作业区，并采取有效分离或分隔。如：通常可划分为清洁作业区、准清洁作业区和一般作业区；或清洁作业区和一般作业区等。一般作业区应与其他作业区域分隔。

**4.1.4** 厂房内设置的检验室应与生产区域分隔。

**4.1.5** 厂房的面积和空间应与生产能力相适应，便于设备安置、清洁消毒、物料存储及人员操作。

## 4.2 建筑内部结构与材料

**4.2.1 内部结构**

建筑内部结构应易于维护、清洁或消毒。应采用适当的耐用材料建造。

**4.2.2 顶棚**

**4.2.2.1** 顶棚应使用无毒、无味、与生产需求相适应、易于观察清洁状况的材料建造；若直接在屋顶内层喷涂涂料作为顶棚，应使用无毒、无味、防霉、不易脱落、易于清洁的涂料。

**4.2.2.2** 顶棚应易于清洁、消毒，在结构上不利于冷凝水垂直滴下，防止虫害和霉菌孳生。

**4.2.2.3** 蒸汽、水、电等配件管路应避免设置于暴露食品的上方；如确需设置，应有能防止灰尘散落及水滴掉落的装置或措施。

**4.2.3 墙壁**

**4.2.3.1** 墙面、隔断应使用无毒、无味的防渗透材料建造，在操作高度范围内的墙面应光滑、不易积累污垢且易于清洁；若使用涂料，应无毒、无味、防霉、不易脱落、易于清洁。

**4.2.3.2** 墙壁、隔断和地面交界处应结构合理、易于清洁，能有效避免污垢积存。例如设置漫弯形交界面等。

**4.2.4** 门窗

**4.2.4.1** 门窗应闭合严密。门的表面应平滑、防吸附、不渗透，并易于清洁、消毒。应使用不透水、坚固、不变形的材料制成。

**4.2.4.2** 清洁作业区和准清洁作业区与其他区域之间的门应能及时关闭。

**4.2.4.3** 窗户玻璃应使用不易碎材料。若使用普通玻璃，应采取必要的措施防止玻璃破碎后对原料、包装材料及食品造成污染。

**4.2.4.4** 窗户如设置窗台，其结构应能避免灰尘积存且易于清洁。可开启的窗户应装有易于清洁的防虫害窗纱。

**4.2.5** 地面

**4.2.5.1** 地面应使用无毒、无味、不渗透、耐腐蚀的材料建造。地面的结构应有利于排污和清洗的需要。

**4.2.5.2** 地面应平坦防滑、无裂缝、并易于清洁、消毒，并有适当的措施防止积水。

# 5 设施与设备

## 5.1 设施

**5.1.1** 供水设施

**5.1.1.1** 应能保证水质、水压、水量及其他要求符合生产需要。

**5.1.1.2** 食品加工用水的水质应符合 GB 5749 的规定，对加工用水水质有特殊要求的食品应符合相应规定。间接冷却水、锅炉用水等食品生产用水的水质应符合生产需要。

**5.1.1.3** 食品加工用水与其他不与食品接触的用水（如间接冷却水、污水或废水等）应以完全分离的管路输送，避免交叉污染。各管路系统应明确标识以便区分。

**5.1.1.4** 自备水源及供水设施应符合有关规定。供水设施中使用的涉及饮用水卫生安全产品还应符合国家相关规定。

**5.1.2** 排水设施

**5.1.2.1** 排水系统的设计和建造应保证排水畅通、便于清洁维护；应适应食品生产的需要，保证食品及生产、清洁用水不受污染。

**5.1.2.2** 排水系统入口应安装带水封的地漏等装置，以防止固体废弃物进入及浊气逸出。

**5.1.2.3** 排水系统出口应有适当措施以降低虫害风险。

**5.1.2.4** 室内排水的流向应由清洁程度要求高的区域流向清洁程度要求低的区域，且应有防止逆流的设计。

**5.1.2.5** 污水在排放前应经适当方式处理，以符合国家污水排放的相关规定。

**5.1.3** 清洁消毒设施

应配备足够的食品、工器具和设备的专用清洁设施，必要时应配备适宜的消毒设施。应采取措施避免清洁、消毒工器具带来的交叉污染。

**5.1.4** 废弃物存放设施

应配备设计合理、防止渗漏、易于清洁的存放废弃物的专用设施；车间内存放废弃物的设施和容器应标识清晰。必要时应在适当地点设置废弃物临时存放设施，并依废弃物特性分类存放。

**5.1.5** 个人卫生设施

**5.1.5.1** 生产场所或生产车间入口处应设置更衣室；必要时特定的作业区入口处可按需要设置更衣室。更衣室应保证工作服与个人服装及其他物品分开放置。

**5.1.5.2** 生产车间入口及车间内必要处，应按需设置换鞋（穿戴鞋套）设施或工作鞋靴消毒设施。如设置工作鞋靴消毒设施，其规格尺寸应能满足消毒需要。

**5.1.5.3** 应根据需要设置卫生间，卫生间的结构、设施与内部材质应易于保持清洁；卫生间内的适当位置应设置洗手设施。卫生间不得与食品生产、包装或贮存等区域直接连通。

**5.1.5.4** 应在清洁作业区入口设置洗手、干手和消毒设施；如有需要，应在作业区内适当位置加设洗手和（或）消毒设施；与消毒设施配套的水龙头其开关应为非手动式。

**5.1.5.5** 洗手设施的水龙头数量应与同班次食品加工人员数量相匹配，必要时应设置冷热水混合器。洗手池应采用光滑、不透水、易清洁的材质制成，其设计及构造应易于清洁消毒。应在临近洗手设施的显著位置标示简明易懂的洗手方法。

**5.1.5.6** 根据对食品加工人员清洁程度的要求，必要时应可设置风淋室、淋浴室等设施。

**5.1.6** 通风设施

**5.1.6.1** 应具有适宜的自然通风或人工通风措施；必要时应通过自然通风或机械设施有效控制生产环境的温度和湿度。通风设施应避免空气从清洁度要求低的作业区域流向清洁度要求高的作业区域。

**5.1.6.2** 应合理设置进气口位置，进气口与排气口和户外垃圾存放装置等污染源保持适宜的距离和角度。进、排气口应装有防止虫害侵入的网罩等设施。通风排气设施应易于清洁、维修或更换。

**5.1.6.3** 若生产过程需要对空气进行过滤净化处理，应加装空气过滤装置并定期清洁。

**5.1.6.4** 根据生产需要，必要时应安装除尘设施。

**5.1.7 照明设施**

**5.1.7.1** 厂房内应有充足的自然采光或人工照明，光泽和亮度应能满足生产和操作需要；光源应使食品呈现真实的颜色。

**5.1.7.2** 如需在暴露食品和原料的正上方安装照明设施，应使用安全型照明设施或采取防护措施。

**5.1.8 仓储设施**

**5.1.8.1** 应具有与所生产产品的数量、贮存要求相适应的仓储设施。

**5.1.8.2** 仓库应以无毒、坚固的材料建成；仓库地面应平整，便于通风换气。仓库的设计应能易于维护和清洁，防止虫害藏匿，并应有防止虫害侵入的装置。

**5.1.8.3** 原料、半成品、成品、包装材料等应依据性质的不同分设贮存场所、或分区域码放，并有明确标识，防止交叉污染。必要时仓库应设有温、湿度控制设施。

**5.1.8.4** 贮存物品应与墙壁、地面保持适当距离，以利于空气流通及物品搬运。

**5.1.8.5** 清洁剂、消毒剂、杀虫剂、润滑剂、燃料等物质应分别安全包装，明确标识，并应与原料、半成品、成品、包装材料等分隔放置。

**5.1.9 温控设施**

**5.1.9.1** 应根据食品生产的特点，配备适宜的加热、冷却、冷冻等设施，以及用于监测温度的设施。

**5.1.9.2** 根据生产需要，可设置控制室温的设施。

## 5.2 设备

**5.2.1 生产设备**

**5.2.1.1 一般要求**

应配备与生产能力相适应的生产设备，并按工艺流程有序排列，避免引起交叉污染。

**5.2.1.2 材质**

**5.2.1.2.1** 与原料、半成品、成品接触的设备与用具，应使用无毒、无味、抗腐蚀、不易脱落的材料制作，并应易于清洁和保养。

**5.2.1.2.2** 设备、工器具等与食品接触的表面应使用光滑、无吸收性、易于清洁保养和消毒的材料制成，在正常生产条件下不会与食品、清洁剂和消毒剂发生反应，并应保持完好无损。

**5.2.1.3 设计**

**5.2.1.3.1** 所有生产设备应从设计和结构上避免零件、金属碎屑、润滑油、或其他污染因素混入食品，并应易于清洁消毒、易于检查和维护。

**5.2.1.3.2** 设备应不留空隙地固定在墙壁或地板上，或在安装时与地面和墙壁间保留足够空间，以便清洁和维护。

**5.2.2 监控设备**

用于监测、控制、记录的设备，如压力表、温度计、记录仪等，应定期校准、维护。

**5.2.3 设备的保养和维修**

应建立设备保养和维修制度，加强设备的日常维护和保养，定期检修，及时记录。

# 6 卫生管理

## 6.1 卫生管理制度

**6.1.1** 应制定食品加工人员和食品生产卫生管理制度以及相应的考核标准，明确岗位职责，实行岗位责任制。

**6.1.2** 应根据食品的特点以及生产、贮存过程的卫生要求，建立对保证食品安全具有显著意义的关键控制环节的监控制度，良好实施并定期检查，发现问题及时纠正。

**6.1.3** 应制定针对生产环境、食品加工人员、设备及设施等的卫生监控制度，确立内部监控的范围、对象和频率。记录并存档监控结果，定期对执行情况和效果进行检查，发现问题及时整改。

**6.1.4** 应建立清洁消毒制度和清洁消毒用具管理制度。清洁消毒前后的设备和工器具应分开放置妥善保管，避免交叉污染。

## 6.2 厂房及设施卫生管理

**6.2.1** 厂房内各项设施应保持清洁，出现问题及时维修或更新；厂房地面、屋顶、天花板及墙壁有破损时，应及时修补。

**6.2.2** 生产、包装、贮存等设备及工器具、生产用管道、裸露食品接触表面等应定期清洁消毒。

## 6.3 食品加工人员健康管理与卫生要求

**6.3.1 食品加工人员健康管理**

**6.3.1.1** 应建立并执行食品加工人员健康管理制度。

**6.3.1.2** 食品加工人员每年应进行健康检查，取得健康证明；上岗前应接受卫生培训。

**6.3.1.3** 食品加工人员如患有痢疾、伤寒、甲型病毒性肝炎、戊型病毒性肝炎等消化道传染病，以及患有活动性肺结核、化脓性或者渗出性皮肤病等有碍食品安全的疾病，或有明显皮肤损伤未愈合的，应当调整到其他不影响食品安全的工作岗位。

**6.3.2** 食品加工人员卫生要求

**6.3.2.1** 进入食品生产场所前应整理个人卫生，防止污染食品。

**6.3.2.2** 进入作业区域应规范穿着洁净的工作服，并按要求洗手、消毒；头发应藏于工作帽内或使用发网约束。

**6.3.2.3** 进入作业区域不应配戴饰物、手表，不应化妆、染指甲、喷洒香水；不得携带或存放与食品生产无关的个人用品。

**6.3.2.4** 使用卫生间、接触可能污染食品的物品、或从事与食品生产无关的其他活动后，再次从事接触食品、食品工器具、食品设备等与食品生产相关的活动前应洗手消毒。

**6.3.3** 来访者

非食品加工人员不得进入食品生产场所，特殊情况下进入时应遵守和食品加工人员同样的卫生要求。

**6.4** **虫害控制**

**6.4.1** 应保持建筑物完好、环境整洁，防止虫害侵入及孳生。

**6.4.2** 应制定和执行虫害控制措施，并定期检查。生产车间及仓库应采取有效措施（如纱帘、纱网、防鼠板、防蝇灯、风幕等），防止鼠类昆虫等侵入。若发现有虫鼠害痕迹时，应追查来源，消除隐患。

**6.4.3** 应准确绘制虫害控制平面图，标明捕鼠器、粘鼠板、灭蝇灯、室外诱饵投放点、生化信息素捕杀装置等放置的位置。

**6.4.4** 厂区应定期进行除虫灭害工作。

**6.4.5** 采用物理、化学或生物制剂进行处理时，不应影响食品安全和食品应有的品质、不应污染食品接触表面、设备、工器具及包装材料。除虫灭害工作应有相应的记录。

**6.4.6** 使用各类杀虫剂或其他药剂前，应做好预防措施避免对人身、食品、设备工具造成污染；不慎污染时，应及时将被污染的设备、工具彻底清洁，消除污染。

**6.5** **废弃物处理**

**6.5.1** 应制定废弃物存放和清除制度，有特殊要求的废弃物其处理方式应符合有关规定。废弃物应定期清除；易腐败的废弃物应尽快清除；必要时应及时清除废弃物。

**6.5.2** 车间外废弃物放置场所应与食品加工场所隔离防止污染；应防止不良气味或有害有毒气体溢出；应防止虫害孳生。

**6.6** **工作服管理**

**6.6.1** 进入作业区域应穿着工作服。

**6.6.2** 应根据食品的特点及生产工艺的要求配备专用工作服，如衣、裤、鞋靴、帽和发网等，必要时还可配备口罩、围裙、套袖、手套等。

**6.6.3** 应制定工作服的清洗保洁制度，必要时应及时更换；生产中应注意保持工作服干净完好。

**6.6.4** 工作服的设计、选材和制作应适应不同作业区的要求，降低交叉污染食品的风险；应合理选择工作服口袋的位置、使用的连接扣件等，降低内容物或扣件掉落污染食品的风险。

# 7 食品原料、食品添加剂和食品相关产品

## 7.1 一般要求

应建立食品原料、食品添加剂和食品相关产品的采购、验收、运输和贮存管理制度，确保所使用的食品原料、食品添加剂和食品相关产品符合国家有关要求。不得将任何危害人体健康和生命安全的物质添加到食品中。

## 7.2 食品原料

**7.2.1** 采购的食品原料应当查验供货者的许可证和产品合格证明文件；对无法提供合格证明文件的食品原料，应当依照食品安全标准进行检验。

**7.2.2** 食品原料必须经过验收合格后方可使用。经验收不合格的食品原料应在指定区域与合格品分开放置并明显标记，并应及时进行退、换货等处理。

**7.2.3** 加工前宜进行感官检验，必要时应进行实验室检验；检验发现涉及食品安全项目指标异常的，不得使用；只应使用确定适用的食品原料。

**7.2.4** 食品原料运输及贮存中应避免日光直射、备有防雨防尘设施；根据食品原料的特点和卫生需要，必要时还应具备保温、冷藏、保鲜等设施。

**7.2.5** 食品原料运输工具和容器应保持清洁、维护良好，必要时应进行消毒。食品原料不得与有毒、有害物品同时装运，避免污染食品原料。

**7.2.6** 食品原料仓库应设专人管理，建立管理制度，定期检查质量和卫生情况，及时清理变质或超过保质期的食品原料。仓库出货顺序应遵循先进先出的原则，必要时应根据不同食品原料的特性确定出货顺序。

## 7.3 食品添加剂

**7.3.1** 采购食品添加剂应当查验供货者的许可证和产品合格证明文件。食品添加剂必须经过验收合格后方可使用。

**7.3.2** 运输食品添加剂的工具和容器应保持清洁、维护良好，并能提供必要的保护，避免污染食品添加剂。

**7.3.3** 食品添加剂的贮藏应有专人管理，定期检查质量和卫生情况，及时清

理变质或超过保质期的食品添加剂。仓库出货顺序应遵循先进先出的原则，必要时应根据食品添加剂的特性确定出货顺序。

### 7.4 食品相关产品

**7.4.1** 采购食品包装材料、容器、洗涤剂、消毒剂等食品相关产品应当查验产品的合格证明文件，实行许可管理的食品相关产品还应查验供货者的许可证。食品包装材料等食品相关产品必须经过验收合格后方可使用。

**7.4.2** 运输食品相关产品的工具和容器应保持清洁、维护良好，并能提供必要的保护，避免污染食品原料和交叉污染。

**7.4.3** 食品相关产品的贮藏应有专人管理，定期检查质量和卫生情况，及时清理变质或超过保质期的食品相关产品。仓库出货顺序应遵循先进先出的原则。

### 7.5 其他

盛装食品原料、食品添加剂、直接接触食品的包装材料的包装或容器，其材质应稳定、无毒无害，不易受污染，符合卫生要求。

食品原料、食品添加剂和食品包装材料等进入生产区域时应有一定的缓冲区域或外包装清洁措施，以降低污染风险。

## 8 生产过程的食品安全控制

### 8.1 产品污染风险控制

**8.1.1** 应通过危害分析方法明确生产过程中的食品安全关键环节，并设立食品安全关键环节的控制措施。在关键环节所在区域，应配备相关的文件以落实控制措施，如配料（投料）表、岗位操作规程等。

**8.1.2** 鼓励采用危害分析与关键控制点体系（HACCP）对生产过程进行食品安全控制。

### 8.2 生物污染的控制

**8.2.1** 清洁和消毒

**8.2.1.1** 应根据原料、产品和工艺的特点，针对生产设备和环境制定有效的清洁消毒制度，降低微生物污染的风险。

**8.2.1.2** 清洁消毒制度应包括以下内容：清洁消毒的区域、设备或器具名称；清洁消毒工作的职责；使用的洗涤、消毒剂；清洁消毒方法和频率；清洁消毒效果的验证及不符合的处理；清洁消毒工作及监控记录。

**8.2.1.3** 应确保实施清洁消毒制度，如实记录；及时验证消毒效果，发现问题及时纠正。

**8.2.2** 食品加工过程的微生物监控

**8.2.2.1** 根据产品特点确定关键控制环节进行微生物监控；必要时应建立食品加工过程的微生物监控程序，包括生产环境的微生物监控和过程产品的微生物监控。

**8.2.2.2** 食品加工过程的微生物监控程序应包括：微生物监控指标、取样点、监控频率、取样和检测方法、评判原则和整改措施等，具体可参照附录 A 的要求，结合生产工艺及产品特点制定。

**8.2.2.3** 微生物监控应包括致病菌监控和指示菌监控，食品加工过程的微生物监控结果应能反映食品加工过程中对微生物污染的控制水平。

### 8.3 化学污染的控制

**8.3.1** 应建立防止化学污染的管理制度，分析可能的污染源和污染途径，制定适当的控制计划和控制程序。

**8.3.2** 应当建立食品添加剂和食品工业用加工助剂的使用制度，按照 GB 2760 的要求使用食品添加剂。

**8.3.3** 不得在食品加工中添加食品添加剂以外的非食用化学物质和其他可能危害人体健康的物质。

**8.3.4** 生产设备上可能直接或间接接触食品的活动部件若需润滑，应当使用食用油脂或能保证食品安全要求的其他油脂。

**8.3.5** 建立清洁剂、消毒剂等化学品的使用制度。除清洁消毒必需和工艺需要，不应在生产场所使用和存放可能污染食品的化学制剂。

**8.3.6** 食品添加剂、清洁剂、消毒剂等均应采用适宜的容器妥善保存，且应明显标示、分类贮存；领用时应准确计量、作好使用记录。

**8.3.7** 应当关注食品在加工过程中可能产生有害物质的情况，鼓励采取有效措施减低其风险。

### 8.4 物理污染的控制

**8.4.1** 应建立防止异物污染的管理制度，分析可能的污染源和污染途径，并制定相应的控制计划和控制程序。

**8.4.2** 应通过采取设备维护、卫生管理、现场管理、外来人员管理及加工过程监督等措施，最大程度地降低食品受到玻璃、金属、塑胶等异物污染的风险。

**8.4.3** 应采取设置筛网、捕集器、磁铁、金属检查器等有效措施降低金属或其他异物污染食品的风险。

**8.4.4** 当进行现场维修、维护及施工等工作时，应采取适当措施避免异物、异味、碎屑等污染食品。

### 8.5 包装

**8.5.1** 食品包装应能在正常的贮存、运输、销售条件下最大限度地保护食品的安全性和食品品质。

**8.5.2** 使用包装材料时应核对标识，避免误用；应如实记录包装材料的使用情况。

## 9 检验

**9.1** 应通过自行检验或委托具备相应资质的食品检验机构对原料和产品进行检验，建立食品出厂检验记录制度。

**9.2** 自行检验应具备与所检项目适应的检验室和检验能力；由具有相应资质的检验人员按规定的检验方法检验；检验仪器设备应按期检定。

**9.3** 检验室应有完善的管理制度，妥善保存各项检验的原始记录和检验报告。应建立产品留样制度，及时保留样品。

**9.4** 应综合考虑产品特性、工艺特点、原料控制情况等因素合理确定检验项目和检验频次以有效验证生产过程中的控制措施。净含量、感官要求以及其他容易受生产过程影响而变化的检验项目的检验频次应大于其他检验项目。

**9.5** 同一品种不同包装的产品，不受包装规格和包装形式影响的检验项目可以一并检验。

## 10 食品的贮存和运输

**10.1** 根据食品的特点和卫生需要选择适宜的贮存和运输条件，必要时应配备保温、冷藏、保鲜等设施。不得将食品与有毒、有害、或有异味的物品一同贮存运输。

**10.2** 应建立和执行适当的仓储制度，发现异常应及时处理。

**10.3** 贮存、运输和装卸食品的容器、工器具和设备应当安全、无害，保持清洁，降低食品污染的风险。

**10.4** 贮存和运输过程中应避免日光直射、雨淋、显著的温湿度变化和剧烈撞击等，防止食品受到不良影响。

## 11 产品召回管理

**11.1** 应根据国家有关规定建立产品召回制度。

**11.2** 当发现生产的食品不符合食品安全标准或存在其他不适于食用的情况时，应当立即停止生产，召回已经上市销售的食品，通知相关生产经营者和消费者，并记录召回和通知情况。

**11.3** 对被召回的食品，应当进行无害化处理或者予以销毁，防止其再次流入市场。对因标签、标识或者说明书不符合食品安全标准而被召回的食品，应采取能保证食品安全、且便于重新销售时向消费者明示的补救措施。

**11.4** 应合理划分记录生产批次，采用产品批号等方式进行标识，便于产品追溯。

## 12 培训

**12.1** 应建立食品生产相关岗位的培训制度，对食品加工人员以及相关岗位的从业人员进行相应的食品安全知识培训。

**12.2** 应通过培训促进各岗位从业人员遵守食品安全相关法律法规标准和执行各项食品安全管理制度的意识和责任，提高相应的知识水平。

**12.3** 应根据食品生产不同岗位的实际需求，制定和实施食品安全年度培训计划并进行考核，做好培训记录。

**12.4** 当食品安全相关的法律法规标准更新时，应及时开展培训。

**12.5** 应定期审核和修订培训计划，评估培训效果，并进行常规检查，以确保培训计划的有效实施。

## 13 管理制度和人员

**13.1** 应配备食品安全专业技术人员、管理人员，并建立保障食品安全的管理制度。

**13.2** 食品安全管理制度应与生产规模、工艺技术水平和食品的种类特性相适应，应根据生产实际和实施经验不断完善食品安全管理制度。

**13.3** 管理人员应了解食品安全的基本原则和操作规范，能够判断潜在的危险，采取适当的预防和纠正措施，确保有效管理。

## 14 记录和文件管理

**14.1** 记录管理

**14.1.1** 应建立记录制度，对食品生产中采购、加工、贮存、检验、销售等环节详细记录。记录内容应完整、真实，确保对产品从原料采购到产品销售的所有环节都可进行有效追溯。

**14.1.1.1** 应如实记录食品原料、食品添加剂和食品包装材料等食品相关产品的名称、规格、数量、供货者名称及联系方式、进货日期等内容。

**14.1.1.2** 应如实记录食品的加工过程（包括工艺参数、环境监测等）、产品贮存情况及产品的检验批号、检验日期、检验人员、检验方法、检验结果等内容。

**14.1.1.3** 应如实记录出厂产品的名称、规格、数量、生产日期、生产批号、购货者名称及联系方式、检验合格单、销售日期等内容。

**14.1.1.4** 应如实记录发生召回的食品名称、批次、规格、数量、发生召回的原因及后续整改方案等内容。

14.1.2 食品原料、食品添加剂和食品包装材料等食品相关产品进货查验记录、食品出厂检验记录应由记录和审核人员复核签名，记录内容应完整。保存期限不得少于2年。

14.1.3 应建立客户投诉处理机制。对客户提出的书面或口头意见、投诉，企业相关管理部门应作记录并查找原因，妥善处理。

14.2 应建立文件的管理制度，对文件进行有效管理，确保各相关场所使用的文件均为有效版本。

14.3 鼓励采用先进技术手段（如电子计算机信息系统），进行记录和文件管理。

## 附录A 食品加工过程的微生物监控程序指南

注：本附录给出了制定食品加工过程环境微生物监控程序时应当考虑的要点，实际生产中可根据产品特性和生产工艺技术水平等因素参照执行。

A.1 食品加工过程中的微生物监控是确保食品安全的重要手段，是验证或评估目标微生物控制程序的有效性、确保整个食品质量和安全体系持续改进的工具。

A.2 本附录提出了制定食品加工过程微生物监控程序时应考虑的要点。

A.3 食品加工过程的微生物监控，主要包括环境微生物监控和过程产品的微生物监控。环境微生物监控主要用于评判加工过程的卫生控制状况，以及找出可能存在的污染源。通常环境监控对象包括食品接触表面、与食品或食品接触表面邻近的接触表面以及环境空气。过程产品的微生物监控主要用于评估加工过程卫生控制能力和产品卫生状况。

A.4 食品加工过程的微生物监控涵盖了加工过程各个环节的微生物学评估、清洁消毒效果以及微生物控制效果的评价。在制定时应考虑以下内容：

a) 加工过程的微生物监控应包括微生物监控指标、取样点、监控频率、取样和检测方法、评判原则以及不符合情况的处理等；

b) 加工过程的微生物监控指标：应以能够评估加工环境卫生状况和过程控制能力的指示微生物（如菌落总数、大肠菌群、酵母霉菌或其他指示菌）为主。必要时也可采用致病菌作为监控指标；

c) 加工过程微生物监控的取样点：环境监控的取样点应为微生物可能存在或进入而导致污染的地方。可根据相关文献资料确定取样点，也可以根据经验或者积累的历史数据确定取样点。过程产品监控计划的取样点应覆盖整个加工环节中微生物水平可能发生变化且会影响产品安全性和/或食品品质的过程产品，例如微生物控制的关键控制点之后的过程产品。具体可参考表A.1中示例；

d) 加工过程微生物监控的监控频率：应基于污染可能发生的风险来制定监控频率。可根据相关文献资料，相关经验和专业知识或者积累的历史数据，确定合理的监控频率。具体可参考表 A.1 中示例。加工过程的微生物监控应是动态的，应根据数据变化和加工过程污染风险的高低而有所调整和定期评估。例如：当指示微生物监控结果偏高或者终产品检测出致病菌、或者重大维护施工活动后、或者卫生状况出现下降趋势时等，需要增加取样点和监控频率；当监控结果一直满足要求，可适当减少取样点或者放宽监控频率；

  e）取样和检测方法：环境监控通常以涂抹取样为主，过程产品监控通常直接取样。检测方法的选择应基于监控指标进行选择；

  f）评判原则：应依据一定的监控指标限值进行评判，监控指标限值可基于微生物控制的效果以及对产品质量和食品安全性的影响来确定；

  g）微生物监控的不符合情况处理要求：各监控点的监控结果应当符合监控指标的限值并保持稳定，当出现轻微不符合时，可通过增加取样频次等措施加强监控；当出现严重不符合时，应当立即纠正，同时查找问题原因，以确定是否需要对微生物控制程序采取相应的纠正措施。

表 A.1 食品加工过程微生物监控示例

| 监控项目 | | 建议取样点[a] | 建议监控微生物[b] | 建议监控频率[c] | 建议监控指标限值 |
|---|---|---|---|---|---|
| 环境的微生物监控 | 食品接触表面 | 食品加工人员的手部、工作服、手套传送皮带、工器具及其他直接接触食品的设备表面 | 菌落总数大肠菌群等 | 验证清洁效果应在清洁消毒之后，其他可每周、每两周或每月 | 结合生产实际情况确定监控指标限值 |
| 环境的微生物监控 | 与食品或食品接触表面邻近的接触表面 | 设备外表面、支架表面、控制面板、零件车等接触表面 | 菌落总数、大肠菌群等卫生状况指示微生物，必要时监控致病菌 | 每两周或每月 | 结合生产实际情况确定监控指标限值 |
| | 加工区域内的环境空气 | 靠近裸露产品的位置 | 菌落总数酵母霉菌等 | 每周、每两周或每月 | 结合生产实际情况确定监控指标限值 |
| 过程产品的微生物监控 | | 加工环节中微生物水平可能发生变化且会影响食品安全性和（或）食品品质的过程产品 | 卫生状况指示微生物（如菌落总数、大肠菌群、酵母霉菌或其他指示菌） | 开班第一时间生产的产品及之后连续生产过程中每周（或每两周或每月） | 结合生产实际情况确定监控指标限值 |

a 可根据食品特性以及加工过程实际情况选择取样点。

b 可根据需要选择一个或多个卫生指示微生物实施监控。

c 可根据具体取样点的风险确定监控频率。

# 附录二

# GB 50687—2011
# 《食品工业洁净
# 用房建筑技术规范》

## 1 总则

**1.0.1** 为提高食品（含饮品、保健食品，下同）生产环境卫生条件和污染控制管理水平，正确应用洁净技术，制订本规范。

**1.0.2** 本规范规定了食品加工企业的原料储存、食品加工以及包装、检验等过程中需要的洁净用房的基本参数和最低要求，配套设施的基本卫生要求及管理准则。

**1.0.3** 本规范适用于需要使用洁净用房从事生、熟食品加工和生产的工厂的设计、施工、工程检测和工程验收。

**1.0.4** 食品工业洁净用房的建筑应以实用、经济、安全、节能、环保为原则。所用的设备和材料应有合格证和检验报告，并在有效期内。属于新开发的产品、技术应有鉴定证书或试验证明材料。

**1.0.5** 食品工业洁净用房的建筑除应符合本规范规定外，还应符合国家现行有关标准的规定。

## 2 术语

**2.0.1 食品 food**
供人食用或者饮用的成品和原料以及按照传统既是食品又是药品的物品，但不包括以治疗为目的的物品。

**2.0.2 食品工业 food industry**
以农业、渔业、畜牧业、林业或化学工业的产品或半成品为主要原料，制造、提取、加工成食品或半成品，具有连续而有组织的经济活动工业体系。

**2.0.3　洁净用房　clean room**

空气悬浮粒子浓度受控的房间。它的建造和使用应减少室内诱入、产生及滞留的粒子。室内其它有关参数如温度、湿度、压力等按要求进行控制。

**2.0.4　良好卫生生产环境（GHP）　good hygiene practice**

针对食品危害的过程控制体系，通过对食品生产全过程进行危害分析、污染控制、关键点控制而营造的符合食品卫生条件的生产环境。

**2.0.5　关键控制区域　critical control zone**

食品加工过程中的一个区域，若该区域控制不当，极可能造成、引发或导致危害，或导致成品污染，或导致成品分解。

**2.0.6　背景区域　background zone**

同一洁净用房内，除去关键控制区域以外的其他区域。

**2.0.7　食品接触面　food contact surfaces**

接触食品的那些表面以及经常在正常加工过程中会将污水滴溅在食品上或溅在接触食品的那些表面上的表面。包括用具及接触食品的设备表面。

**2.0.8　人身净化用室　room for cleaning human body**

人员在进入洁净区之前按一定程序进行净化的房间。

**2.0.9　物料净化用室　room for cleaning material**

物料在进入洁净区之前按一定程序进行净化的房间。

**2.0.10　含尘浓度　particle concentration**

单位体积空气中悬浮粒子的颗数。

**2.0.11　含菌浓度　microorganisms concentration**

单位体积空气中微生物的数量。

**2.0.12　空气洁净度　air cleanliness**

以单位体积空气中某粒径粒子的数量来区分的洁净程度。

**2.0.13　气流流型　air pattern**

室内空气的流动形态。

**2.0.14　空气吹淋室　air shower**

利用高速洁净气流吹落并清除进入洁净用房人员或物料表面附着粒子的小室。

**2.0.15　缓冲室　buffer room**

设置在洁净用房出入口、有高效过滤器送风、有一定换气次数的房间。

**2.0.16　传递窗　pass box**

在洁净用房隔墙上设置的传递物料和工器具的箱体，两侧装有不能同时开启的窗扇。

**2.0.17　洁净工作服　Clean working garment**

为把工作人员的粒子限制在最小程度所使用的发尘量少的洁净服装。

**2.0.18** 空态 as-built

设施已经建成，净化空调系统运行正常，但无生产设备、材料及人员的状态。

**2.0.19** 静态 at-rest

设施已经建成且齐备，净化空调系统运行正常，现场没有人员，但生产设备已安装完毕而未运行的状态；或生产设备停止运行并进行自净达到 20min 后的状态；或正在按建设方（用户）和施工方商定的方式运行的状态。是洁净用房的三种占用状态（空态、静态、动态）之一。

**2.0.20** 动态 operational

空调净化与生产设施以规定的方式运行，有规定的人员在场的状态。

**2.0.21** 高效空气过滤器 high efficiency particulate air filter

用于进行空气过滤且按 GB/T 6165 规定的钠焰法检测，过滤效率不低于99.9%的空气过滤器。

**2.0.22** 纯化水 purity water

蒸馏法、离子交换法、反渗透或其它适宜的方法制得的，不含任何附加剂的水。

**2.0.23** 工艺用水 process water

食品生产工艺中使用的水，包括饮用水和纯化水。

**2.0.24** 浮游菌 airborne bacteria

悬浮在空气中的带菌微粒。

**2.0.25** 沉降菌 settlement bacteria

降落在表面上的带菌微粒。

**2.0.26** 消毒 sanitize

对食品接触面进行适当处理的过程，该过程能有效地破坏危害公众健康的微生物细胞，并大量减少其它不良微生物的数量，但其对产品及对消费者的安全性无不良影响。

**2.0.27** 综合性能评定 comprehensive performance judgment

对已竣工验收的洁净用房的工程技术指标进行综合检测和评定。

# 3 工厂平面布置

## 3.1 一般规定

**3.1.1** 食品工业洁净用房应按生物洁净室原则建设，以控制有生命微粒的污染为主要目的，以空气洁净技术为过程控制的重要保障条件，构造良好卫生生产环境。

**3.1.2** 建有洁净用房的食品工厂的选址、设计、布局、建设和改造应符合食品洁净生产要求，最大限度地避免污染、交叉污染、混料和差错的发生。

**3.1.3** 厂区的生产环境应整洁，路面及运输不应对食品的生产造成污染，人、物流走向应合理。

**3.1.4** 应有适当门禁措施，防止未经批准人员的进入。

**3.1.5** 应保存建筑和设施的竣工资料。

## 3.2 总平面布置

**3.2.1** 建有洁净用房的食品工厂厂区内的建筑物的位置应满足食品生产工艺的需要，划分生活区和生产区；生产区中应明确区分洁净生产区、一般生产区和非食品处理区。

**3.2.2** 生产过程中发生空气污染较严重的建筑，应建在厂区内常年最多风向的下风侧。

**3.2.3** 相互有影响的生产工艺，不宜设在同一建筑物内，当设在同一建筑物内时，各自生产区域之间应有效的隔断措施。生产发酵产品应具备专用发酵车间。

**3.2.4** 一般生产区应包括仓储用房、非洁净生产用房、外包装用房等。

**3.2.5** 非食品处理区应包括动力、配电、机修等用房和空调冷冻机房等。

## 3.3 洁净生产区

**3.3.1** 有无菌要求但不能够实行最终灭菌的工艺和虽能实行最终灭菌，但灭菌后有无菌操作的工艺，应在洁净生产区内进行。

**3.3.2** 有良好卫生生产环境要求的洁净生产区，应包括易腐性食品、即食半成品或成品的最后冷却或包装前的存放、前处理场所，不能最终灭菌的原料前处理、产品灌封、成型场所，产品最终灭菌后的暴露环境，内包装材料准备室和内包装室，以及为食品生产、改进食品特性或保存性的加工处理场所和检验室等。

**3.3.3** 洁净生产区应按生产流程及相应洁净用房等级要求合理布局。生产线布置不应造成往返交叉和不连续。

**3.3.4** 生产区内有相互联系的不同房间之间应符合品种和工艺的需要，必要时应有缓冲室等防止交叉污染的措施，缓冲室面积不应小于 $3m^2$。

**3.3.5** 原料前处理（如切割、磨碎、烹调、提取、浓缩和稀配等）不得与成品生产使用同一洁净区域。

**3.3.6** 生产车间内应划出与生产规模相适应的面积和空间作为物料、中间产品、待验品和成品的暂存区，并应严防交叉、混淆和污染。

**3.3.7** 检验室宜独立设置，对其排气和排水应有妥善处理措施。对样本的检验过程有空气洁净要求时，应设洁净工作台。

## 3.4 仓储区

**3.4.1** 仓储区位置应便于物流和卫生管理，宜靠近厂区的货运大门，不宜设在中心部位。

**3.4.2** 各种物料、产品应按品种分类分批储存。同一库内不得储存相互影响食品风味的物品。

**3.4.3** 储存物料、产品应符合先进先出的原则，应便于及时剔除不符合质量和卫生标准的物品。

**3.4.4** 应有退货或召回的物料或产品单独隔离存放的区间。

# 4 洁净用房分级和环境参数

## 4.1 一般规定

**4.1.1** 食品工业洁净用房应根据食品生产对除菌除尘和无菌生产要求的高低分级。

**4.1.2** 洁净用房应明确其中生产的关键控制点、关键区域和背景区域，分别定级。尽可能缩小高级别区域的面积。

## 4.2 分级

**4.2.1** 食品工业洁净用房宜分为以下 4 个等级：

Ⅰ级　高污染风险的洁净操作区。高污染风险是指进行风险评估时确认在不能最终灭菌条件下，食品容易长菌、配制灌装速度慢、灌装用容器为广口瓶、容器须暴露数秒后方可密闭等状况。

Ⅱ级　Ⅰ级区所处的背景环境，或污染风险仅次于Ⅰ级的涉及非最终灭菌食品的洁净操作区。

Ⅲ级　生产过程中重要程度较次的洁净操作区。

Ⅳ级　属于前置工序的一般清洁要求的区域。

**4.2.2** 各级洁净用房应符合表 4.2.2 对细菌数量的要求。

表 4.2.2　　　　　　　　洁净区微生物监控的最低动态标准

| 洁净用房等级 | 空气浮游菌/（cfu/m³） | | 空气沉降菌（φ90mm） | | 表面微生物（动态） | | |
|---|---|---|---|---|---|---|---|
| | | | | | 接触皿（φ55mm）/（cfu/皿） | | 5 指手套/（cfu/手套） |
| | 静态 | 动态 | 静态 cfu/30 分钟 | 动态 cfu/4 小时 | 与食品接触表面 | 建筑内表面 | |
| Ⅰ级 | 5 | 10 | 0.2 | 3.2 | 2 | 不得有霉菌斑 | <2 |
| Ⅱ级 | 50 | 100 | 1.5 | 24 | 10 | | 5 |
| Ⅲ级 | 150 | 300 | 4 | 64 | 不作规定 | | 不作规定 |
| Ⅳ级 | 500 | 不作规定 | 不作规定 | 不作规定 | 不作规定 | | 不作规定 |

注：① 表中各数值均为平均值，单点最大值不宜超过平均值的 2 倍；

② 动态检测时可使用多个沉降皿连续进行监控，但单个沉降皿的暴露时间可以小于 4h，按实际时间计算沉降菌。

③ 与食品接触表面不得检出沙门氏菌和金黄色葡萄球菌。

**4.2.3** 各级洁净用房应符合表 4.2.3 对空气洁净度的要求。

表 4.2.3 各级洁净用房的悬浮微粒标准

| 洁净用房等级 | 悬浮微粒最大允许数/m³ | | | |
| --- | --- | --- | --- | --- |
| | 静态 | | 动态 | |
| | ≥0.5μm | ≥5μm | ≥0.5μm | ≥5μm |
| Ⅰ级 | 3520 | 29 | 35200 | 293 |
| Ⅱ级 | 352000 | 2930 | 3520000 | 29300 |
| Ⅲ级 | 3520000 | 29300 | 不作规定 | 不作规定 |
| Ⅳ级 | 35200000 | 293000 | 不作规定 | 不作规定 |

**4.2.4** 洁净用房工程验收时必须达到相应各等级的静态标准，生产操作全部结束，操作人员撤离现场并经 30min 自净后洁净区的洁净度应达到相应各级的静态标准。

**4.2.5** 应根据不同生产阶段、不同关键控制点或食品本身的属性（包括水分含量、酸碱性、营养性以及防腐剂含量等）在适当等级的洁净区域内进行食品生产。涉及婴幼儿和特殊高危人群的食品，可适当提高生产环境洁净用房等级。食品检验应在Ⅰ级环境中进行。推荐的良好卫生生产环境见附录 A。

### 4.3 环境参数

**4.3.1** 食品工业洁净用房的温度和湿度，应符合下列规定。

**1** 生产工艺对温度和湿度有特殊要求时，应根据工艺要求确定，参见附录 B。

**2** 生产工艺对温度和湿度无特殊要求时，Ⅰ级、Ⅱ级洁净用房温度应为 20~25℃，相对湿度应为 30%~65%；Ⅲ级洁净用房温度应为 18~26℃，相对湿度应为 30%~70%。

**4.3.2** 食品工业洁净用房应根据生产要求提供照度，并应符合下列规定：

**1** 检验场所工作面混合照明的最低照度不应低于 500lx，加工场所工作面的最低照度不应低于 200lx。

**2** 辅助工作室、走廊、气闸室、人员净化和物料净化用室的照度值不宜低于 100lx。

**3** 对照度有特殊要求的生产部位可设置局部照明。

**4.3.3** Ⅰ级洁净用房的噪声级（静态）不应大于 65dB（A），其他等级洁净用房噪声级（静态）不应大于 60dB（A）。

## 5 工艺设计

### 5.1 工艺布局

**5.1.1** 工艺平面应与工艺要求的洁净用房等级相适应，能最大程度地防止食品、食品接触面和食品包装受到污染。原料、半成品、成品、生食和熟食应在各自独立的有完整分隔的生产区内加工制作；不同洁净区的生产人员进出路线应严格分开。

**5.1.2** 工艺设备布置应按生产流程紧凑安排，同类型设备适当集中，洁净用房内工作人员应限制在最少程度。

**5.1.3** 工艺布置应使原料、半成品的运输距离最短，避免人员、物料（物品）的往返。

**5.1.4** 操作台之间、设备之间以及设备与建筑围护结构之间应有足够的安全维修和清洁的距离。

**5.1.5** 洁净用房内只应布置必要的工艺设备，容易产生粉尘和气体的工艺设备应布置在洁净用房外，如必须布置在室内时，宜尽量靠墙布置，并应设局部排风装置。

**5.1.6** 生产和操作过程中产生污染多的工艺设备，应布置在靠近回、排风口的位置。车间的冷库宜靠墙布置。

## 5.2 工艺设备与工艺管道

**5.2.1** 工艺设备的设计、选型、安装应易于清洗、消毒或灭菌。

**5.2.2** 工艺设备及其安装用的机械设备在进入洁净用房安装现场前，应彻底清洁并应检查有无不宜进入洁净环境的材料。

**5.2.3** 生产过程中有腐蚀性介质排出的工艺设备宜集中布置，便于对排出物收集处理。

**5.2.4** 工艺管道的设计和安装应避免死角、盲管，在满足工艺要求的前提下，尽量短捷。

**5.2.5** 穿过围护结构进入洁净用房的工艺管道，应设套管，套管内管材不应有焊缝与接头，管材与套管间应用不燃材料填充并密封。

**5.2.6** 用于灌注食品的压缩空气或清洁食品接触面的压缩空气，应经过过滤处理，应至少达到与环境相同的洁净度。

**5.2.7** 洁净用房内安装、检修工艺设备和管道时，现场的净化空调系统应正常运行。

## 5.3 物流与物料净化

**5.3.1** 进入洁净用房的物流应与人流分门而入，应使用不同的通道，做到单向输送，不得交叉。

**5.3.2** 物流程序应包括：外包清洁、拆包、传递或传输。

**5.3.3** 进入洁净区的各种物料、原辅料、设备、工具和包装材料等，均应在拆包间内清理、吹净、拆包。拆包间应跨洁净区与非洁净区设置。

**5.3.4** 不能拆除外包装的应在拆包间对其表面进行清洁或消毒。

**5.3.5** 在不同等级的洁净用房之间进行物料的传递，应采用传递窗或落地式传递窗。

**5.3.6** 当采用传送带连续传送物料、物件时，除非具有连续消毒条件，传送带不应穿越非洁净区，应在洁净区与非洁净区之间设置缓冲设施，并在两区之间分段传送。

**5.3.7** 当用电梯传送物料、物件时，电梯宜设在非洁净区，输送人员、物料的电梯应分开设置。当必须将电梯设在洁净区时，电梯前应设缓冲室。

**5.3.8** 当生产流水作业需要在洁净用房墙上开洞时，宜在洞口保持从洁净用房等级高的一侧经孔洞压向洁净用房低的一侧的定向气流，洞口气流平均风速应≥0.2m/s。

## 5.4 人员净化

**5.4.1** 人员通过用房宜包括雨具存放、换鞋、存外衣、卫生间、盥洗室、淋浴室、换洁净或无菌工作服、换无菌鞋和空气吹淋室等部分。

**5.4.2** 更衣室内脱衣区和穿洁净衣区应有分隔，穿洁净衣区宜按Ⅲ～Ⅳ级洁净用房设计。

**5.4.3** 可灭菌食品生产人员净化程序宜按图5.4.3序安排。

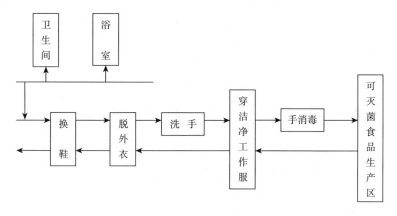

图5.4.3 可灭菌食品生产区人员净化程序

**5.4.4** 不可灭菌食品生产人员净化程序应按图5.4.4顺序安排。

**5.4.5** 宜在生产人员通道上多处适当地点设置手消毒器和手消毒擦拭巾。

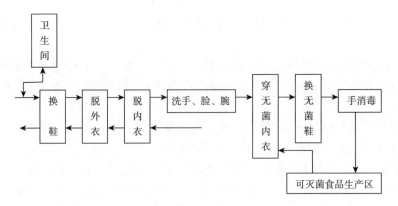

图 5.4.4　不可灭菌食品生产区人员净化程序

# 6　建筑

## 6.1　一般规定

**6.1.1**　食品工业洁净用房的建筑设计除应满足生产需求外，还应遵循不产尘、不积尘、耐腐蚀、防潮、防霉、容易清洁和符合防火、环保要求的总原则。

**6.1.2**　食品工业洁净用房的装饰应便于安排空调净化设备、风管和风口，室内净高应满足生产工艺要求，并不宜低于 3m。

## 6.2　建筑装饰

**6.2.1**　生产车间内的地面和墙面应使用非吸收性、不透水、不结露、易清洗消毒、不藏污纳垢的浅色材料铺设，并应平坦光滑。管道、灯具、风口采用易擦洗、消毒的产品，应避免出现不易清洁的部位。

**6.2.2**　生产过程中有腐蚀性介质排出的设备所在的地面应局部设立围堰。

**6.2.3**　墙角及柱角与墙面的交接应用曲率半径不小于 3cm 的圆弧过渡，所有阳角宜为圆角。墙角拐弯处和推车通道的相应高度墙面应有防撞设施。

**6.2.4**　木质材料不得外露使用。所有门均不应采用木质门，宜能自动关闭。

**6.2.5**　当洁净走廊设外窗时，应设双层密闭外窗。

## 6.3　围护结构内表面抗菌涂饰工程

**6.3.1**　不能灭菌的食品生产车间围护结构内表面可涂饰抗菌防霉涂料。

**6.3.2**　相对湿度经常超过 75% 或有蒸气作业的房间或关键区域的内表面当涂饰抗菌防霉涂料时，抗菌涂料的防霉等级应达到现行行业标准《抗菌涂料》HG/T 3950 规定的零级，涂料中有害物质限量应符合现行国家标准《室内装饰装修材料》

GB 18582 的要求，并应根据使用情况定期重涂。

**6.3.3** 抗菌涂饰工程的基层处理应符合下列要求：

1. 新建建筑物的混凝土或抹灰层在涂饰涂料前应涂刷抗碱封闭底漆，若是旧墙面，还应事先清除疏松的旧装饰层。

2. 金属板材基底必须先涂饰金属底漆。

3. 混凝土或抹灰基层的含水率不应大于 10%。

4. 基层腻子应平整、坚实，用水用蒸汽的房间必须使用耐水腻子。

# 7 通风与净化空调

## 7.1 系统

**7.1.1** 食品工业洁净用房应尽量采用局部净化方法，保护关键区域达到所需的控制参数。

**7.1.2** 空气净化系统应设立三级过滤，其位置为新风口、风机正压段、送风口。

**7.1.3** Ⅰ、Ⅱ级洁净用房的送风口应安装高效空气过滤器，Ⅲ、Ⅳ级应安装不低于亚高效的空气过滤器。

**7.1.4** 风机正压段宜设不低于中效的空气过滤器。

**7.1.5** 洁净用房回风口应安装初阻力不大于 30Pa、细菌一次通过的除菌效率不低于 90%、颗粒物一次通过的计重过滤效率不低于 95% 的空气过滤器。

**7.1.6** 普通集中空调系统回风口应安装初阻力不大于 20Pa、细菌一次通过的除菌效率不低于 90%、颗粒物一次通过的计重过滤效率不低于 95% 的空气过滤器。

**7.1.7** 室外可吸入颗粒物浓度 PM10 未超过《环境空气质量标准》GB 3095 中二级标准时，新风口宜设粗效和中效空气过滤器。室外可吸入颗粒物浓度 PM10 超过上述二级标准时，宜在新风口增设第三道低阻高中效空气过滤器。

**7.1.8** 有高温、高湿、臭味和气体（包括蒸汽及有毒气体）或粉尘产生（如磨粉工段）的场所不得使用循环风，应有排风和适当的处理，排风应符合相关国家标准的要求。

**7.1.9** 洁净用房的空调系统应有风机启停顺序和温湿度的自动控制系统。

**7.1.10** 空调机组内过滤器前后应安装压差计。

**7.1.11** 风口和风管应方便清洗，易堵和需经常清洗的管段可采用纤维织物风管。

**7.1.12** 物料收集用的排风管道宜采用 304 或 316 不锈钢。

**7.1.13** 食品生产、包装及仓库等非洁净用房场所，应有良好的通风。

## 7.2 气流组织

**7.2.1** 室内气流应保持定向流，即应从清洁区域流向污染区域。

**7.2.2** Ⅰ级洁净用房室内气流组织宜采用垂直单向流，局部Ⅰ级洁净用房宜采用四周加围挡壁的垂直单向流，其他级别洁净用房宜采用非单向流。

**7.2.3** 局部Ⅰ级洁净用房送风口面积应比下方控制区面积每边至少各大20cm以上。

**7.2.4** 局部Ⅰ级洁净用房送风口下方，在不妨碍操作的条件下，应设柔性或刚性围挡壁。围挡壁至少下垂至送风口下0.5m，也可低于操作面。

**7.2.5** 当围挡壁离地高于1.8m时，若局部Ⅰ级洁净用房送风口面积不小于全室面积的1/14，则局部Ⅰ级洁净用房的Ⅱ级背景环境中可不另设送风口。

**7.2.6** Ⅰ级洁净用房回风口应均匀分布在下部两侧；其他等级洁净用房回风口宜均匀分布在下部两侧，当只能一侧布置时，生产线应布置在送风口正下方。

### 7.3 净化送风参数

**7.3.1** Ⅰ级洁净用房操作台高度（一般为地面上0.8m）的截面风速不应小于0.2m/s，如操作面为实体平面，此高度可上调0.25m。

**7.3.2** 不同等级洁净用房的换气次数应满足下列规定：

| | |
|---|---|
| Ⅱ级 | 不小于20次/h |
| Ⅲ级 | 不小于15次/h |
| Ⅳ级 | 不小于10次/h |
| 无等级要求 | 不小于5次/h |

**7.3.3** 新风量按每人不小于40m³/h设计，还应满足排风和维持正压的需要。

**7.3.4** 相邻相通的洁净用房之间以及洁净区与非洁净区之间应保持≥5Pa的静压差。洁净区对室外应保持≥10Pa的正压差。

**7.3.5** 产生污染的房间应保持相对负压。控制污染要求高的房间应保持相对正压。

## 8 给水排水

### 8.1 一般规定

**8.1.1** 食品工业洁净用房的工艺给排水系统，从设计、施工到生产运行应有可靠的验证。

**8.1.2** 暴露在Ⅰ～Ⅲ级洁净区内的给水管道应为不锈钢管。

**8.1.3** 洁净用房内的给水排水干管应敷设在技术夹层或技术夹道内。洁净用房内管道宜暗装。

**8.1.4** 管道外表面可能结露时，应采取防护措施。防结露层外表面应光滑易于清洗，并不得对洁净用房造成污染。

**8.1.5** 管道穿过洁净用房墙壁、楼板时应设套管，管道和套管之间应采取可靠的密封措施。

## 8.2 给水

**8.2.1** 洁净用房内的给水均应符合饮用水标准，应有两路进口，且为连续正压系统供给。

**8.2.2** 洁净用房生产用水直接进入产品，其外观、色泽、口味和品质必须符合国家有关标准与规范的规定：

**8.2.3** 洁净用房内应设有完善的洗浴及卫生设备：

1. 洁净用房内应设置足够数量的洗手、消毒、干手设备，并应提供适当温度的、设有可调节冷热水的龙头。

2. 贮热水的设备水温不应低于 60℃；当设置循环系统时，循环水温度应在 50℃以上。

3. 车间入口处每 10~15 人宜设一套洗手、消毒设备，并应采用非手动开关，使用酸化水。

4. 进入洁净用房前设置鞋消毒池的，宜采用酸化水。

5. 洁净用房内的给水管与卫生器具及设备的连接必须有空气隔断，严禁直接相连。

**8.2.4** 洁净用房内的给水系统应根据生产、生活和消防等各项用水对水质、水温、水压和水量的要求分别设置独立的系统，其管路应有颜色区别。

**8.2.5** 纯水供水管道应采用循环供水方式，并应符合下列规定：

1. 循环附加水量为使用水量的 30%~100%。

2. 干管流速为 1.5~3m/s。

3. 不循环的支管长度应尽量短，其长度不大于 6 倍管径。

4. 供水干管上应设有清洗口。

5. 管道系统各组成部分必须密封，不得有渗气现象。

**8.2.6** 纯化水制备应符合下列规定：

1. 终端净化装置的设置应靠近使用点。

2. 储罐和输送系统，应有在位清洗和消毒措施，储罐通气口应安装不脱落纤维的疏水性过滤器。

3. 给水管路应采用内壁抛光的不锈钢管或无污染的给水塑料管，需满足食品级管材标准（含工艺管路、储罐）。

4. 制水设备、输送管道和储罐的材料，应无毒、耐腐蚀，管道应避免死角、盲管，纯化水等生产用水应在制备、储存和分配过程中，防止微生物的滋生和污染。对在生产过程中使用的管道，储罐和容器，应定期清洗、消毒或灭菌。消毒应采用无毒、无残留、无污染的消毒剂。

5. 纯化水在制备、储存和分配过程中，严格控制系统温度（指导值小于22℃），避免微生物的滋生和污染。

**8.2.7** 管材选择应符合下列要求：

1. 洁净用房的给水管，应采用不锈钢管或给水塑料管。

2. 洁净用房纯水管道的管材必须满足生产工艺要求，根据需要可选择优质不锈钢管或无毒给水塑料管等管材。

3. 管道配件应采用与管道相应的材料。

**8.2.8** 对直接或间接接触产品包装的循环冷却水，必须定期进行微生物检测或控制水中残留量。

**8.2.9** 纯水和冷却水管道应预留清洗口，制水管路应以颜色区分。

**8.2.10** 洁净厂房周围应设置洒水设施。

## 8.3 排水

**8.3.1** 洁净用房的排水系统应根据工艺设备排出的废水性质、浓度和水量等特点确定。有害废水经废水处理，达到国家排放标准后排出。

**8.3.2** 生产车间地面应有 1%～2% 的排水坡度坡向地漏或排水沟。洁净用房内的排水设备以及与重力回水管道相连接的设备，必须在其排出口以下部位设高度大于 50mm 的水封装置。

**8.3.3** 洁净用房内的卫生器具和装置的污水透气系统应独立装置。

**8.3.4** 洁净用房内的地漏等排水设施的设置应符合下列要求：

1. Ⅰ级洁净用房内不应设地漏。

2. Ⅱ级洁净用房内不宜设地漏，如必须设置时，应采用专用地漏，且有防污染措施。

3. Ⅰ、Ⅱ级洁净用房内不宜设排水沟。

4. Ⅰ、Ⅱ级洁净用房内不应有排水立管穿过；其它洁净用房内如有排水立管穿过时，不应设检查口。

5. 连接排水管处应有可清洁的排渣口。

6. 非洁净用房中的排水管有较大残留杂物，可设带篦子的排水明沟，沟底为圆弧。明沟终点设沉渣坑，除渣后的废水接排水管道。

**8.3.5** 洁净用房的地漏与排水管应以弯头连接，要有高于50mm的水封装置，连接管处设有清洁排渣口。

## 8.4 消防给水和灭火设备

**8.4.1** 洁净用房的消防给水和固定灭火设备的设置应符合现行国家标准《建筑设计防火规范》GB 50016 的要求。

**8.4.2** 洁净用房的生产层及上下技术夹层（不含不通行的技术夹层），应设置室内消火栓。消火栓的用水量不小于 10L/s，同时使用水枪数不少于 2 支，水枪充实水柱长度不小于 10m，每只水枪的出水量应按不小于 5L/s 计算。

**8.4.3** 洁净用房内各场所必须配置灭火器，其设计应满足现行国家标准《建筑灭火器配置规范》GB 50140 的要求。

**8.4.4** 设有贵重设备、仪器的房间内设置固定灭火设施时，除应符合现行国家标准《建筑设计防火规范》GB 50016 的规定外，还应符合下列要求：

1. 当设置自动喷水灭火系统时，宜采用预作用式自动喷水灭火系统。

2. 当设置气体灭火系统时，不宜采用能导致人员窒息和对保护对象产生二次损害的灭火剂。

## 9  电气

### 9.1  配电

**9.1.1** 食品工业洁净用房的电气设备和器材应按湿度条件选择。

**9.1.2** 车间内的分配电装置和自动控制设备应满足所在车间防水、汽和酸碱腐蚀的要求。

**9.1.3** 有防爆要求的车间应选用防爆型设备。

### 9.2  照明

**9.2.1** 洁净用房的灯具宜采用吸顶灯，潮湿和水雾多的车间应采用防潮灯具，防爆车间应采用防爆灯具。

**9.2.2** 生产车间及辅助用房的最低照度应符合本规范 4.3.2 条款规定。

**9.2.3** 应有应急照明设施。

## 10  洁净用房的污染控制要求

### 10.1  对卫生标准操作程序的要求

**10.1.1** 洁净用房应有控制污染的综合措施。应制订洁净用房内如何具体实施清洗、消毒和卫生保持的作业指导性文件，即卫生标准操作程序（SSOP）。

**10.1.2** 卫生操作程序应包括以下内容：

1. 食品和食品接触面的水（冰）的安全。有关要求应符合本规范第八章的规定。

2. 食品接触面的清洁、卫生和安全应符合本规范第四章的规定。

3. 确定食品被交叉污染的隐患，给出安全措施。

4. 操作人员的卫生控制，特别是手的清洁与消毒；卫生间、洁具间、工具间的卫生维护与保持。

5. 防止食品被润滑剂、燃料、清洗消毒用品、冷凝水及其他化学、物理和生物的污染物污染。

6. 正确标示、存放和使用各类有毒化学物质。

7. 食品加工人员的健康控制。

8. 鼠害、虫害的防治。

### 10.2 对人员管理的要求

**10.2.1** 进入洁净区的人员仅限于该区域生产操作人员和经批准的人员。

**10.2.2** 进入洁净区的人员不得化妆和佩戴饰物，不得裸手直接接触食品和内包装材料。

**10.2.3** 食品生产人员应有健康档案，患传染病、皮肤病、创伤未痊愈和刚拔过牙的人不得进入洁净区工作。

**10.2.4** 对所有进入洁净区的人员应进行个人卫生习惯的培训，特别是进入生产区前的洗手教育。

### 10.3 对消毒管理的要求

**10.3.1** 设置与生产规模、品种、人员素质等相适应的清洗、消毒与灭菌设施，包括雾化消毒设施。

**10.3.2** 在洁净区入口处宜设独立隔间的洗手消毒室，不能最终灭菌食品的生产、检验、包装车间以及易腐败即食性成品车间必须设置独立隔间的手消毒室。

**10.3.3** 清洗室的设置，应符合下列要求：

1. Ⅰ~Ⅲ级洁净区的设备、容器、工器具及洁净工作服宜在本区域外设置专区清洗，Ⅳ级洁净区的清洗室可设置在本区域内，清洗室的洁净用房等级不应低于Ⅳ级。

2. 设备、容器及工器具洗涤干燥或灭菌后，应在与其使用环境相同的洁净用房等级下存放。

**10.3.4** 不便移动的设备应设置在位清洗、消毒或灭菌设施，这些设施包括相应装置、制备、配置清洗剂、消毒剂及纯蒸汽的装置及循环输送管路等。

**10.3.5** 无菌工作服的洗涤和干燥设备宜专用。洗涤干燥后的无菌工作服应在Ⅰ级洁净环境下整理，并应及时灭菌。

**10.3.6** 对洁净用房的内墙表面应定期清洗消毒。

**10.3.7** 洁净用房内的墙面、设备、器具及洗手消毒宜采用对人体和食品无害的绿色环保消毒液，当使用酸性氧化电位水时，应符合下列要求：

1. 应在冲洗干净后用酸性氧化电位水消毒。

2. 酸性氧化电位水的 $pH=2.0\sim2.7$，$OPR=1130\sim1230mv$，有效氯的含量 $50\sim$

70mg/L。

3. 制备酸性氧化电位水的硬度应小于 50mg/L，要随制随用，在流动中冲洗或浸泡。pH、ORP 及有效氯的含量应在线监测，自动控制在有效范围内。

4. 间歇使用酸化水消毒时，使用前应放空滞留在管道中的酸化水。密闭、透光储罐中的酸化水，一般也不得超过 3 天。

5. 应有相应的制备、储存和输送酸性氧化电位水的在线监测和实时显示措施。

**10.3.8** 洁净用房内的设备、器具及工作人员手的一般清洗宜采用氧化电位水的副产品碱性水。碱性水管道应定期用酸化水清洗。

**10.3.9** 洗手、消毒宜选用碱、酸、停、碱水定时（10s、20s、3s、5s）的自动洗手装置。

**10.3.10** 对储罐和管道要规定清洗和灭菌周期。

### 10.4 对空调净化设备管理的要求

**10.4.1** 不应采用有化学刺激、致癌因素的局部净化设备。

**10.4.2** 空气净化系统应早于生产开机半小时运行。

**10.4.3** 洁净用房回风口格栅应保持清洁，确定适当更换时间。

**10.4.4** 新风口应直接通向室外，新风过滤装置应安在进风口处，宜采用更换方便、更换周期长的节能型过滤装置。

**10.4.5** 当无压差表提示阻力状态时，应按表 10.4.5 进行过滤器更换，更换高效过滤器后应检漏。

表 10.4.5 过滤器更换周期

| 类别 | 更换周期 |
| --- | --- |
| 新风入口过滤网 | 1 周左右清扫 1 次，多风沙地区周期更短（可自动更换的除外） |
| 粗效过滤器 | 1~2 个月（可自动更换的除外） |
| 中效过滤器 | 2~4 个月（可自动更换的除外） |
| 亚高效过滤器 | 1 年 |
| 高效过滤器 | 3 年 |

**10.4.6** 对空调器内加湿器和表冷器下的凝水盘，应及时清除沉积物和清洗消毒。

### 10.5 对危险品管理的要求

**10.5.1** 清洁剂、消毒剂、灭虫灭鼠药剂、杀菌剂、澄清剂、食品添加剂、润滑剂等危险物品的外包装上必须加贴具有明确标志的标签。

**10.5.2** 危险品不得放置在生产车间内。当生产确需将危险品放在车间，应单

独存放于专用场所并由专人负责管理，包括取用登记。

### 10.6 虫害、鼠害控制

**10.6.1** 在洁净生产车间外墙之外约 3m 宽的范围内禁止种草种花，应改铺水泥地面。或者做成 30cm 以上深和宽的沟，沟内抹水泥，添以卵石，可以在其中设排水。

**10.6.2** 洁净区大门入口应有防虫设施，宜安装专用防飞虫吹淋装置。

**10.6.3** 车间下水道的出口处及地漏处应安装防鼠、爬虫的栅、网。

**10.6.4** 车间进出物料处应采用平台，平台与路面间的墙面应用光滑材料铺设。

**10.6.5** 当用杀虫剂、灭鼠药等杀虫、鼠害时，应做好对人体、食品、设备工具的污染和中毒的预防设施，用药后应将所有设备、工具彻底清洗。

## 11 检测、验证与验收

### 11.1 环境参数检测

**11.1.1** 环境参数的检测方法应按现行国家标准《洁净室施工及验收规范》GB 50591 执行。

**11.1.2** 动态监测点应经评估后确定，不应随意更换。

### 11.2 确认和验证

**11.2.1** 洁净用房在设计过程中，应经过对设计文件、图纸的检查确认，验证其符合本规范的规定。

**11.2.2** 洁净用房在施工安装过程中，应经过对外观检查、设备运转的检查确认，验证其符合本规范的规定。

**11.2.3** 洁净用房在净化空调系统和水系统安装完成后，应通过调整测试或对其结果的检查确认，验证系统运行符合工艺要求和本规范的规定。

**11.2.4** 洁净用房在完成 11.2.2 条的安装确认和 11.2.3 条的运行确认后，在工程验收之前通过对性能全面测定的确认，验证洁净用房及其净化空调系统的综合性能符合本规范的规定。

### 11.3 工程验收

**11.3.1** 洁净用房的工程验收应由建设方组织，遵照现行国家标准《洁净室施工及验收规范》GB 50591 的规定进行。

**11.3.2** 洁净用房的工程验收必须在有效质检资格的检验单位进行综合性能的全面测定之后进行。

### 本规范用词说明

**1** 为便于在执行本规范条文时区别对待，对于要求严格程度不同的用词说明如下：

1）表示很严格，非这样做不可的用词：

正面词采用"必须"，反面词采用"严禁"。

2）表示严格，在正常情况下均应这样做的用词：

正面词采用"应"，反面词采用"不应"或"不得"。

3）表示允许稍有选择，在条件许可时，首先应这样做的用词：

正面词采用"宜"，反面词采用"不宜"；

表示有选择，在一定条件下可以这样做的用词，采用"可"。

**2** 本规范中指明应按其他有关标准、规范执行的写法为"应符合……的规定"或"应按……执行"。

## 附录 A 食品生产推荐的良好卫生生产环境（资料性附录）

**表 A.1**　　　　非最终灭菌食品生产推荐的良好卫生生产环境

| 洁净用房等级 | 适用的生产阶段或关键控制点 |
|---|---|
| Ⅱ级背景下的Ⅰ级 | 生食切割 |
| | 食品的冷却 |
| | 食品灌装（或灌封）、分装、压盖 |
| | 灌装前液体或食品的加工、配制 |
| | 检验 |
| Ⅱ级 | 直接接触食品的包装材料的存放以及处于未完全密闭状态下的转运 |
| Ⅲ级 | 直接接触食品的包装材料、器具的最终清洗、装配或包装、灭菌 |
| Ⅳ级 | 食品原料的预处理 |

**表 A.2**　　　　最终灭菌食品生产推荐的良好卫生生产环境

| 洁净用房等级 | 适用的生产阶段或关键控制点 |
|---|---|
| Ⅲ级 | 食品的灌装（或灌封）、包装 |
| | 高污染风险食品的配制、加工 |
| | 直接接触食品的包装材料和器具的最终清洗后的处理 |
| Ⅳ级 | 轧盖或封口 |
| | 灌装前物料的准备 |
| | 液体的浓配或采用密闭系统的稀配 |
| | 直接接触食品的包装材料的最终清洗 |

注：此处的高污染风险是指进行风险评估时确认产品容易长菌、配制后需等待较长时间方可灭菌或不在密闭容器中配制等情况。

## 附录 B　食品工业洁净用房生产工艺温湿度要求（资料性附录）

| 食品厂房类型 | 属于洁净用房的功能房间 | 温湿度要求 | |
|---|---|---|---|
| | | 温度 | 相对湿度 |
| 乳制品厂 | 裸露待包装的半成品贮存、充填及内包装车间、微生物接种培养室 | — | — |
| 饮料厂 | 灌装间、乳酸菌发酵间、菌种培养间 | 15~27℃ | ≤50% |
| 保健食品厂 | 生产片剂、胶囊、丸剂以及不能在最后容器中灭菌的口服液等产品生产厂房 | — | — |
| 肉类加工厂 | 加工调理场、最终半成品之冷却及贮存场所、内包装室 | ≤15℃ | — |
| 膨化食品厂 | 内包装车间、调味料配合室 | — | ≤75% |
| 味精厂 | 成品干燥室、筛选室、味精包装室、微生物接种培养室 | — | — |
| 腌渍蔬果厂 | 最终半成品之冷却及贮存室、内包装室 | — | — |
| 糖果厂 | 易腐即食性成品之最终半成品之冷却及贮存室、内包装室 | — | — |
| 水产加工厂 | 易腐即食性成品之最终半成品之冷却及贮存室、易腐即食性成品之内包装室 | — | — |
| 脱水食品厂 | 最终半成品之冷却及贮存室、内包装室 | — | — |
| 食用油脂厂 | 易腐即食性成品之最终半成品之冷却及贮存室、内包装室 | — | — |
| 食用冰品厂 | 调理场、加工场（包括调和、杀菌、冷却及冷凝冻结场等）、内包装室 | — | — |
| 面条厂 | 易腐即食性成品之最终半成品之冷却及贮存室、内包装室（包括成品、调味料、佐料包等） | — | — |
| 面粉厂 | 零售用面粉包装室 | — | — |
| 冷冻食品厂 | 冻结前已加热处理之冷冻调理食品最终半成品之冷却及冻结室、内包装室（冷冻烤鳗及冻结前已加热处理之冷冻调理食品） | ≤25℃ | — |
| 冷藏调理食品厂 | 最终半成品之冷却及贮存室、内包装室 | ≤15℃ | — |
| 酒类工厂 | 易腐即食性成品之最终半成品之冷却及贮存室、易腐即食性成品之内包装室 | — | — |

续表

| 食品厂房类型 | 属于洁净用房的功能房间 | 温湿度要求 | |
|---|---|---|---|
| | | 温度 | 相对湿度 |
| 酱油厂 | 内包装室 | — | — |
| 调味酱类工厂 | 最终半成品之冷却及贮存场所、内包装室 | — | — |
| 即食餐食工厂 | 最终半成品之冷却及贮存室、内包装室 | — | — |
| 黄豆加工食品厂 | 最终半成品之冷却及贮存室、内包装室 | ≤27℃ | ≤70% |
| 烘焙食品厂 | 高水活性烘焙食品装饰充馅等后调理加工场、易腐即食性成品之最终半成品之冷却及贮存室、内包装室 | — | — |
| 罐头食品厂 | 内包装室（先杀菌后包装之产品） | — | — |
| 粉状婴儿配方食品厂 | 调配室（包括预拌、称量、混合、筛选等）、内包装室 | ≤27℃ | ≤70% |
| 茶叶工厂 | 内包装室（零售小包装产品） | 25±2℃ | — |

注：1　冷藏食品室温度为7℃以下、冻结点以上；冷冻食品室温度为-18℃以下；热藏食品室温度为60℃以上。

2　表中"—"表示此项没有特殊要求，此时按本规范4.3节规定执行。

# 参考文献

1. 展跃平,褚洁明.食品质量与安全控制技术[M].北京:中国农业出版社,2012.
2. 姚卫蓉,童斌.食品安全与质量控制[M].北京:中国轻工业出版社,2015.
3. 张伟,陈伟.食品标准与法规[M].北京:中国农业出版社,2012.
4. 臧大存.食品质量与安全(第二版)[M].北京:中国农业出版社,2010.
5. 刘志明,李明.ISO 9001:2015 质量管理体系内审员实用教程[M].广州:华南理工大学出版社,2017.
6. 王福强.食品质量与安全[M].北京:中国农业出版社,2014.
7. 中国质量认证中心.ISO 22000 食品安全管理体系通用教程[M].内部资料,2009.
8. 汤高奇,石明生.食品安全与质量控制[M].北京:中国农业大学出版社,2013.
9. 庞杰,刘先义.食品质量管理学[M].北京:中国轻工业出版社,2017.
10. 尤玉如.食品安全与质量控制(第二版)[M].北京:中国轻工业出版社,2017.
11. 赵笑虹.案例式食品安全教程[M].北京:中国轻工业出版社,2016.
12. 王淑珍,白晨,黄玥.食品卫生与安全[M].北京:中国轻工业出版社,2017.
13. 刘雄,陈宗道.食品质量与安全[M].北京:化学工业出版社,2009.
14. 李扬.食品安全与质量管理[M].北京:中国轻工业出版社,2017.
15. 敬思群,康健.质量管理基础[M].北京:科学出版社,2009.
16. 贝惠玲.食品安全与质量控制技术(第二版)[M].北京:科学出版社,2015.
17. 李平凡,王瑶.食品企业安全生产与管理[M].北京:中国轻工业出版社,2012.
18. 张嫚.食品安全与控制(第二版)[M].大连:大连理工大学出版社,2015.
19. 刁恩杰.食品安全与质量管理学[M].北京:化学工业出版社,2008.